说话暖心，一开口就拉近心理距离
情绪暖人，一见面就传递正向能量

那些伤，为什么还放不下？要知道，你远比想象中强大。

暖口味心理学

快速让自己的心情变好

牧之◎著

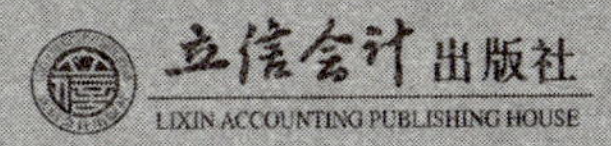

图书在版编目（CIP）数据

暖口味心理学 / 牧之著. -- 上海 : 立信会计出版社, 2015.3

（去梯言）

ISBN 978-7-5429-4434-4

Ⅰ. ①暖… Ⅱ. ①牧… Ⅲ. ①人生哲学—通俗读物 Ⅳ. ①B821-49

中国版本图书馆CIP数据核字（2014）第276552号

策划编辑　蔡伟莉
责任编辑　余　榕
封面设计　久品轩

暖口味心理学

出版发行　立信会计出版社
地　　址　上海市中山西路2230号　　邮政编码　200235
电　　话　（021）64411389　　传　　真　（021）64411325
网　　址　www.lixinaph.com　　电子邮箱　lxaph@sh163.net
网上书店　www.shlx.net　　电　　话　（021）64411071
经　　销　各地新华书店

印　　刷　固安县保利达印务有限公司
开　　本　720毫米×1000毫米　1/16
印　　张　18　　插　　页　1
字　　数　230千字
版　　次　2015年3月第1版
印　　次　2015年3月第1次
书　　号　ISBN 978-7-5429-4434-4/B
定　　价　36.00元

前言

心情决定态度，态度决定成败。心情也决定生活质量，先有好心情才能拥有好生活。

有什么样的情绪反应，就有什么样的生活！

一时冲动和爱人吵架，你能不能先冷静下来，还是各不相让，以致感情破裂？

你苦口婆心，可孩子就是不听话，你是保持心平气和，还是暴跳如雷，甚至拳脚相加？

……

正确调节自己的情绪，并理解他人的情绪，可以让生活顺风顺水；错误表达自己的情绪，忽视甚至误解他人的情绪，就可能导致不可估量的损失。

让生活失去笑声的不是挫折，而是内心的困惑；让脸上失去笑容的不是磨难，而是禁闭的心灵，没有谁的心情永远轻松愉快。战胜自我，控制情绪，从“心”开始。

你是情绪的主宰，情绪管理的最高境界是自由自在。

我们的生活中不能没有情绪，我们要在情绪的世界里生活得更好！

有句话说得好：“我们无法改变天气，却可以改变心情；我们无法控制别人，但可以掌握自己。”好情绪可以成就我们的人生，而坏情绪则可能让我们败走麦城，说情绪可以决定命运一点也不为过。因此，如何管理好自己的情绪，学会疏导和激发情绪，学会利用情绪的自我调节来改善与他人的关系，是我们在一生中必须学习的一课。

有了好心情，做事就会主动、积极，苦也不觉得苦，累也不觉得累，所有的烦心事也都变得不再烦心；有了好心情，做事就会顺利、容易成功。千头万绪似乎一下变得顺理成章，即使手忙脚乱也忙得充实，忙得快乐。一句话，有了好心情，就没有过不去的坎儿。

有了好心情，办事就会遂心，符合人愿。一切难题、难事在好心情下都变得易如反掌，求人办事不再棘手，帮人办事不再发愁。总之，心情好，万事大吉。

好心情，就能好做事；好心情，就能做好事。

本书以快速让自己的心情变好为主旨，以心理学为依据，围绕快乐主题，结合生活实际和事例，引导人们在生活中学会掌控情绪，管理心情，用理智驾驭情感，进而获得成功和阳光人生。

本书阐述了生活中最常见的心理和情绪问题，并提供了有效的改善方法。例如，什么是情绪，情绪对健康的影响，如何摆脱情绪障碍，怎样做情绪的主人；心情的力量究竟有多大，我们为什么要快乐地活着，我们为什么会莫名地忧郁和烦恼，好心情由谁决定，如何创造和坚持好心情；在职场如何调节情绪，以及在生活中如何自我管理情绪等。

不要以为这些都是老生常谈的问题，你需要再次认识到它们的重要性，并牢记心中。因为，心情不好，做事就会出乱子；心态不好，人生就会多烦恼。

当我们解决了上述的问题，学会如何平衡自己的情绪、如何营造自己的心情、如何调整自己的心态，那么我们做起事来就会顺风顺水，我们的人生也必将一帆风顺，路路畅通。

希望本书能够帮助你走出心情的低谷，摆脱烦恼的困扰，彻底地改变你的精气神，用热情、积极、乐观和快乐的心情拥抱美好人生。

目录

第一章　我们的快乐都去哪儿了

一切从改变情绪开始　/ 2
寻找微笑的理由　/ 5
情绪会全面影响人的心理　/ 6
情绪会影响你的幸福指数　/ 9
情绪左右着你的人生成败　/ 12
把握情绪才能把握思想　/ 14
接受并体察你的情绪　/ 16
控制情绪，做情绪的主人　/ 19

第二章　远离愤怒，心平气和地看待一切

找出你的“愤怒源”　/ 24
你的愤怒指数有多高　/ 27
伤身三杀手：闲气、闷气和怨气　/ 30
愤怒有底线　/ 33
用理性控制暴躁　/ 34
不拿别人的错误惩罚自己　/ 36
别为小事生气　/ 38
适度地“泄愤”　/ 40
学会心平气和　/ 44

第三章 走进不抱怨的世界，一切不是你想象的那样糟

抱怨和等待只能一事无成 /48
不为莫名的烦恼而抱怨 /51
事情总会有变化 /54
顺其自然最好 /55
一笑解千愁 /57
守住一颗宁静的心 /59
不必慨叹，风景这边更好 /61

第四章 别让心浮气躁扼杀了你的快乐指数

用理智驾驭行动 /64
这样的“雄心”让人笑 /66
再谈面子问题 /67
另类“眼高手低” /69
你以为你是谁 /71
都是攀比惹的祸 /73
有多少人渴望出名 /74
守好你的位置 /75
老实做人，踏实做事 /78
将自己打造成行家 /79
怀着感恩来做事 /83

第五章 欲望少一些，幸福就多一些

适可而止是一种人生经验 /86
一个人的土地有多大 /87
事事求胜愚蠢之至 /88
最好不争功 /90
学会见好就收 /91

有的东西是不能强求的　/ 94
知足者最先享受快乐　/ 95

第六章　让我们的生活彻底改变的快乐法则

快乐是你的权利　/ 100
快乐是一种正面的情绪　/ 102
心情保持好，做事效率高　/ 104
把自己交给快乐　/ 106
好心情由自己定　/ 108
拥有童心，绝对快乐　/ 109
精神富足也快乐　/ 111
常怀一颗欢喜心　/ 112

第七章　心存美好期盼，心想就能事成

想成功，先必须希望成功　/ 118
希望可以无限大　/ 120
无望的隔壁是希望　/ 122
带着善意向往生活　/ 123
有种感觉叫期待　/ 125
对着未来说声“你好”　/ 127
别着急，总会幸运的　/ 129
心中有尊笑面佛　/ 130

第八章　左手信念力，右手正能量

借着信心试试看　/ 134
全力以赴的满足你知道　/ 135
你无权轻视自己　/ 137
有个品牌叫做“我”　/ 138

相信自己，别人才会相信你 /141
成功，你也可以的 /143
干吗要自卑 /145

第九章 用乐观的心态踏平坎坷

有效率的乐观主义 /148
困境中，我们学会微笑 /149
反正都难，不如坦然 /152
不以成败论英雄 /155
失败经验与成功之道等价 /156
挫折中的情绪管理 /158
平静中度过险境 /160
做事就怕“不耐烦” /163
奇迹出现的那一天不远 /164

第十章 充实自我，让生命不空虚

无事可做的日子不好过 /168
不要受“想法太多”的折磨 /170
实干家不认识“空虚” /171
抓牢梦想，放掉幻想 /172
做自己感兴趣的事是一种享受 /174
小爱好成就大作为 /175
有点时间就“充电” /177
用读书丰富你的精神世界 /179
在艺术中发现你的才情 /182

第十一章 工作再苦也要笑一笑，做个快乐的职场人

人到底为什么而忙 /186

没有压力不正常 / 187
警惕“心理上的炒股” / 189
不要和老鼠比赛 / 191
登山的启示 / 193
不受欢迎的偏执狂 / 194
最近有点郁闷 / 196
面对生活应激，你怕吗 / 200
劳逸搭配，干活不累 / 201
忙里偷点闲也无妨 / 204
告别“工作低潮” / 206
别把别人的压力揽上身 / 208
释放压力5绝招 / 210
每一天都神采奕奕 / 216

第十二章 越放下越快乐，永远别跟自己过不去

凡事不必太计较 / 220
醋劲儿别太大 / 221
一对甜蜜的幸福傻瓜 / 222
原谅那些无心的人 / 226
回忆那些真正美好的东西 / 227
没有人的心灵永远一尘不染 / 229
别想负面的心事 / 230
放下心灵的重负 / 232
打开心窗，给心一个自由 / 234
别把简单的事弄复杂 / 237
学会养心 / 239
简单一点活得好 / 240

第十三章 塑造豁达心胸，宽容就是快乐之源

豁达是人生至高的境界 / 244
拥有豁达是幸福的基础 / 246
放下是一种觉悟 / 248
智者的大度 / 251
宽容者的收获 / 252
宽容是爱的精髓 / 254
扔掉“仇恨袋”才能化干戈为玉帛 / 255
淡然者心怀坦荡 / 257
给个台阶，大家都好 / 258
幽默的人快乐更多 / 261

第十四章 最暖亲情是你一生的依赖

难以割舍是亲情 / 264
把欣赏的目光停留在你拥有的人身上 / 265
幸福的颜色很朴素 / 267
用责任去体味幸福 / 271
用尊重和理解化解隔阂 / 273
家是你永恒的港湾 / 275
婚姻美满守则 / 276

第一章

我们的快乐都去哪儿了

一切从改变情绪开始

在快节奏生活的时代，人们的心情就像高速公路上来往的车辆一样瞬息万变，不管你是在朝为官还是在野为民，不管你是腰缠万贯的大款，还是不名一文的寒士，伴你一生的不是功名利禄、青春容颜，而是心情。心情可以左右你的一生。

心情用心理学术语来说，就是情绪。情绪是人说人懂的话题，也一直萦绕和影响着人们的生活。可到底什么是情绪呢？这是一句话难以说清道明的。

人们为高兴而开怀，为悲伤而难过，这都是情绪。它给人们带来许多感受：使人们精神焕发，也使人们萎靡不振；让人们时而冷静，时而冲动；让人们理智地去思考，也让人们失去控制地暴跳如雷；让人们有时觉得生活充满了甜蜜和幸福；而有时又感觉生活是那么无味而沉闷、抑郁和痛苦。它存在于每个人心中，而且在不同时期、不同场合产生着奇妙的效果。人们会看见球迷们为一场扣人心弦的比赛而狂热、兴奋和紧张，痛失亲人和朋友的人则痛苦、悲伤和难过，而获得荣誉和完成一件任务的时候则得意、骄傲、轻松愉快。

当人们受到挫折和经历打击、遭遇委屈时，会悲观、失望、沮丧等。面临危险，人们会害怕和恐惧；面对不友好的挑衅和威胁，人们会愤怒；工作不顺心的时候，人们会不满；当期望变成失望的时候，人们会觉得有失落感；前途渺茫时，人们会忧郁，而面对紧迫的工作和众多的压力，人们会焦虑不安……这些促使人们心潮起伏、思绪万千的都是人们常说的情绪。这些情绪的变化和活动也是人人都具有的。

在人类历史上，很少有人研究情绪。20世纪90年代，科学家和学者才开始对这个题目感兴趣。研究情绪的专家们，至今对“情绪”的概念没有一致的定义。简单地说，我们可以暂且接受以下的定义：“情绪是内心的感受经由身体表现出来的状态。”有医学研究认为，情绪和情感是我们身体的一种生物反应。

任何生活中的变动，大到超越了人能力所能处理的大事情，小到扰乱人内心平衡状态的小事件，都会是情绪的来源。这些可以预测或不可预测的刺激性事件，都会给我们带来或大或小的情绪。那么，具体来说情绪的来源有哪些呢?

1. 重要的生活变动

生活方面突然的变动是造成“情绪”的主要来源之一。这些变动是人们较难有效加以处理的，所以有时候会造成身体上的不适或疾病。例如，突然中了200万元特等奖是令人兴奋的，但随之而来的诸如换一部新车、计划一次旅行等令人愉快的事件，因为会造成人们日常生活的重大变动，也会使人们必须面对新的生活需求以及新的环境要求。又如，亲人的突然亡故、夫妻离异、牢狱之灾、单相思或者受伤、失业、退休等等，都会引起情绪的波动。

2. 生活中的小困扰

人们的生活中不可避免地充满了各种不同的小挫折。例如，人们正在使用电脑时遇上停电，使辛苦建立的资料不翼而飞。又如，某人穿着一身漂亮新衣参加年终酒会，却不小心沾上一点酱油等。这些小困扰累积起来，会不会成为破坏健康情绪的来源呢？答案是肯定的。

3. 灾变事件

灾变不仅对伤残的受害者来说是重大的情绪事件，对现场目击者、前往救援的人、该地区医院的工作人员、受害者的亲友及从各种传播媒体听闻这个事件的人来说，都会产生或大或小的情绪。

4. 长期的社会性情绪来源

会造成情绪的社会事件，莫过于生活空间过度拥挤、经济衰退、社会治安、环境污染等。精神病院的住院人数、婴儿死亡率、自杀率、酗酒致死及心血管方面的患病率都有显著升高等情况都说明了情绪危害的严重性。这些问题不仅是科学技术上的问题，也是心理上的问题。要解决这些事件所造成的情绪问题，单靠个人微薄的力量是不够的，而是需要借助整个社会的共同努力。

人有九类基本情绪：快乐、温情、惊奇、悲伤、厌恶、愤怒、恐惧、轻蔑、羞愧。快乐和温情是正面的；惊奇是中性的；其余六类情绪都是负面的。由于负面情绪占绝对多数，因此不知不觉就会进入不良情绪状态。我们的目的就是要塑造阳光心态，把快乐和温情这两个好情绪调动出来，使大家经常处于积极的情绪当中。比如说，你现在不高兴了，你就想办法让自己高兴起来，就像从衣服口袋里把它掏出来一样。想让哪个情绪出来，就能自如地把它调动出来。能做到这一点的是超人，你不是超人，但会努力去做。因为心情具有两极性，好的心情产生向上的力量，使你喜悦、生气勃勃，沉着、冷静，缔造和谐。

当人们面对那些“危险”情绪时，如果不能及时缓解，可能变成绝望，而所有的这些情绪都和疾病相关。如果这些“危险”情绪困扰着你，你感受到快乐和温情的时候就非常少。

虽然人类的情绪还有许多，但几乎都建立在这九种情绪的基础上。为了从正面情绪中受益，你需要学习掌控自己的情绪。

掌控情绪意味着：你能通过给自己充电，拥有对自己、对生活、对世界的健康信念，来改变自己的不健康情绪。这些信念，会给你带来诸如勇敢、容忍、同情等更为健康的情绪。

情绪是感情的一种表现方式，而不是问题的根源。可是绝大部分人都把情绪看做是问题本身，比如家长往往针对孩子的情绪而加以斥责，目的只是制止情绪的出现。情绪虽然得到了制止，但是问题并没有得到解决。这样的例子在现实生活中是很普遍的。

情绪是感情的先知，出现了什么样的情绪，反映出你的生活和事业哪里出了问题，需要处理。

每种情绪都有其价值，不是给我们指明一个方向，便是给我们一份力量，甚至两者兼有。其实人生中出现的每一件事都提供我们学习怎样使人生变得更美好的机会。情绪的出现，正是促进我们去学习的大好机会。

寻找微笑的理由

你会有被别人看低的感觉，这是你因别人的行为产生的情绪反应，如果你不甘心，就会发奋努力。这种感觉如同痛感，只有感觉到了痛，才会把手从火炉上抽回，从而保证你的安全。情绪也一样，如果没有各种各样的情绪表现，生命将会变得非常脆弱。也就是说，如果情绪能被妥善运用，是可以使人生变得更美好的。

要“运用”它，必须先使它臣服，受你驾驭。所有的情绪都能被你掌控，就等于你有效地利用了你所拥有的资源。而这些资源，是你所独有的。

无论是在工作还是生活中，愉快、欢喜、伤心、愤怒都会陪伴左右，很多人已经习惯，但却不能控制。掌控与利用有效的情绪资源，是面对生活中的挫折、度过情绪的低气压、回到协调的生活状态的有力保障，从而，给我们带来健康的生活。

美国心理学家加利·斯梅尔的长期研究发现，原本心情舒畅、开朗的人，若同一个整天愁眉苦脸、抑郁难解的人相处，不久也会变得情绪沮丧。一个人的敏感性和同情心越强，越容易感染上坏情绪，这种传染过程是在不知不觉中完成的。如果一个情绪并不低落的学生，和另一个情绪低落的学生同住一间宿舍，这个学生的情绪往往也会低落起来。在家庭中，某人情绪低落，其配偶最容易出现情绪问题。美国另一位心理学教授的研究证明，只要20分钟，一个人就可以受到他人低落情绪的传染。在社会交往中，个人情感对其他人情绪有着非常大的传染作用，如果你喜欢和同情某个人，你就特别容易受到那个人的情绪影响。

所以，对于控制不住自己而在家庭、职场中经常发泄不良情绪，制造情绪污染的人，应该如何对这种危害人际关系的“病毒”进行诊治呢？最重要的是要让自己学会快乐，变消极情绪的污染源为积极情绪的传播源。有人说，“现实中就是有那么多不如意的事，你让我怎么高兴得起来？”实际上，人要想哭，则总有悲伤的事情让你哭，可如果你打算笑，那凡事也都能让你觉得可笑。

法国有夫妇二人开了一家心理咨询所，天天门庭若市，预约号常常排到了几个月之后。他们受人欢迎的原因很简单，他们夫妇的主要工作就是让每一位上门的咨询者经常操练一门功课：寻找微笑的理由。比如，在电梯门将要合拢时，有人按住按钮为了让你赶到；收到一封远方朋友的来信；有人称赞你的新发型；雨夜回家时发现门外那盏坏了很久的路灯今天亮了；清洁工在离你几步远的地方停下扫帚，而没有让你奔跑着躲避灰尘……诸如此类的生活细节，都可以作为微笑的理由，因为这是生活送给你的礼物。那些按这种要求去做的人发现，几乎每天都能轻而易举地找到十个微笑的理由。时间长了，夫妻间的感情裂痕开始弥合；与上司或同事的紧张关系趋向缓和；日子过得不如意的人也会憧憬起明天新的太阳。总之，他们付出微笑后都有了意想不到的收获。

情绪会全面影响人的心理

在生活中，你一定会有这样的体验：在情绪好、心情爽的时候，思路开阔、思维敏捷，学习和工作效率高；而在情绪低沉、心情抑郁的时候，则思路阻塞、操作迟缓，学习工作效率低。也就是说，情绪会左右人的认知和行为，具体表现在如下几方面。

1. 情绪影响人的心理动机

情绪能够影响人的心理动机，可以激励人的行为，改变人的行为效率。积极的情绪可以提高行为效率，加强心理动机；消极的情绪则会阻碍降低行为效率，减弱心理动机。一定的情绪兴奋度能使身心处于最佳活动状态，发挥最高的行为效率。这个最佳兴奋度因人而异。

2. 情绪影响人的智力活动

情绪对记忆和思维活动有明显的影响。例如，人们往往更容易记住那些自己喜欢的事物，而对不喜欢的东西记起来则比较吃力；人在高兴时思维会很敏捷，思路也很开阔，而悲观抑郁时会感到思维迟钝。

3. 情绪影响人际信息交流

情绪不仅仅存在于一个人的内心，它还可以在人与人之间进行传递，而成为人际信息交流的一种重要形式和手段。

人的情绪通常伴有一定的外部表现，主要有面部表情、身体动作和言语声调变化三种形式。比如，人们高兴时眉开眼笑，手舞足蹈，讲起话来神采飞扬；发怒时横眉立目，握紧拳头，大声吼叫；悲哀、悔恨、失望时则语言哽咽、顿足捶胸、垂头丧气……

德国心理学家发现，人的思维和情绪存在各种联系。其中最主要的是：情绪越好，学习效果越佳。实验表明，情绪高涨、轻松、愉快的学生比情绪低落、忧郁、愤懑的学生，学习成绩要至少高20%左右。特别是在那些需要想象力的功课上，情绪的影响更为突出。这是因为学生在轻松愉快的状态下，心窗打开，可以吸收较多的信息，而且脑筋动得快，联想丰富。

印度的教经《吠陀》素以浩繁著称，共四大卷，仅其中第三卷就有十五万三千多个单词。而教门却能使学僧熟记《吠陀》。是什么妙法使学僧产生惊人的记忆力呢？据说，是“瑜伽术”。它使学僧处于轻松愉快的心理状态中，产生了超强的记忆力。

心理学里有诸多值得玩味的有趣实验，下面即为其中之一。水平相同的两班学生解答同样的试题，无论成绩如何，对其中一班学生赞赏地说：“这样的难题，能答这么好，真难得呀！”这班学生感到很高兴。而对另一班学生严加责备：“这种题目都答不好，你们无可救药了！”他们垂头丧气。然后，以同样的试题考查，结果受表扬的那一班获得意想不到的好成绩，而受责备的班的成绩一塌糊涂。

从这项实验中可以看出，情绪对人的学习成绩多么重要。消极的心情必然导致学习和考试的失败。

一般来说，情绪高涨，有利于人们工作学习水平的发挥。是不是情绪越高涨，成绩会越好呢？并非如此。

国外心理学家曾经做过这样的一个实验：

停止供应食物给黑猩猩一段时间，然后观察它们使用工具获取食物的成功率。结果表明，停止供应食物的时间在6小时以内，或者超过24小时，黑猩猩的成功率都很低。成功率最高是在停止供应食物6~24小时这段时间。为什么会这样呢？心理学家做出如下解释：黑猩猩不太饿时，获取食物的内驱力就不强，结果它们解决问题时的注意力不集中，经常由于其他干扰而中断动作；黑猩猩饿极了时，由于获取食物内驱力过强，而忽略了取得食物的各种必要步骤，也不能很好地解决问题。只有在饥饿适度时，由于内驱力强度适中，它们在解决问题时注意力集中，行动灵活，所以成功率很高。

从这个实验可以看到，情绪的强弱与解决问题之间存在着一种曲线关系，情绪低落和情绪过于高涨时都不利于问题的解决；只有当情绪既积极振奋又不乏镇定从容的情况，才能很好地解决问题。

有人可能会对此提出异议，动物怎能跟人相比，人除了受情绪支配外，还要受理智支配，上面的实验结果不能推广到人类中去。

无独有偶，心理学家在人群中做过类似的试验。

美国心理学家赫布曾就情绪唤醒水平和操作效率的关系进行过调查。统计分析结果是：人刚刚从睡眠中醒过来时，操作效率很低，中等水平时效率最高，高水平的情绪唤醒反而导致效率的下降。其理由也跟黑猩猩试验相似，因为人们面临的任务是相当复杂的，有一些特殊的专业问题需要灵活的反应和敏捷的思维才能取得最佳的效果。情绪唤醒水平太低固然不利于操作，情绪水平太高会使中枢神经系统反应过于活跃，在同一时刻应对过多方面的反应，结果反而阻碍了对工作本身有关的最佳反应的出现。

实际上，做任何事情，情绪的稳定和良好的自控都是非常重要的。

运动员都会告诉你，为了成为一个获胜者，你必须认为你是个获胜者。因为当你信心百倍地参与竞争时，会领略到“搏杀”的刺激，获得成功瞬间的兴奋满足；当你心事重重、无精打采，或过度紧张时，又会尝到不安、沮丧烦躁和焦虑的滋味。临场的这些心理体验会直接影响到你的成败。

拳击就是很好的例子。拳击比赛很容易得出结果：一胜一负。但总是力量最大、速度最快、耐力最强的一方获胜吗？事实并非如此。如果体质较弱的一方有较好的自我感觉，也有可能获胜。相信自己会胜的一方比没有这一信心的另一方具有明显的优势。在拳击术语中，这叫“最佳竞技状态”。带着自我失败感觉的拳击手的发挥容易失常：他会故意不用力，因为他害怕他的对手避开他。

情绪好会使一个人有更大的耐力，反应更为敏锐。它使肾上腺素流动，给拳击手补充其他一些东西，使他发现自己做什么事情都得心应手。身心配合默契，就不容易失败。

生活中的道理也与此类似。常常可以听到这样的事情：考场上，一个平时成绩优秀的学生会因临场的状态不佳，而使头脑一片空白，反应迟钝、思路闭塞，表现出浮躁不安，结果高考落榜。

每个人都拥有若干种能力。在很多事情上，你都有自信、勇气、冲动，或者是冷静、轻松、坚定、决心，创造力、幽默感，敢冒险、灵活，随机应变……所有这些能力，细想一下，你会发觉都是一种感觉，一种内心里的感觉。

即使有知识、技能和其他的资源能助你，使用这些资源的原动力，仍是这种内心里的感觉。没有这种感觉，你即使具备了这些资源也不会去用，或者用不好。

因此，生活中情绪健康的人，往往表现出坚毅、爱和面对现实的活力。他们神采焕然，专注负责，勇于开拓，肯冒险犯难；他们敢及时把握机会，而不优柔寡断；他们不逃避现实，所以了了分明，好运气更容易降临在他们身上。这样的人处于最佳竞技状态中。相反，情绪不健康的人，竞技状态比较差，更容易遇到失败。

情绪会影响你的幸福指数

情绪是一把双刃剑，它可以让你享受快乐，也可以让你的幸福消失。那么，如何让情绪为我们助威，让我们走出低谷，走向幸福呢?

1. 自我宽容，不要放弃幸福

面对眼前令自己愧疚痛心的事，要学会宽容自己，自我责备是痛苦的。覆水难收，痛苦只会让我们沉沦，别放走现在的幸福。或许我们可以补救自己的过失，但我们仍然要怀着快乐的心情去做。

玛格丽特·桑斯特是一位杰出的社会活动家。十几年前，她遇到一位一条腿严重扭曲的男孩。极富同情心的玛格丽特立即将这个男孩带到医院做了外科检查。检查后发现，如果经过一系列的手术，小男孩的腿是完全有可能康复的。经过多方奔走和说服，医院同意减免一部分医疗费用，一位银行家开出了一张限额支票，小男孩的家人以及玛格丽特本人也筹集了一部分资金。

一切都进展得非常顺利。“当有一天，我看到小男孩居然跑了起来”，玛格丽特回忆道，“我的泪水抑制不住地流了下来。”

“现在，小男孩已经变成了一位健壮的小伙子”，玛格丽特向她的听众问道，“你们知道他今天是做什么的吗？”玛格丽特顿了一下：“他因为抢劫，正在监狱里度着他的3年刑期。”

说到这里，台下一片寂然，玛格丽特已是泪流满面。她哽咽着继续讲述道：“这是我一生中最愧疚的一件事情。我只顾忙于教他如何走路，而忽略了更重要的事情，那就是教他应该往哪里走！”

正如上文的玛格丽特·桑斯特，每个人做了愧疚的事后都会不安与后悔，但愧疚无法挽回我们的失误。心理专家这样忠告我们：把苦恼与不幸看做人生不可避免的一部分，当我们遭遇不幸，抬起头严肃对待它，并且说：“没事的，这一切都会过去。”有时候，虽然我们做得不对，但对于无法挽回的现实，我们也应当笑着应对。自责并不能使自己的过失减轻，只会加重自己的心理负担。玛格丽特·桑斯特做得已经很好了，她帮助小男孩治疗残疾，已经对男孩是很大的恩赐。但如果把男孩的堕落也归结到玛格丽特·桑斯特身上，那便成了错误，这样的话，谁还敢继续去做社会公益事业呢？

2. 不为打翻的牛奶而哭泣

一天，同学们发现讲桌上一只装满牛奶的瓶子竖立在一个很重的石罐中。上课的时候老师拿起牛奶瓶，朝石罐里用力摔去。同学们看着石罐里的瓶子残片，很惊诧地看着老师。“同学们，这堂课与我们的课文没有关系，我想告诉大家一个道理——覆水难收，徒劳无益。”老师指着石罐中的牛奶继续说，“你们可以永远为这杯牛奶感到惋惜，可是这种惋惜没办法使牛奶和瓶子恢复原样。生活中如果发生了无可挽回的事情，记住这只瓶子。”

当我们为一些小事在精神上折磨自己，我们的身体也同样受到了打击。明明知道事实无法挽回，却偏要去挽救；明知道已经失去，却偏要固执地去为此痛苦不已。这样做，不仅无益而且对我们的身体、生活，甚至人生都是无谓的浪费。

学会自己宽容自己，别把手中的幸福轻易放弃，即使有些事不可挽救，我们也要怀着快乐的心情去做。

3. 莫怀千岁忧，抓住即时幸福

“生年不满百，常怀千岁忧。”忧郁会左右现实吗？不会！所以，放下忧愁，不要为自己不能控制的现实影响自己的情绪，幸福可能转瞬即逝，要抓住现在的幸福。

你是否经常为一些自己无法控制、不能干预的事忧心忡忡呢？当你在广播、新闻联播或者报纸上看到如下新闻时，你会是一种什么感觉呢？

新华网巴格达7月7日电，伊拉克官员7日晚间说，萨拉赫丁省一个村庄的露天市场当天遭到汽车炸弹袭击，目前死亡人数已升至156人。

中新网7月8日电综合报道，美国一架直升机当地时间7日意外坠入纽约哈得孙河，警方称机上8人获救。

2007年7月5日，在墨西哥西北部锡那罗亚州首府库利亚坎机场，一架小型运输机起飞时滑出跑道。据墨西哥警方称，造成至少9人死亡，15人受伤。

2007年6月30日下午，英国格拉斯哥机场大楼遭燃烧汽车的袭击。

千岛群岛今天发生8.3级地震，随后日本北海道的东部地区很快发出海啸警报，本州岛的东部地区也发出较低程度的海啸警报。

当地时间7月1日晚，印度孟买发生系列铁路爆炸事件，目前已造成至少200人死亡，警方已下令该市所有火车暂停运营。由于爆炸发生时正值下班高峰时间，列车上乘客拥挤，因此伤亡人数可能继续增加。

以上每一则新闻是否都使你情绪为之一震呢？你是否认为自己需要立刻采取些什么行动来补救呢？的确，一场场灾难让我们感觉惨不忍睹，我们可能会因此沮丧，或寝食难安，但我们对这些灾难无法控制，甚至轮不到我们去触及。如果被这样的情绪所困扰，你便陷入了一种怪圈之中，你的思想被自己无法影响或无法控制的事情操纵了。

我们在生活中应该明确，哪些事情是自己能够控制的，哪些是自己不能控制的，我们的情绪是否会对它产生影响。如果沾不上边的事，我们大可不必耿耿于怀。解放情绪，把快乐留给自己，把烦恼抛开，要学会珍惜眼前的幸福。

悲观的思想对我们的情绪影响很大，忧郁使我们情绪低落，甚至麻木，即使幸福就在身边，也可能拱手相送。

4. 勇于面对，呼唤新的幸福

面对现实，放下心中的畏惧，利用自己还能利用的条件，去完成梦想。如果失去了左手，我们还有右手；如果失去了健康，我们还有头脑；如果连头脑也失去了，我们还有灵魂！

可能你会在生活中遇到不幸，你的躯体可能会遭受痛苦的折磨，如果你让身体的病痛左右了你的情绪，从此一蹶不振，人生便会从此黯淡无光。

不要以为自己不可以，要敢于面对困难，迎难而上。幸福不是等来的，而是我们从内心呼唤而来的，是我们靠毅力追求而来的。

情绪左右着你的人生成败

有这么一个寓言故事：

一个喜欢淘气的男孩，他的父亲有一个养鸡场。有一天，他到附近的一座山上去，发现了一个鹰巢。他从巢里偷了一只鹰蛋，带回养鸡场，把鹰蛋和鸡蛋混在一起，让母鸡来孵。小鹰就在一群小鸡里出生、长大，它从来没有想过自己除了是小鸡外还会是什么。起初它很满足，过着和鸡一样的生活。但是，当它逐渐长大的时候，它发现了与伙伴们的不同。它内心里有一种奇特不安的感觉，它想，“我一定不只是一只鸡！”但是，它一直没有采取行动。直到有一天，当小鹰看到一只老鹰翱翔在养鸡场的上空，它突然感觉到自己的双翼有一股奇异的力量，感觉到胸膛里心正猛烈地跳着。它抬头看着老鹰，一种想法出现在心中：“养鸡场不是我待的地方，我要像它一样飞在蓝天上。”它展开双翅，虽然它从来没有飞过，但它内心有着飞翔的力量和天性。终于，它先飞到一座矮山顶上，又飞到更高的山顶上，最后冲上蓝天，到达了高山的顶峰。它终于证实，自己是一只鹰！

也许你会说：“我已经懂你的意思了。但是，它本来就是鹰，不是鸡，它才能够飞翔。而我，本来就只是一个平凡的人。因此，我从来没有期望过自己能做出什么了不起的事来。”这正是问题的关键所在——你从来没有期望过自己做出什么了不起的事来！这是事实，而且，这是问题严重的地方，那就是我们只把自己钉在自我期望的范围以内。

爱迪生曾经说过：“如果我们做出所有我们能做的事情，我们毫无疑问地会使自己大吃一惊。”每个人都有巨大无比的潜能，只是有的人的潜能已经苏醒了，有的人的潜能却还在沉睡。任何成功者都不会是天生的，成功的根本原因是开发人的无穷无尽的潜能。只要你抱着积极的心态去开发你的潜能，你就会有用不完的能量，你的能力就会越用越强，你离成功也会越来越近。相反，如果你抱着消极心态，不去开发自己的潜能，任它沉睡，那你只有叹息命运的不公了。

无论遇到什么样的困难或危机，只要你认为你行，你就能够处理和解决这些困难或危机。对你的能力抱着肯定的想法，就能发挥出积极的力量，并且因此产生有效的行动，直至引导你走向成功。

自我发掘的决心，自我依靠的习惯，可以让你变得越来越强大。拐杖是为跛足者准备的，而不是为强壮的年轻人，无论是谁，如果企图依靠精神上的拐杖走过人生，他一定不会走得很远，他也绝不会成为一个伟大的成功者。

成功殿堂的大门，不是任意通行的，每一个进入者都拥有自己精心打造的钥匙。开启成功之门的钥匙，必须由你自己亲自来锻造。锻造的过程，就是释放你的潜能、挖掘你的潜能的过程。如果你见了生人就害羞；

如果你惧怕新的陌生环境；如果你经常觉得担忧、焦虑和神经过敏；如果你有类似的面部抽搐、不必要的眨眼、颤抖、难以入眠等“紧张症状”；如果你畏缩不前、甘居下游，那么，你对自己个性的压抑太严重了，你对事情过于谨慎和“考虑”得太多，限制了你的潜能的释放。“压抑个性”是对个人潜能的一种压抑，具有“压抑个性”的个人不能表现内在的创造性自我，因而显得停滞、退缩、禁锢、束缚，拒绝表现自己、害怕成为自己，把真正的自我紧锁于内心深处，思维也几乎陷于停顿。这样潜能不但没有释放，反而消耗在终日疲惫不堪的状态中。

世界上有且只有一个人能够左右你的成败，这个人就是你自己。只有你自己，才能真正支持你迈向成功之路。

把握情绪才能把握思想

面对各种机会、诱惑、困境、烦恼的时候，要想把握自己，就必须控制自己的思想，必须对思想中产生的各种情绪保持警觉性，并且视其对心态的影响是好是坏而接受或拒绝。乐观会增强你的信心和弹性，而仇恨会使你失去宽容和正义感。如果无法控制情绪，将会因为不时的情绪冲动而受害。

情绪是人对事物的一种浅、直观、不用脑筋的情感反应。它往往只从维护情感主体的自尊和利益出发，不对事物做复杂、深远和智谋的考虑，这样的结果常使自己处在很不利的位置上或被他人所利用。本来，情感离智谋就已距离很远了，情绪更是情感的最表面部分，最浮躁部分，以情绪做事，不会有理智可言。

我们在工作、生活、待人接物中，却常常依从情绪的摆布，头脑一发热（情绪上来了），什么蠢事都愿意做，什么蠢事都做得出来。例如，因一句无甚利害的谈话，我们便可能与人打斗，甚至拼命（诗人普希金、莱蒙托夫与人决斗死亡，便是此类情绪所为）。又如，我们因别人给我们的一点假仁假义，而心肠顿软，大犯错误（西楚霸王项羽在鸿门宴上耳软、心软，以至放走死敌刘邦，最终痛失天下，便是这种妇人心肠的情绪所为）。再如，我们还可以举出很多因情绪的浮躁、不理智等而犯的过错，大则失国失天下，小则误人误己误事。事后冷静下来，自己也会感到可以不必那样。这都是因情绪的躁动和亢奋，蒙蔽了人的心智所为。

楚汉之争时，项羽将刘邦父亲五花大绑陈于阵前，并扬言要将刘公剁成肉泥，煮成肉羹而食。项羽意在以亲情刺激刘邦，让刘邦在父情、天伦压力下，自动投降。刘邦没有为情所蔽，他的理智战胜了一时心绪，他反以项羽曾和自己结为兄弟之由，认定己父就是项父，如果项某愿杀其父，剁成肉羹，他愿分享一杯。刘邦的超然心境和不凡举动，令项羽无策回应，只能潦草收回此招。

三国时，诸葛亮和司马懿祁山交战，诸葛亮千里劳师欲速决雌雄。司马懿以逸待劳，坚壁不出，欲空耗诸葛亮士气，然后伺机求胜。诸葛亮面对司马懿的闭门不战，无计可施，最后想出一招，送一套女装给司马懿，羞辱他乃小女子是也。古人以男人自尊，尤其在军旅之中。如果在常人，定会接受不了此种羞辱。司马懿另当别论，他落落大方地接受了女儿装，情绪并无影响，且心态甚好，还是坚壁不出。连老谋深算的诸葛亮也对他几乎无计可施了。

这都是战胜自己情绪的例子。生活中，更多人则成为情绪的俘虏。

诸葛亮七擒七纵孟获之战中，孟获便是一个深为情绪役使的人，他之不能胜于诸葛亮，实人力和心智不及也。诸葛亮大军压境，孟获弹丸之王，不思智谋应对，反以帝王自居，小视外敌，结果完全不是对手，一战即败。孟获一战既败，应该慎思再出招，却自认一时晦气，再战必胜。再战，当然又是一败涂地。如此几番，把孟获气得浑身颤激。又一次对阵，只见诸葛亮远远地坐着，摇着羽毛扇，身边并无军士战将，只有些文臣谋士之类。孟获不及深想，便纵马飞身上前，欲直取诸葛亮首级。诸葛亮已将孟获气成什么样子了，也可想孟获已被一己情绪折腾成什么样子了。结果，诸葛亮的首级并非轻易可取，身前有个陷马坑，孟获眼看将及诸葛亮时，却连人带马坠人陷阱之中，又被诸葛亮生擒。孟获败给诸葛亮，除去其他各种原因，孟获生性爽直、缺乏谋略、为情绪蒙蔽，也是一个重要的因素。

情绪误人误事，不胜枚举。一般心性敏感的人，头脑简单的人，年轻的人，易受情绪支配，头脑发热。

如果你正在努力控制情绪的话，可准备一张图表，写下你每天体验并且控制情绪的次数，这种方法可使你了解情绪发作的频繁性和它的力量。一旦你发现刺激情绪的因素时，便可采取行动除掉这些因素，或把它们找出来加以充分利用。

接受并体察你的情绪

对于情绪，应该采取什么样的态度呢?

最基本的态度是：承认和接受它。因为对任何问题，如果你不面对它，不肯承认它，那么你只能被动地受它影响，而无法很好地处理它。

不同性格的人对情感的要求程度不同，但对此有一个普遍的共识：不断地压制情感会导致心理障碍，包括心理矛盾、心理压抑、情感纠葛、自我否定、模糊不清、飘忽不定。而在那些对与身心相关疾病感兴趣的医生们中也存在一个共识，即情感压抑是导致某些疾病的原因之一。

我们应揭开情感生活的面纱，即使在不能公开表达情感的时候，也至少承认它们的存在。最基本的一步就是要允许自己体验情感，允许自己愤怒、害怕、兴奋或出现其他情绪。

研究指出，大量的情感压抑产生于孩提时代。孩子总是被成人引导将自己最直接的情感与不愉快的事务相联系：他们可能会因为痛苦的哭闹受到处罚，也可能因为快乐的嬉闹受到处罚。这种由于表达情感所受到的压制，慢慢使他们变得像成人一样，心里想说的话、想表达的情绪，想哭、想笑，都被强烈地制约着，以致变得呆板并且习以为常。

许多成人，尤其是男性都丢掉了眼泪这个天赋的礼物，正是因为孩提时代被压抑的影响太强烈，以致他们在想哭的刹那关闭了哭的机制。事实上，哭泣能使身体的化学作用朝好的方向转移，改变有害的生理反应。甚至有人认为，妇女早期心脏病的发病率较低，与她们在生理上需要时能够哭泣有关。由于社会的偏见，使个人在公共场合哭显得不适宜，但在非公共场合里，则不必放弃这一抒发情感的最佳渠道。

对于其他情绪也是同样道理。不管你对它采取什么态度，先要做的是正视它。如果否定它，它不会消失，只会潜藏在你的潜意识里，继续影响你。虽然你可能感觉不到，但是在你想像不到的地方，它可能会操控你做出自己不想做的事，或者影响你的身体健康。

另外，对自己情感的坦率，也有助于我们理解和接受他人的情感：假如不能正视自己的眼泪，我们就可能对别人的眼泪失去耐心；假如不能正视自己的愤怒，我们就可能被别人的愤怒搅得心烦意乱；假如不能正视自己的快乐，我们就不可能分享别人的快乐；假如不能正视自己的爱慕，我们就可能对别人的爱慕表现冷漠；假如不能正视自己的缺点，我们就可能对别人的缺点吹毛求疵。

包括眼泪在内的一切解决办法，都在于承认情感的正常性、自然性、合理性，承认它是正常人生的一部分。当然，我们需要具备控制它们的能力，明白何时表达恰如其分，何时有悖常理。但这种知识必须基于我们对自身情感的彻底了解和坦率承认之上。情绪是态度的反应，有消极积极之分，却没有对错之别。

每个人都有发泄情绪的权利，但处理的方式与表达如有失误，却可能起到不好的效果。正如明明是担心，表现的却是生气、感觉无助，以攻击他人来发泄，这样只会使问题更糟糕。

如何让情绪得到最好的宣泄，而又不影响生活呢？这就需要体察自己的深层情绪。

很多人在情绪发生变化的时候，并没有意识到。比如很多人表现出生气的态势，却没有觉察到。还有的人一大早从睡梦中醒来，或许由于残留在潜意识中的噩梦，或许因为一个想不起来具体情景的尴尬经历而感觉不快，这一整天在工作中都闷闷不乐，对同事们看到自己阴沉面容时所显露的表情感到莫名其妙，对自己在这一整天遇到的种种不顺觉得无法理解。

一个人在情绪起了变化的时候，注意力会放在引起情绪反应的事情上，也就是陷入情绪当中，无法“跳出来”看到当下的情绪，事后才察觉到“我这是怎么了”。

是否能控制、纾解和调理自己的情绪，关键在于自我觉察。觉察自己情绪的变化，才能更清楚地认识自己的情绪源头，从而控制消极情绪，培养健康情绪的习惯。如果一个人对自己处于某种境遇时的负面情绪一无所知，或者在潜意识中没有一种乐观倾向，那么他就无法有效控制自己糟糕的心情，也就不可避免地遇上各种各样的麻烦。如果任凭某种恶劣情绪无限发展、变本加厉，最终会导致身心失衡。遇到情绪变化，一个人应该先问自己以下几个问题：

我面临什么问题？它的真实状况是什么？有那么糟吗？

我在做什么？这样做有益吗？我闹情绪赌气，沮丧或者怀恨在心，能解决问题吗？

我该做什么才对？

想出积极的做法，然后去行动。

在有情绪反应时，要注意引起情绪反应的事件或环境，同时分些注意力去体察自己内心的情绪状态。

可以采取“情绪反刍”的方法来认识自己的情绪。就是以联想为纽带，沿着心灵发展轨迹溯流而上，用一种情绪去联想更多的情绪状态，慢慢体味、细细咀嚼自己过去曾经体验到的各种情绪。这样做可以使一个人变得心平气和、性情陶然。

还可以采用“寻根溯源”的方法来认识自己的情绪。当你能够立刻察觉自己的情绪，比如生气，就问问自己：为什么生气？为什么难过？如果是你的想法引起不快，再问问自己：有没有其他替代想法？

要养成觉察情绪的习惯。假如你被激怒了，感到心中蓄满着排山倒海的怒气，肌肉紧绷，表情紧张，并怀着敌意的冲动时，你要觉察到它的存在，知道它随时要产生失控的行为——可能说错话，做错事，做不正确的判断和回应。只有觉察到它的存在，保持警觉，才能用理性排解困难，渡过难关。

29岁的小林是一名广告公司职员，她一向心平气和，可有一阵子却像换了一个人似的，对同事和丈夫都没好脸色，后来她发现扰乱她心境的是担心自己会在一次最重要的公司人事安排中失去职位。“尽管我已被告知不会受到影响，但我心里仍对此隐隐不安。”一旦小林了解到自己真正害怕的是什么，她似乎就觉得轻松了许多。她说：“我把这些内心的焦虑用语言明确表达出来，便发现事情并没有那么糟糕。”找出问题症结后，小林便集中精力对付它。“我开始充实自己，工作上也更加卖力。”结果，小林不仅消除了内心的焦虑，还由于工作出色而被委以更重要的职务。

同事给你脸色看，一定是故意跟你作对吗？顺着这个思路展开联想：会不会是他早上出门时遇到了麻烦，害他整天一肚子火？或是最近他家里发生了什么变故？如果找不到其他理由，就做些可以排解情绪的事：找人诉苦、听音乐、散步、狠狠地打一场球。总之，你一定有排解情绪的秘方。

不良的情绪会扰乱你的生活，愤怒会坏事，消极、抑郁令你一筹莫展。灰心丧气令你精神不振。只有认清它，你才不会花几个小时，甚至几天或几个月去发愁，你才会设法纾解，采取行动去改变它。做点别的事，读一本励志的书，到户外跑跑，或者积极地做改弦更张的回应。

当你的情绪好起来的时候，则要立刻抓住它，用它来做点有意义的事。要抓住这一点心灵的火苗，焕发热情去学习新的事物，要知道，消遣和娱乐的目的是创造好的心境，而不是消磨好情绪。

控制情绪，做情绪的主人

你曾经有过这样的经历吗？考试前焦虑不安、坐卧不宁；受到老师、父母批评后脑子里一片空白，不愿上学；和同学朋友争吵后，气得上街乱逛，买一堆不合时宜的东西泄愤。

像这类“犯规”的举止，偶尔一次还不要紧，如果经常这样，就要小心了！因为不知不觉中，你已经成了“感觉”的奴隶，陷于情绪的泥淖而无法自拔，所以一旦你心情不好，就“不得不”坐立不安，“不得不”旷工、“不得不”乱花钱、“不得不”酗酒滋事。这样做不仅扰乱了自己的生活秩序，也干扰了别人的工作、生活，丧失了别人对你的信任。

对有些人而言，情绪这个字眼无异于洪水猛兽，唯恐避之不及！领导常常对员工说："上班时间不要带着情绪。"妻子常常对丈夫说："不要把情绪带回家。"……这些都表达出人们对情绪的恐惧及无奈。也因此，很多人在坏情绪来临时，莽莽撞撞，处理不当，轻者影响日常工作的发挥，重者使人际关系受损，更甚者导致身心疾病的侵袭。

美国著名心理学家丹尼尔认为，一个人的成功，只有20%是靠IQ（智商），80%是凭借EQ（情商）而获得。而EQ管理的理念即是用科学的、人性的态度和技巧来管理人们的情绪，善用情绪带来的正面价值与意义帮助人们成功。

真正健康、有活力的人，是和自己情绪感觉充分在一起的人，是不会担心自己一旦情绪失控会影响到生活，因为他们懂得驾驭、协调和管理自己的情绪，让情绪为自己服务。

当你明白自己的情绪不对劲后，要去认识有哪些责任是自己应该负责却没有做好的，又有哪些责任是外在的原因造成的。比如，你因迟到遭到上司的罚款处罚，心情很沮丧。你就要追问自己："此事是自己的原因还是外部的原因？"如果是属于堵车之类的外部原因，那么不必太在意。如果是因为自己动作慢，常起晚，那就要改变习惯而不是谴责自己。如果因此养成了良好的习惯，领导的处罚就是值得的。

在通常情况下，人们会将自己遭遇的不幸归因到外界。比如，上司批评自己是因为一直就看不惯自己，而这种假想出来的不公平感会让人的情绪雪上加霜。此时，如果你能够及时地消除对方的"假想"，并现身说法，可以帮助对方卸掉一个沉重的包袱。

此外，对于已发生的事情，可能已经对现实造成了一定的影响，比如你说错了一句话，可能得罪了上司。你除了要认识到无论之前发生了什么，都属于过去外，还要帮助自己寻找一些解决问题的具体措施。比如，要如何做才能减轻自己给领导造成的负面印象？怎样才能让领导重新信任自己？为此，你可问自己几个问题：

这件事的发生对自己有什么好处？

现在的状况还有哪些不完善？

你现在要做哪些事情才能达成你需要的结果？

在达成结果的过程里，哪些错误你不能再犯？

当人面对自己有危险的事情时，会产生恐惧、担忧、焦虑，而一旦思索了解决问题的方法，正是帮助自己增强对事情的“可控制力”，你的负面情绪就会得到缓解。

有的人比较内向，容易压抑内心真实的感觉。心情很沮丧时，往往说成是头痛、不得劲儿、不太舒服；焦虑不安时，常以为是胃痛、肚子不好受。解决的办法，多半是找几片药片吃了了事，很少真正去面对自己的问题，更别说能看穿自己是否被情绪牵着鼻子走了。

每个人的情绪都会时好时坏。卡耐基说：“学会控制情绪是我们成功和快乐的要诀。”没有任何东西比我们的情绪，也就是我们心里的感觉更能影响我们的生活了。

每个人都会遇到这样和那样不顺心的事情，天灾人祸随时会降临到你的头上，此外还有疾病的袭击。如果你总是闷闷不乐地活着，总是在抱怨自己的倒霉，抱怨不顺心的事情为什么都会降临到自己的头上？那么你的心情是难以快乐的。

情绪的好坏是自己所掌握的，以积极的心态去看待一切事情，你就是快乐的。要是以消极的态度去看待身边的事情，你就是悲伤的，快乐与不快乐就是一种感觉。

人的情绪是人对现实生活的一种特殊的反应，生活中的事是否符合自己需要，就会产生种种心理体验。良好的情绪能够成为事业、学习和生活的内驱力，而不良、消极的情绪则会对身心健康、人际交往等产生破坏作用。因而，不断把自身情绪提升到有益于个人进步和社会发展的高度，是十分必要的。

人的情绪是能够主动地调控的，你可以试着用理智来驾驭情绪，使自己的情绪逐渐成熟起来。当不良、消极情绪滋生时，不妨试一试以下几种调控方法。

1. 注意转移，避免刺激

若发生悲伤、忧愁、愤怒时，人的大脑皮层常会出现一个强烈的兴奋灶，如果能有意识地调控大脑的兴奋与抑制过程，使兴奋灶转换为抑制平和状态，则可能保持心理上的平衡，使自己从消极情绪中解脱出来。例如，当自己苦闷、烦恼时，不要再去想引起苦闷的事，尽量避免烦恼的刺激，有意识地听听音乐、看看电视、翻翻画册、读读小说等，强迫自己转移注意力。这样就可以把消极情绪转移到积极情绪上，淡化乃至忘却烦闷。又如，遇到难解的事，先不要想它，可让自己的思维长上翅膀，自由畅想，到幻想世界中去遨游；也可与他人漫无边际地畅谈，免得在难解的事上钻牛角尖，给自己带来无端的烦恼。这样随着事过境迁，你就能心平气和地解决难题，化解矛盾，往往能收到较满意的成效。

2. 理智控制，自我降温

理智控制是指用意志和素养来控制或缓解不良情绪的暴发；自我降温是指努力使激怒的情绪降至平和的抑制状态。就是说，凡是有理智的人能及时意识到自己情绪的变化，当怒起心头时，马上意识到不对，能迅速冷静下来，主动控制自己的情绪，用理智减轻自己的怒气，使情绪保持稳定。林则徐在自己房内挂着“制怒”的条幅，那是为了提醒自己及时控制情绪；俄国著名作家屠格涅夫劝人吵架前，先把舌尖在嘴中转十圈，就是这个道理。

3. 宽宏大度，克己让人

“心底无私天地宽”，“宰相肚里能撑船”。有气度的人，胸襟开阔，奋发进取，具有团队协作精神；而气度小的人，则满腹幽怨，斤斤计较，弄至孤家寡人的地步。在生活中，喜乐悲忧都会有。所以，人人都要注重涵养，消除抑郁寡欢的心境和私心杂念，对易激怒自己的事情，要用旷达乐观、幽默大度的态度去应付，经得起挫折。这往往可以使一种原本紧张的事情变得比较轻松，使一个窘迫的场面在幽默笑语中化解。

“牢骚太盛防肠断，风物常宜放眼量。”心理学家鼓励人们消除消极情绪的困扰，要有正常健康的反应情绪，做到遇到忧愁而能自解，身居逆境而能超脱，这样才能有益于你的身心健康。

第二章

远离愤怒，心平气和地看待一切

找出你的“愤怒源”

愤怒是一种很常见的情绪，特别是年轻人，如血气方刚的小伙子。他们往往三两句话不对，或为了一点芝麻绿豆大的事情就大打出手，造成十分严重的后果。

其实，愤怒是一种很正常的情绪，它本身不是什么问题，但如何表达愤怒则易出问题。有效地表达愤怒会提高我们的自尊感，使我们在自己的生存受到威胁的时候能勇敢地战斗。

但对大多数人来说，适当有效地表达愤怒是很困难的。一般来说，我们要么肆无忌惮、漫无目的地发泄愤怒，要么是把愤怒埋在心底，任它发霉腐烂。暴雨倾盆的愤怒会对别人和自己造成伤害，把我们带离自己原来的目标；而把愤怒强行压制下去也不可取，因为压抑的愤怒不会消失，它会以头痛、抑郁、无缘无故的妒忌等形式表现出来。

性情暴躁的人有如下几种表现：

（1）情绪不稳定。他们往往容易激动。别人的一点友好的表示，他们就会将其视为知己；而话不投机，就会怒不可遏，拳脚相向。

（2）多疑，不信任他人。暴躁的人往往很敏感，对别人无意识的动作，或轻微的失误，都看成是对他们极大的冒犯。

（3）自尊心脆弱，怕被否定，以愤怒作为保护自己的方式。有的人希望和别人交朋友，而别人让他失望，他就给人家强烈的羞辱，以挽回自己的自尊心。可是同时也就失去了和这个人亲近的机会。

（4）不安全感强烈，怕失去。

（5）从小受娇惯，一贯任性，不受约束，随心所欲。

（6）以愤怒作为表达情感的方式。有的人从小接受父母的教育模式就是被打骂，所以他也学会了将拳头作为表达情绪的方式，甚至有时候把愤怒作为表达爱的一种方式。

（7）将别处受到的挫折和不满情绪发泄在无辜的人身上。

据悉，康乐县某村陈、黄两家邻居，为10平方米的一块晒麦场发生争执，陈将黄家麦子一脚踢开，黄一气之下捡起砖块将陈打得头破血流，因伤势严重，被依法判刑1年半。当问及他犯罪动机时，回答却是惊人地简单：“我咽不下这口气！”

在现实生活中，因不制怒“咽不下这口气”，走上犯罪道路的屡见不鲜。如有的街坊邻居，为一寸地基，一只鸡鸭乃至一句闲话，动辄吵嘴打架，非要争个山高水低不可。俗话说“小事是大事的根”，小不忍则乱大谋，打架斗殴无赢家，往往两败俱伤，给家庭带来不幸，给社会增添不安定因素。居家过日子，邻里之间，瓜藤瓜蔓连连扯扯，少不了结点疙瘩；低头不见抬头见，也难免碰了肩膀踩了脚。这些小事，只要心胸开阔些，彼此谦让谅解，自然烟消雾散。但遗憾的是，一些人心胸狭窄，为鸡毛蒜皮小事斤斤计较，动怒争气，提刀弄杖，打架斗殴，酿成悲剧，后悔晚矣。

马路上因超车的擦撞、抢停车位的怒骂，看不惯上司居功诿过的闷气，上司的迁怒，老师恨学生不成钢的怨气，挂着冰冷微笑、其实正暗自咒骂着你的侍者……生活中、职场上的怒火一点就燃。美国耶鲁大学管理学院研究发现，1/4的上班族经常生气。

你常生气吗？如果生气是你的常客，建议你找出自己的“情绪温度计”，或来一场与怒气的心灵对话，彻底赶走怒气。经常生气就像不断的小感冒，严重影响工作表现。许多专家建议从生理角度来改变生气状态：

首先要闭上嘴，因为盛怒时的舌头像把利剑，容易刺伤人。

接着深呼吸，强迫心跳、血压恢复正常状态。或者离开现场找个安全的环境，动动身体、打球或做体操。

盛怒时，跑去照镜子，看见自己怒气中的样子觉得很滑稽，忍不住扑哧笑出来。

专家还建议使用“情绪温度计”。平时养成记录情绪的习惯，每天分几个时段记录，并写下动怒的原因，这种训练有助于自我察觉、检测怒气。

情绪温度计的刻度设定在0 ~10分，将一天分为7个段落，例如一早抢停车位失败，还没进办公室就在电梯前和部门经理吵架，决定只给自己2分。

了解自己一天情绪的起伏变化后，接着去找原因，并给自己写一段话。为什么给8分，喔，原来在下午3：00，听到窗外小鸟吱喳叫，感觉很愉悦。坚持忠实记录，你会发现每天的情绪波动受周遭环境与他人的影响非常大。记录久了，自然培养出很细微的察觉能力，即使生活中很细微的情绪飘过，你也能捕捉到。

建立自己的“情绪温度计”，更能掌握常生气的时段和原因。一旦接近情绪高温期，可以赶紧做准备，警告同事闪远点，免得被无名火烫伤。

除了察觉情绪，找出自己的情绪温度计之外，学习从大架构看人生的挫折，才能真正不起怒气。制服愤怒的重点在于理清愤怒来源，有效表达它。下面的方法会帮助你做到这一点。

1. 认清你想通过愤怒来达到什么目的

不要被愤怒蒙住了眼睛，看看愤怒背后的欲望是什么。如果你希望和别人交朋友，而他（她）让你失望，你就扇人家耳光的话，那么你就永远失去了和他（她）亲近的机会。相反，你可以说出你真正的感觉：“我很重视我们的友谊，但有些事情威胁到了我们的友谊，这让我很失望。让我们谈谈，一起来解决这个矛盾怎么样？”

2. 不要把不满情绪发泄在无辜的人身上

有这样的可能，你之所以对他愤怒，是因为对他发火比较安全？不要把谁当替罪羊，这样没有任何作用，相反会让你的情绪失控，发完火以后你会后悔莫及。如果你成了别人愤怒的目标和牺牲品，问自己：“我一定要接受这个人给我安排的位置吗？我一定要为这种事感到受伤吗？”其他人和你一样也会寻找替罪羊。你可以去做志愿者，但不要做“志愿羊”。即便别人选择了你，也可以避开。不要上钩，不要去打和你没关系、你也赢不到什么的战斗。

3. 找出获得爱和快乐的方法

你的愤怒有些是来自于你的基本需要和欲望不能满足，你感到深深地受伤或无助，你想要生活中有更多的快乐和关爱。愤怒并不排除爱、感激等积极情感。你可以深爱某人，为他（她）感到怒不可遏，但仍然继续爱着他（她）。实际上，愤怒的产生往往是由于爱得太深。人们常说：“爱之深，责之切。”在上述情况下，你需要找出获得爱和快乐的方法，愤怒才会消失。发泄愤怒只会让你更受伤。

4. 不要用愤怒来弥补你的自尊心

愤怒可能是你用来掩饰自己受伤的一种高傲的方式，是你的生存受到了威胁和自负受到了伤害时的一种自我保护。但是这种方式不能最终解决问题。为了面子而奋斗只会让你时常感到失落，失落又会让你感到愤怒。

5. 自信

真正自信的人是不会为了别人小小的事情就认为伤了自己的自尊心的。很多时候愤怒来自于我们的不自信和不安全感。比如我们常常看到小说中某位小姐在大街上看到一个落魄书生，贫病交加，眼看就要死在街头。小姐十分同情他的遭遇，就想把他接回自己家中照顾。没想此书生不领情，十分愤怒，说自己宁可死也不愿受人恩惠。这其实就是书生的脆弱的自尊心在作祟。

6. 真诚、负责地表达你的愤怒，不要用暴力的方式

暴力只会带来更多的愤怒、伤害和复仇，无论是口头的还是躯体的攻击都不会熄灭怒火。告诉别人是什么让你感到愤怒或受伤害，告诉他们你真正希望他们做的是什么。以不攻击的方式，将不满表达出来，与其说“你错了，你简直离谱”，不如说“我觉得受伤，你的所作所为没有考虑到我的需要”。

愤怒是一次学习的机会。通过了解自己愤怒的来源，你可以把愤怒的能量转化为建设的动力。在平时注意那些让你烦闷的情境，不要让环境影响了你的心情，使你愤怒起来。比如，排队时人潮拥挤，空气恶劣，再加上等候时间长的话，人就容易发怒。这时，乘机放松一下，做做白日梦打发时间，有助于你的心情平和。

你的愤怒指数有多高

上班时间快到而公交车却因交通堵塞停滞不前时，你是否会烦躁不安？工作时计算机突然出现故障导致你的资料全部丢失时，你是否会郁闷不已？生活在现今这个错综复杂、充满矛盾的社会，谁不曾遇到过令人生气甚至怒不可遏的事呢？工作中的挫折、生活中的困难、同事间的摩擦、邻里间的纠纷、被人冤枉、在公共场所被羞辱、家庭不和、夫妻吵架、子女不听话等，都可使人生气、愠怒，甚至暴跳如雷。

怒，是“喜、怒、忧、思、悲、恐、惊”人之七情之一。人与人之间由于性格、修养、思维方式、生活方式等不尽相同，发生某些磨擦或冲突是难免的，愤怒可以被理解。然而若是经常愤怒，或是一触即怒，往往会使身心健康受到损害。《内经》说：“百病生于气也。”“怒则气上，则伤脏；脏伤、则病起。”研究表明，暴怒能击溃人体生物化学保护机制，使抵抗力下降。怒气犹如人体中的一枚定时炸弹，随时都可酿成大祸。“怒从心上起，恶向胆边生”，就是这个道理。

发怒会使人远离真理。世界上很少有因为愤怒就使问题获得解决的；相反，愤怒常把事情搞僵了，搞糟了。愤怒时，极而言之，极而行之，没了后退之路，没了回旋余地。本来有理，反而变成了没理；本来小事，结果闹成了大事，甚至不可收拾。过后，悔之晚矣。俄国大文豪屠格涅夫曾劝告与人争吵、情绪激动的人：“在开口之前，先把舌头在嘴里转十圈。”愤怒是射向健康的一支利箭，它不一定能伤害你的敌人，却时时会侵蚀你自己的健康。

《孙子兵法·火攻篇》中指出：“主不可以怒而兴师，将不可以愠而致战。”这虽然强调的是临敌制怒，但对生活中的人们同样富有启发。

清朝林则徐官至两广总督，一次，他在处理公务时，盛怒之下把一只茶杯摔得粉碎。当他抬起头，看到自己的座右铭“制怒”二字，意识到自己的老毛病又犯了，立即谢绝了仆人的代劳，自己动手打扫摔碎的茶杯，表示悔过。

与人相处，不分是非曲直、动辄发火，是不文明的表现。易怒之人，应像林则徐那样，潜心修养，注意“制怒”，心平气和，以理服人，不可放纵心头无名之火，像火柴头似的一擦就着。

制怒的最好办法是忍、宽容。自觉的忍，理智的让，不是退缩，不是无能，不是放弃原则，而是一种策略，一种智慧，一种境界。只有洞察世事，心灵清澈，对是非矛盾有清醒认识的人，才会在可能被激怒的时候，做到真正自觉地忍，真正心平气和地面对生活、工作中的各种矛盾和挑战。具有忍的智慧，达到忍的境界，需要修炼，而生活本身，它的正面经验和负面教训，则是这种修炼的燧石。

退一步海阔天空。宽容，反映你的涵养，你的心胸，你的内在力量。

一个不会愤怒的人是庸人，一个只会愤怒的人是蠢人，一个能够控制自己情绪、做到少发怒的人是聪明人。聪明人的聪明之处，是善于运用理智，将情绪引入正确的表现渠道，使自己按理智的原则控制情绪，用理智驾驭情感。以平和的态度来摆事实、讲道理，要比大喊大叫更能让对方心服口服；而宽恕和谅解有时比伤害、侮辱更能震撼人心。只要我们肯下工夫学会制怒的正确方法，他人肯定会对我们的道德、修养以及理智、大度发自内心的佩服。那时，我们自会达到“风平而后浪静，浪静而后水清，水清而后游鱼可数”的境界。

《三国演义》中，魏主封76岁的王朗为军师来战蜀兵。本想“只用一席话，管教诸葛亮拱手而降，蜀兵不战而退”的王朗，结果却被诸葛亮轻摇三寸之舌活活气死。诸葛亮三气周瑜，周瑜在恼恨暴怒之下，口吐鲜血而亡的故事更是人人皆知。

怒往往由气而生，气怒损生是有科学道理的。人之所以会被“气”死，是因为发怒时会出现心跳过速，特别是有高血压、心脏病的人，往往会因为发怒而引起心律失常，或是发生心肌梗死而导致残疾。

老子曾说过：“世人秉性不相同，万事万物有前行有后随，有缓慢有急躁。有的坚强，有的虚弱，有的安稳，有的危险。圣人只是除去那种极端的、奢侈的、过分的东西。因此，圣人是顺应自然而不妄为的。”而现代心理学教授钱玉芬则告诉我们，情绪谁都有，即使是大人物，生生气也不是什么大不了的事。发怒不过是由于外在强烈刺激而引起的一种不良情绪反应，是人身上真正自然的东西。

发怒会破坏人们健全的思维能力，使人难以理智地看待和处理问题。有这样的行为，自然会导致那样的后果。无论是普通人，还是伟人，都不必为此大惊小怪。

固然，生气的时候摔东西是一种宣泄方式，然而，发泄了之后就会痛快了吗？如果回答是“是”，那么你在很大程度上是在欺骗自己。生气的人在他们平静之后往往会为自己的行为而羞愧。惯于发怒的人，大多是灵魂为情感所操纵，打乱了自己的分析、判断能力，使精神陷于混乱状态。那些发大脾气、气急败坏的人，他的眉毛竖起来，脸色青紫，浑身打战，就好似着了魔一般，说话语无伦次、是非颠倒，惹得人发笑。如果把他的形象用照相机拍摄下来，事后让他自己看看，他会大吃一惊，羞惭得抱头伏案。

当一个发过怒的人清醒与悔过的时候，他往往难以面对自己。

有一些人受了点窝囊气，又不便表白，他们就气急恼火，用打自己的脸来表示愤怒。愤怒使人失去理智，其结果往往糟到不可收拾的地步。古人为了教导我们，留下了一句三字经：“怒思祸”。

很多人也许没有经历过愤怒到极点的体验，那恰似火山爆发的急剧喷发感，别人无法阻挡，但他们事后总会后悔。有时候生气伤害的不仅仅是你自己的身心、你的家庭，还会破坏更多人的生活。

最后，让我们记住清人石成金的《莫恼歌》：“莫要恼，莫要恼，烦恼之人容易老。世间万事怎能全，可叹痴人愁不了。任何富贵与王侯，年年处处埋荒草。放着快活不会享，何苦自己寻烦恼。莫要恼，莫要恼，明日阴阳尚难保。双亲膝下俱承欢，一家大小都和好。粗布衣，菜饭饱，这个快活哪里讨。富贵荣华眼前花，何苦自己讨烦恼。”

伤身三杀手：闲气、闷气和怨气

据说，一代天骄成吉思汗打猎的时候，口渴难耐，正好附近有一洼山泉，他捧起水来喝，一只老鹰疾飞而至，成吉思汗一惊，喝水的“渴望”被干扰，不禁大怒，抽出羽箭射杀飞鹰，他爬上山顶，发现飞鹰被羽箭穿胸而毙，而死鹰陈尸的山泉水源有条被鹰啄死的大毒蛇。

如果你是成吉思汗，你会怎么做？你会后悔自责?庆幸?自认大难不死必有后福?决定以后不要随便发怒?或在发怒情况下不再随便决定行动?

谁都会的一件事——生气，那太简单了；但是对应当生气的人生气，生气得恰到好处；以及为正当的理由生气，用正确的方法生气——那就不简单了；而且也不是每个人都有能力驾驭的。

闲气是由生活琐事而生的不该生的气。有趣的是，生闲气的对象大多是生气者自己的家庭成员或身边的同事。常生闲气有三害：一害自己的身体。生闲气时心里不痛快，心情压抑或烦躁，这种消极情绪若经常出现或反复发生，势必影响人体的正常生理功能，导致心理平衡失调，免疫功能下降，多种疾病就可能接踵而至。二害自己的事业。不良的情绪不仅会影响工作或学习的效率，还会妨碍与上下级和同事的关系，影响团结，不利于事业的成功。三害他人。生气时常会态度粗暴或出言不逊，使他人心境被破坏，心灵遭到打击。

一般说来，人在生闲气时，容易产生发泄、找“出气筒”等攻击行为，如恶声恶气、摔摔打打、怒目而视、破口大骂、动手打人等。这些攻击行为可能直接针对挫折的制造者，但当觉察出对方不能直接攻击而心中的恶气又要发泄时，常常找个“出气筒”。这“出气筒”可能是人，也可能是物。像《红楼梦》里晴雯撕扇子就是对宝玉责备情绪的发泄。

闲气多源于生活小事，而在日常生活中，不尽如人意的事儿是经常发生的。就拿在家里吃饭来说吧，菜很可能做得咸一些或淡一些，不大合自己的口味儿。一个想得开的人，菜咸些就少吃点儿，淡些就放点盐，同样吃得香。而对于好生闲气者，会觉得菜不可口，心里不痛快。显然，他们是把那些微不足道的小事儿给夸大了。所以，闲气大多是自找的。

好生闲气的人该问自己一句：“我是不是太小心眼了？或者太无聊了？”胸怀大目标，心想大事，天天有事做，就不会计较琐事而生闲气了。所以只有自身加强修养，宽厚待人，变责人严为责己严，这样就不会看谁也不顺眼而生闲气了。

所谓闷气，是有气不发，强憋在心里的气。这种气对身体危害甚大。因为，生气对健康的危害程度主要取决于气的强度和持续时间的长短。闷气憋在心里，不向外发泄，一般持续时间均较长。这种不良情绪压在心头不消散，可导致食不甘味，睡不坦然，肌体的抗病力随之下降，而有损于健康。同时，气憋在心里，常是越憋越重，甚至达到难以承受的程度。这时再骤然发泄，如同山洪暴发，即大发雷霆，我们称之为盛怒，而盛怒则会对身心造成更大的伤害。

但我们更想说的是闷气也会伤害人与人之间的感情。

最怕的是两个最亲或关系最密切的人同时相互生闷气。就如夫妻之间因为一点鸡毛蒜皮的小事斗气，谁也不服输，不先开口，于是就会对身心健康和相互的关系造成严重的损害；而且夫妻关系也会日益紧张，隔阂加深，相互感情受到伤害，甚至会招致严重的后果。

哪些人好生闷气？据调查研究，性格内向或孤僻者，以及平时很少与人交际，朋友甚少，不愿意与亲友同事谈心的人，都比较好生闷气。因此，这些人应该更加重视克服自己性格、修养上的弱点。诚然，改变性格并非易事，但也不是办不到的。这些人应该多参加一些有益身心的社会活动，走出狭小的天地，多结交一些朋友，培养一两项业余爱好，经常参加文娱和体育活动。这些都可以逐步优化自己的性格，开阔自己的心胸。特别是要逐步养成与熟人、朋友、同事谈心、聊天的习惯，心里不痛快就及时向外宣泄。在这方面，尤其需要得到其亲友和同事们的帮助，当发现他们有气憋着、闷在心里时，就应该想方设法引导其将心里话说出来。

怨气是抱怨或怨恨之气，多因自认为遭遇不公而生。生怨气的对象多是自己的上级或其他有权势者。常生怨气是半点益处也没有的。许多人为了形象，不方便在外人面前发泄气愤，只能带着一肚子的怨气回家爆发，使家人成了受气包，受害最深。靠生怨气发发牢骚，什么问题也解决不了。由于心中装满怨气，今天怪这个，明天怨那个，让这种消极情绪常困扰着自己，这是在破坏自身的心理平衡，涣散自己的意志和进取心，进而还会引起机体生理功能的降低或紊乱。仔细观察一下周围，不难发现，那些牢骚满腹、怪话连篇、怨气冲天的人，几乎都与事业成功无缘。怨气，它只会误事而有害无益。

在同样或相似的外界刺激下，为什么有人很少生怨气而有人却怨气十足呢？心理学告诉我们，情绪和情感的发生，不仅取决于环境刺激，而且也取决于人的认识水平，这两者同样重要。比如，对待车、船票涨价一事，人们的反应相差悬殊。有些人愤愤不平，抱怨国家接连提高运费，增加群众负担；有些人则从国家发展经济的大局出发，认为现在能源不足，运价成本大幅度上升，人员的工资也增长许多，运费理应提价，因此，并无怨气。这表明，欲不生或少生怨气，必须不断地充实自己，提高自己对事物的认知水平。

如果别人的言行触犯了你，你先要看一看对方是有意的还是无意的。假如对方是无意的，则应该“不知者不怪”；假如对方是有意的，则要分析其言行是对还是错。对者，应该欣然领教；错者，可以采取恰当的方法回敬，包括保持沉默，没有必要生气，否则便是拿别人的过错来惩罚自己。

愤怒有底线

在很多时候，人们在为自己找借口：生气是一种宣泄，而人的情绪需要适当地宣泄。因此，对别人的伤害是不可避免的。我们的社会尊重你渴望被别人了解和觉察的需要，也会允许你这么做，换句话说，社会允许你在一定的范围内宣泄情绪。但是，它有个底限。

俄罗斯第一任沙皇伊凡四世被后人称为“恐怖的伊凡”，他因使用极其残酷的手段来剪除政治上的反对者而著名。他同样把这种手段施之于平民。

诺夫格罗德是一座被他的军队征服的城市，那里的居民过去可以随意同立陶宛人、瑞典人进行贸易，他们仍留恋那时的自由和开明的独立时代。在禁卫军侵入该地之后，珍惜最后自由的居民们惊恐不安，反抗、逃亡和袭击禁卫军的事件屡屡发生。一时间这一地区人心浮动。没想到在自己眼中毫不足惧的小民居然敢袭击自己的军队，和自己的王权对着干！这不是挑衅吗？伊凡在宫廷里来回不停地踱着步，大声咒骂着，狂呼着发布了征讨的命令。还有什么比反叛他的统治更令他愤怒的呢？

伊凡统领禁卫军和1 500名特种常备军弓箭手离开莫斯科，来到诺夫格罗德城下。士兵们先在城市周围筑起栅栏，防止有人逃跑。教堂上锁，任何人不准入内避难。

审判开始了。每天，大约1 000位市民，包括贵族、商人或普通百姓，被带到伊凡所在的广场上。不搞审讯，无须听取证言，不用辩护，没有判决，是诺夫格罗德城的人就有罪。当着妻子的面对丈夫用刑，当着孩子的面对母亲用刑。鞭打、裂肢、割舌头、削鼻子、去生殖器、文火烧身，最后用雪橇拉着这些血肉模糊，四肢不全的受害者的头和脚，飞速驶向沃尔霍夫河。在这里，丈夫与妻子，母亲与孩子，整家整户地被抛进冰凉的水里。浮出水面的人都被船上的禁卫军士用长矛、木棒或斧头打死。这样的屠杀整整进行了5个星期。据说，诺夫格罗德的死难者达2万余人、沃尔霍夫河被尸体拥塞，河水卷着鲜血和断臂残肢直泻拉多加湖。这些残酷的手段和场面在世界上是罕见的。

人们有时候以极端的方式表现出负面情绪，是想要造成破坏，伤害别人，以达到惩罚别人的目的。例如，父母会殴打小孩，让小孩感觉到身体的疼痛，想要强迫小孩能对他们的权威和控制有立即而明显的反应，改变不当的行为。

但是，殴打小孩会造成孩子身体的痛苦和心理的怨恨，特别是如果父母只是为了发泄自己的生气和挫败感，而不是为了使小孩受教育时；随着小孩渐渐长大，父母可能必须改用其他方式控制他们的小孩了。正如一个海洋动物学家所说的，“我们不能让一只一万两千吨的杀人鲸躺在我们的膝上，殴打它，在它们做得不对时，我们只好改用其他方式训练它们。”

同样的，人们极端的宣泄行为通常只会增加双方的紧张压力和彼此的憎恨，把更大的反作用力加到自己身上。

不能走极端。再生气，再仇恨，也要有底线。

用理性控制暴躁

一位大学毕业生应聘于一家公司搞产品营销，公司提出试用3个月。3个月过去了，这位大学生没有接到正式聘用的通知，于是他一怒之下愤然提出辞职，公司一位副经理请他再考虑一下，他越发火冒三丈，说了很多过激的、抱怨的话。对方终于也动了气，明明白白地告诉他，其实公司不但已决定正式聘用他，还准备提拔他为营销部的副主任。这么一闹，人家无论如何也不用他了。这位涉世未深的大学生因他的不理性而丧失了一个绝好的机会。

理性地面对社会百态，才能使生活提升至较高的品位。

刘邦与项羽决战在即，正要韩信出兵相助之时，韩信提出要刘邦封他为“假齐王”，刘邦勃然大怒，大骂韩信不该在这个时候要求封王。然而一经张良提醒，马上恢复理性，转而骂道：大丈夫要当王须当个真王，怎么可以要求封为“假齐王”？遂封韩信为齐王。韩信出兵，打败了强敌项羽，最终夺得了天下。如果当时刘邦不能理性地分析局势，那天下最终属谁所有，则难预料。

以理性面对社会，有利于顺境与逆境的反思，可既利社会又利自己；以理性面对生活，有利于苦乐中的洗炼，可尽享人生中的惬意；以理性面对他人，有利于善恶中的辨识，可近君子而远小人；以理性面对名利，有利于道德上的完善，可提高人品和素质；以理性面对坎坷，有利于安危中的权衡，可除恶保康宁。理性使我们大度、理智、无私和聪颖；理性是知识、智慧的独到涵养，更是豁达、大度的深刻感悟。

有一个叫爱地巴的人，每次生气和人起争执的时候，就以很快的速度跑回家去，绕着自己的房子和土地跑3圈，然后坐在田地边喘气。爱地巴工作非常勤劳努力，他的房子越来越大，土地也越来越广，但不管房地有多大，只要与人争论生气，他还是会绕着房子和土地跑3圈。爱地巴为何每次生气都要绕着房子和土地跑3圈呢？

所有认识他的人，心里都起疑惑，但是不管怎么问他，爱地巴都不愿意说明。直到有一天，爱地巴很老了，他的房地又已经非常广大，他生气，拄着拐杖艰难地绕着土地跟房子，等他好不容易走了3圈。太阳都下山了，爱地巴独自坐在田边喘气，他的孙子在身边恳求他：“阿公，您已经年纪大了，这附近地区的人也没有人的土地比您更大，您不能再像从前那样一生气就绕着土地跑啊！您可不可以告诉我这个秘密，为什么您一生气就要绕着土地跑上3圈呢？”

爱地巴禁不起孙子恳求，终于说出隐藏在心中多年的秘密，他说：“年轻时，我每次和人吵架、争论、生气，就绕着房地跑3圈，边跑边想，我的房子这么小，土地这么小，我哪有时间，哪有资格去跟人家生气呢？一想到这里，气就消了，于是就把所有时间用来努力工作。”

孙子问道：“阿公，您年纪老，又变成最富有的人，为什么还要绕着房地跑？”

爱地巴笑着说：“我现在还是会生气，生气时绕着房地走3圈，边走边想，我的房子这么大，土地这么多，又何必跟人计较？一想到这儿，气就消了。”

假如你与人意见有分歧，完全可以讨论，但不要争吵。只要出于善意，讨论也最终是对事不对人，同样会令双方像促膝谈心一样有所收获。相反，那种毫无分寸和理智的争吵，一方激烈地攻击另一方，同时拼命地维护自己，这正是有良好教养的人所不为，也不该为的事。

不是说凡是发怒的人，看法都是错误的，而是说他根本不懂得如何表述自己的见解。讨论问题的原则是：要用无可辩驳的事实及从容镇定的声音，努力不让对方厌烦，不迫使对方沉默而达到说服对方的目的。

有的时候，辩论乃至争吵是不可避免的，即使在友谊和婚姻中也难免有口角，但裂痕却可能隐藏下来。家庭中的情感发泄有时可能有助于沉闷的空气，就像一场雷雨能把暑气一扫而光。然而即使如此，争吵及其弥合也最好是在私下进行。

不拿别人的错误惩罚自己

生气是拿别人的错误惩罚自己。然而真正做到不惩罚自己的人又有多少？除了和尚，不生气真的好难啊。走在路上被人泼了水，也不知道是什么水。虽然对方一个劲地道歉，你也明白人家不是故意的，可是看着自己湿漉漉的衣服，还是忍不住抱怨：真可恶，怎么这么倒霉？于是一整天都在想这件事，又后悔不已：早知道就早点出门，或晚点出门。总之，到头来还是在生自己的气。现在想一想，真是不值得，反正被泼了就泼了，再怎么抱怨、后悔都没用，衣服还是湿的。那么倒不如这样想，“也许我穿这件衣服不好看呢，不是常说遇水则发吗？”这样一来，快乐指数就上来了，回家换件衣服，重新开始新的一天。宽恕了他人，宽恕了这件事，不等于宽恕了自己吗？为什么要为了一件已经无法挽回的事而破坏自己一天的情绪，浪费24小时呢？

过失，尤其是我们对过失的自我谴责和反省，是更有意义的。当一个人下决心接受截肢手术时，他一定不再把他的残肢视为值得保留的躯体的一部分，而是把它当做多余的、对生存形成威胁的、必须舍弃的废物。在面部整容手术中，没有部分的、试验性的或折中的治疗手段，疤痕组织必须完全地根除，伤口才能彻底地愈合，对伤口要给予特殊保护，以确保面容的每一个细部都得到恢复，使脸部像受伤前一样。医疗上的根除并不困难，困难是乐于无保留地消除精神上沉重的债务。难以宽恕自己是因为我们往往从自我谴责中寻找一种安全感，通过保护自己的伤口获得一种反常的病态的乐趣。只要谴责他人，我们就会产生居高临下的优越感。自我谴责给人带来的是一种虚幻的满足。

做到不生气并不难。心理医学研究表明，一个人心情舒畅，精神愉快，中枢神经系统处于最佳功能状态，那么这个人的内脏及内分泌活动在中枢神经系统调节下处于平衡状态，使整个机体协调、充满活力，身体自然也健康。

在生活的不幸面前，应保持冷静的思考和稳定的情绪，遇事冷静，客观地做出分析和判断。

要多方面培养自己的兴趣与爱好，如书法、绘画、集邮、养花、下棋、听音乐、跳舞、打太极拳等，从事这些活动，可以修身养性，陶冶情操。

对自己要有自知之明，遇事要量力而行，适可而止，不要好胜逞能而去做力不从心的事。

不要过于计较个人的得失，不要为一些鸡毛蒜皮的事而动辄发火，愤怒要克制，怨恨要消除。

保持和睦的家庭生活和友好的人际关系，这样在遇到问题时可以得到各方面的支持。

别为小事生气

古时有一个妇人，特别喜欢为一些琐碎的小事生气烦恼。她也知道自己这样不好，便去求一位高僧为自己谈禅说道，开阔心胸。

高僧听了她的讲述，一言不发地把她领到一座禅房中，落锁而去。

妇人气得跳脚大骂。骂了许久，高僧也不理会。妇人又开始哀求，高僧仍置若罔闻。妇人终于沉默了。高僧来到门外，问她："你还生气吗？"

妇人说："我只为我自己生气，我怎么会到这地方来受这份罪？"

"连自己都不原谅的人怎么能心如止水？"高僧拂袖而去。

过了一会儿，高僧又问她："还生气吗？"

"不生气了。"妇人说。

"为什么？"

"气也没有办法呀。"

"你的气并未消逝，还压在心里，爆发后将会更加剧烈。"高僧又离开了。

高僧第三次来到门前，妇人告诉他："我不生气了，因为不值得气。"

"还知道值不值得，可见心中还有衡量，还是有气根。"高僧笑道。

当高僧的身影迎着夕阳立在门外时，妇人问高僧："大师，什么是气？"

高僧将手中的茶水倾洒于地。妇人视之良久，顿悟。叩谢而去。

何苦要气？气便是别人吐出而你却接到口里的那种东西，你吞下便会反胃，你不看它时，它便会消散了。气是用别人的过错来惩罚自己的蠢行。

“气死我了，气死我了……”

想想看，我们的生活中有多少人遇到不顺心的事会这样说呢？你也是这样爱生气、容易暴怒的人吗？是不是经常为了一点小事就大动肝火，甚至气得脸红脖子粗、全身发抖呢？

当你觉得那些糟糕的事情让你心情不佳时，会不会觉得生气才是最佳的发泄方式呢？而且也已经习惯这种方法了呢？可是动不动生气还会导致一个直接的后果，那就是——它会损害你的健康！

美国生理学家爱尔玛为研究生气对人健康的影响，进行了一个很简单的实验：把一只玻璃试管插在有冰有水的容器里，然后收集人们在不同情绪状态下的“气水”。结果发现：同一个人，当他心平气和时，所呼出的气变成水后，澄清透明，毫无杂色；悲痛时的“气水”有白色沉淀；悔恨时有淡绿色沉淀；生气时则有紫色沉淀。爱尔玛把人生气时的“气水”注射在大白鼠身上，只过了几分钟，大白鼠就死了。他进而分析认为：如果一个人生气10分钟，其所耗费的精力，不亚于参加一次3 000米的赛跑；人生气时，很难保持心理平衡，这时体内还会分泌出带有毒素的物质，对健康不利。

根据美国心脏协会发行的《循环》杂志中指出，暴躁易怒的人心脏病发作或是突然暴毙的几率，比冷静、不易生气的人高2倍以上。

心理学家研究小组对101名男性和95名女性进行了研究，其中包括44名已经确诊有心脏病的人和99名没有得心脏病的人。研究包括测量每个人在运动之后心脏的血流量。结果表明，与没有统治欲和性情平和的人相比，有统治欲的人得心脏病的风险会增加47%，易怒的人得心脏病的风险会增加27%。

研究还发现，不善于表达自己愤怒的女性，更容易得心脏病。而倾向于淋漓尽致地表达自己气愤的男性，也更容易得心脏病。这就说明，无论是男性还是女性，如果他们经常发怒，便容易得心脏病。

这项研究具有相当的重要性，因为如果长期处于情绪不佳、易动怒的情形之下，对于身体健康，更是有绝对性的负面影响。

虽然研究并没有明确指出高血压与心脏病之间的关系，但可以确定的是：血压正常而容易生气的人，他们罹患心脏病的几率比其他人高，相对地也增加了危险性。

中国传统医学认为生气有损健康。《黄帝内经》明言告诫："怒伤肝。"肝在生理功能上的作用举足轻重，不仅能分泌胆汁，调节蛋白质、脂肪、碳水化合物的新陈代谢，而且有解毒造血和凝血的作用。

怒伤脑。气愤之极，可使大脑思维突破常规活动，往往做出鲁莽或过激举动，反常行为又形成对大脑中枢的恶劣刺激，气血上冲，还会导致脑溢血。

怒伤神。生气时由于心情不能平静，难以入睡，致使神志恍惚，无精打采。

怒伤肤。经常生闷气会让你颜面憔悴、双眼浮肿、皱纹多生。

怒伤内分泌。生闷气可致甲状腺功能亢进。伤心气愤时心跳加快，出现心慌、胸闷的异常表现，甚至诱发心绞痛或心肌梗死。

怒伤肺。生气时的人呼吸急促，可致气逆、肺胀、气喘咳嗽，危害肺的健康。

怒伤肾。经常生气的人，可使肾气不畅，易致闭尿或尿失禁。

怒伤胃。气懑之时，不思饮食，久之必致胃肠消化功能紊乱。

看来，为一点点小事生气，代价也太大了吧?

看完这些医学常识后，原本正在生气的你气消了还是想继续生气呢?如果为了自己的健康着想，就该收敛收敛自己脾气了。夕阳如金，皎月如银，人生的幸福和快乐尚且享受不尽，哪里还有时间去气呢?

适度地"泄愤"

怒气是不可以长期积压的。弗洛伊德认为，在心理治疗过程中，凡是病人能够得到较好的精神疏泄时，病情都会有明显的好转。在现实生活中，我们也会看到有些心胸开阔、性情爽朗的人，他们心直口快地把自己的不愉快情绪或心中的烦闷诉说出来。这种人的心理矛盾能获得及时解决。可是我们也常看到心胸狭窄的人，爱生气，心中闷闷不乐。由于心理冲突长期得不到解决而发生心理疾病。

一般说来，把怒气发泄出来比让它积郁在心里要好。医学研究认为，当人发怒时，血压会迅速升高，而当他通过各种方式，如大喊大叫、号啕痛哭或采取报复行动将怒气发泄出来时，血压又会很快恢复正常。相反，倘若他们将怒气强压下去，那么，他们的血压则需要相当长的时间才能恢复到正常水平。此外，让怒气积郁在心中对心脏的健康尤其不利，是诱发冠心病的主要原因之一。以上只是指出一个事实而已，它并不意味着我们在同别人发生冲突时应该凭感情行事，毫无顾忌地对别人采取攻击行动。心理学家认为，一个人的身体状态是受其心理和精神状态所影响的，大约有一半以上的疾病是由心理和精神方面引起的，因此，掌握心理平衡对人的健康是非常重要的。

从心理健康的角度来看，长期积压怒气会影响身心健康，怒气长时间得不到排解就可能变成忧郁情绪。发脾气可造成神经系统紧张，使内分泌处于亢奋状态，甚至可能引发疾病；从人际关系角度看，一场脾气发下来，别人不仅会敬而远之，多年的交情甚至可能因此了结。一个懂得如何发脾气、正确发泄自己不满的人才是一个心理成熟、健康的人。喜怒哀乐本是人之常情，没有理由强迫自己控制情绪而忽视甚至是否定自己的感受。许多心理专家鼓励人们自然宣泄情绪，有气就发出来，不要闷在心里。但随便乱发脾气毕竟是损人不利己的行为，所以，每个人最好了解自己的情绪，寻找适当的宣泄方式，关键在于找准渠道。

公元前284年，燕国大举进攻齐国，名将乐毅率大军连下齐国70余城。最后齐国只剩下莒、即墨两城，已经面临灭国之灾。乐毅将两城池包围后，采取攻心战术，以和平解决齐国这最后两城为上策，乐毅令部队撤至两城外9里处筑垒，对城中出来的齐国百姓不去骚扰，甚至对其中的贫困者给予救济，慢慢争取民心。

恰巧此时燕昭王去世，燕惠王继位，齐国守将田单获此消息后，立即派人到燕国散布谣言，燕王立即派大将骑劫换回乐毅。田单再生一计，派人散布谣言说，即墨人最怕燕军割掉战俘的鼻子并将他们置于阵前。骑劫听到后，认为此办法不错，当即下令将降卒的鼻子全部割掉，并将他们排列在阵前。这一下，骑劫中计了。即墨城中的军民见燕军如此残酷地对待战俘，人人愤怒不已。田单又派人散布谣言说，即墨人的先人坟墓都在城外，他们害怕燕军挖掘坟墓，侮辱先人。骑劫不假思索又命令将城外的坟墓全部挖开，将死人弄出来焚烧。城中军民见燕军如此丧尽天良，无不痛心疾首，个个义愤填膺，纷纷要求与燕军拼命。田单见时机已到，做好作战部署，一场火牛阵烧得燕军一败涂地。田单乘胜追击，一举收复了齐国所有失地。

割战俘的鼻子，挖掘齐国人的祖坟等不义之举，不但没有恐吓住齐人，反而激起了他们的极大愤慨，决心与燕军拼个鱼死网破。齐军的愤怒，极需要宣泄，战场上的英勇作战成为齐军士兵宣泄的途径。

我们应该承认，人受了委屈或者憋了一肚子气时，常常需要释放怒气，正如火山需要喷发。因此，宣泄并不奇怪。此外，我们得承认，选择什么宣泄方式，常常会因人而异，比如，理智者会冷静而从容地调整自己的心态，鲁莽者会因其冲动而莫名其妙地误伤他人。愚蠢者会莫名其妙地走向极端，甚至采用不可取的自罚形式，这就是一句老话所说，“生气时踢石头，疼的是脚趾头”。

那么，如何通过有效的方法适当宣泄不良的情绪呢？

1. 倾诉宣泄法

倾诉宣泄法属于心理释放法，不良的情绪能量通过一定渠道释放掉，心理压力自然恢复平衡。

摔打一些无关紧要的物品能够有效地宣泄，对天空大喊也可以缓解一下自己的冲动。如果你愿意可以跑到楼下，再爬上楼，每步登两个台阶，跑步上楼更好。还可以与别人聊聊。在日常生活或工作中，经常会产生一些矛盾或意见，这很容易使人发怒。如果我们把心中的不满或意见坦率地讲出来，既可泄怒，又可以通过批评与自我批评增强同事间的团结。或者讲给自己信得过的朋友，你大都会得到安慰。这种释放的方法也是很可取的。

不过，砸东西、踢家具等借着外物转移情绪，虽然可以暂时纾解怒气，但许多人开始担心会不会演变成暴力行为性格？专家认为，若不去察觉情绪的细微变化，而总是以宣泄方式排解，其实怒气并没有真正被消化，反而会形成恶习，重复发生。

说到这里自然而然得劝说你将宣泄与怨恨分开。怨恨导致怨恨，报复导致更大的报复。你已经给予了受你报复的人太多的痛苦和仇恨，他有足够的理由展开对你的报复行动。不论你做多少事情，说多少悔过的话，都改变不了同样的命运。一旦你从复仇中离开的时候，你才会领悟到，自己已经远离了生气的目标——为了解决问题而不是诞生新问题。消极的情绪在宣泄之后，除了在积极的生气之外，你还会给自己积累上复仇、罪恶感、痛苦、怨恨、伤害等感觉，这足以在伤害对方的同时也毁了你自己。

所以做人实在不得不时时警觉，千万别让自己不可控制的性情毁灭了自己。

拓宽视野看问题，许多负面情绪反而成为动力来源，特别是怒气。但有些方法并不是对每个人都适合的，所以要自己创造一些宣泄方法。

找人谈一谈。当压力越来越大，心情越来越糟时，不妨与家人、好朋友或当事人聊聊。倾诉是改善不良心情的最好方法。但这时要注意原则，掌握分寸。不该说的隐私、涉及人际关系的事、面对不能对其畅谈的人等等，都不能为图一时心情痛快全倒出去，以免将来留下麻烦。

还可以写信，可以像拳击队员一样对沙袋之类的物品猛击，可以大哭一场，可以唱唱卡拉O K。还有参加体育活动、朋友聚会、逛商店、休假、外出旅游等，这些都可以在一定程度上改换自己的不良心情。

2. 自我安慰法

阿Q精神也是一种宣泄。看开点，实际点，凡事别想太多的后果，越想越烦恼。对某些事，把它想到最坏，并告诉自己“不过如此，还能怎样呢”，这样你反而轻松了。以前跑江湖的人常说一句话：脑袋掉了不过碗大个疤。这话听起来令人害怕，但江湖中人这种洒脱的习性值得借鉴。也不要给自己定过高的目标。是自己的不用争也跑不了，不是自己的争也争不来。即使争来了，付出与所得之比是不是合算呢？

3. 培养广泛的兴趣爱好，在乐趣中“宣泄”

除了宣泄以外，还要自己寻找乐趣，如跳舞、看足球比赛、打牌等，只要有兴奋点，就能使你快乐。

学会心平气和

人的烦恼一半源于自己，即所谓画地为牢，作茧自缚。芸芸众生，各有所长，各有所短。争强好胜失去一定限度，往往受身外之物所累，失去做人的乐趣。只有承认自己某些方面不行，才能扬长避短，才能不让嫉妒之火吞灭心中的灵光。

让自己放轻松，就是心平气和地工作、生活。这种心境是充实自己的良好状态。充实自己很重要，只有有准备的人，才能在机遇到来之时不留下失之交臂的遗憾。

俗语有“宰相肚里能撑船”之说。古人与人为善、修身立德的谆谆教诲警示于世人，一个人若胆量大，性格豁达方能纵横驰骋，若纠缠于无谓鸡虫之争，非但有失儒雅，而且终日郁郁寡欢，神魂不定。唯有对世事时时心平气和、宽容大度，才能处处契机应缘、和谐圆满。

如果一语龃龉，便遭打击；一事唐突，便种下祸根；一个坏印象，便一辈子倒霉，这就说不上宽容，就会被人称为“母鸡胸怀”。真正的宽容，应该是能容人之短，又能容人之长。对才能超过者，也不嫉妒，唯求“青出于蓝而胜于蓝”，热心举贤，甘做人梯，这种精神将为世人称道。

有个人讲述了一个故事：小时候，有一天他和几个朋友在一间荒废的老木屋的阁楼上玩。在从阁楼往下跳的时候，他的左手食指上的戒指勾住了一根钉子，把整根手指拉掉了。当时他疼死了，也吓坏了。等手好了以后，他没有烦恼，接受了这个本可避免的事实。现在，他几乎根本就不会去想自己的左手只有四个手指头。

荷兰首都阿姆斯特丹一间15世纪教堂废墟上刻着这样一行字：“事情是这样，就不会是别的样子。”

在漫长的岁月中，我们一定会碰到一些令人不快的情况，它们既是这样，就不可能是别样，我们也可以有所选择。我们可以把它们当做一种不可避免的情况加以接受，并适应它；或者，我们让忧虑毁掉我们的生活。

下面是哲学家威廉·詹姆斯所给的忠告："要乐于承认事情就是如此。能够接受发生的事实，就是能克服随之而来的任何不幸的第一步。"俄勒冈州的伊丽莎白·康黎经过许多困难，终于学到了这一点。

"在庆祝美军在北非获胜的那天，我被告知我的侄子在战场上失踪了。后来，我又被告知，他已经死了……我悲伤得无以复加。在此之前，我一直觉得生活很美好。我热爱自己的工作，又费劲带大了这个侄子。在我看来，他代表了年轻人美好的一切。我觉得我以前的努力正在丰收……现在，我整个世界都粉碎了，觉得再也没有什么值得我活下去了。我无法接受这个事实，悲伤过度，决定放弃工作，离开家乡，把我自己藏在眼泪和悔恨之中。

"就在我清理桌子，准备辞职的时候，突然看到一封我已经忘了的信——几年前我母亲去世后这个侄子寄来的信。那信上说：'当然，我们都会怀念她，尤其是你。不过我知道你会支撑过去的。我永远也不会忘记那些你教我的美丽的真理，永远都会记得你教我要微笑。要像一个男子汉，承受一切发生的事情。'

"我把那封信读了一遍又一遍，觉得他似乎就在我身边，仿佛对我说：'你为什么不照你教给我的办法去做呢？支撑下去，不论发生什么事情，把你个人的悲伤藏在微笑下，继续过下去。'

"于是，我一再对自己说：'事情到了这个地步。我没有能力去改变它，不过我能够像他所希望的那样继续活下去。'我把所有的思想和精力都用于工作，我写信给前方的士兵——给别人的儿子们；晚上，我参加了成人教育班——找出新的兴趣，结交新的朋友。我不再为已经永远过去的那些事而悲伤。现在的生活比过去更充实、更完整。"

已故的乔治五世，在他白金汉宫的房里挂着下面这几句话，"教我不要为月亮哭泣，也不要因事后悔。"叔本华也说："能够顺从，就是你在踏上人生旅途中最重要的一件事。"

显然，环境本身并不能使我们快乐或不快乐，而我们对周围环境的反应才能决定我们的感觉。

必要时，我们都能忍受灾难和悲剧，甚至战胜它们。我们内在的力量坚强得惊人，只要我们肯加以利用，它就能帮助我们克服一切。

已故的美国小说家布斯·塔金顿总是说："人生的任何事情，我都能忍受，只除了一样，就是瞎眼。那是我永远也无法忍受的。"然而，在他六十多岁的时候，他的视力减退，一只眼几乎全瞎了，另一只眼也快瞎了。他最害怕的事终于发生了。

塔金顿对此有什么反应呢？他自己也没想到他还能觉得非常开心，甚至还能运用他的幽默感。当那些最大的黑斑从他眼前晃过时，他却说："嘿，又是老黑斑爷爷来了，不知道今天这么好的天气，它要到哪里去？"

塔金顿完全失明后，他说："我发现我能承受我视力的丧失，就像一个人能承受别的事情一样。要是我五个感官全丧失了，我也知道我还能继续生活在我的思想里。"

为了恢复视力，塔金顿在1年之内做了12次手术，为他动手术的就是当地的眼科医生。他知道他无法逃避，所以唯一能减轻他受苦的办法，就是爽爽快快地去接受它。他拒绝住在单人病房，而是住进大病房，和其他病人在一起。他努力让大家开心。动手术时他尽力让自己去想他是多么幸运。"多好呀，现代科技的发展，已经能够为像人眼这么纤细的东西做手术了。"

一般人如果要忍受12次以上的手术和不见天日的生活，恐怕都会变成神经病了。可是这件事教会塔金顿如何忍受，这件事使他了解，生命所能带给他的，没有一样是他能力所不及而不能忍受的。

你不可能改变那些不可避免的事实，可是你可以改变自己。要在忧虑毁了你之前，先改掉忧虑的习惯，告诉自己："适应不可避免的情况。"

第三章

走进不抱怨的世界，一切不是你想象的那样糟

抱怨和等待只能一事无成

也许贫困的生活像枷锁一样困扰着你，没有亲朋好友，无依无靠地生活在异乡他国。你急切地希望减轻自己身上沉重的负担。然而，仿佛陷入黑暗的深渊之中，负担是如此沉重。于是，你不停地抱怨，感叹命运对自己的不公，抱怨自己的父母、自己的老板，抱怨上苍为何如此不公，让你遭受贫困，却赐予他人富足和安逸。

停止你的抱怨吧，让烦躁的心情平静下来。你所埋怨的并不是导致你贫困的原因，根本原因就在你自身。你抱怨的行为本身，正说明你倒霉的处境是咎由自取。

喜欢抱怨的人在世上没有立足之地的，烦恼忧愁更是心灵的杀手。缺少良好的心态，如同收紧了身上锁链，将自己紧紧束缚在黑暗之中。

没有人会因为坏脾气和消极负面的心态而获得奖励和提升。仔细观察任何一个管理健全的机构，你会发现，最成功的人往往是那些积极进取、乐于助人，能适时给他人鼓励和赞美的人。身居高位之人，往往会鼓励他人像自己一样快乐和热情。但是，依然有些人无法体会这种用意，将诉苦和抱怨视为理所当然。

一句古老的格言是这样的："如果说不出别人的好话，不如什么都别说。"这句格言在现代社会更显珍贵——几乎所有机构，无论大小，吹毛求疵、流言蜚语和抱怨永不止息。

"好话不出门，坏话传千里"，在我们面前说人是非的人，也一定会在他人面前非议我们。一来一往容易滋生是非，影响公司的凝聚力。与其抱怨对公司和老板的不满，不如努力地欣赏彼此之间的可取之处，这样一来，你会发现自己的处境大有改善。

如果你不知道自己要什么，就别抱怨老板不给你机会。那些喜欢大声抱怨自己缺乏机会的人，往往是在为自己失败找借口。成功者不善于也不需要编制借口，因为他们能为自己的行为和目标负责，也能享受自己努力的成果。

人往往是在克服困难过程中产生勇气、培养坚毅和高尚的品格的。常常抱怨的人，终其一生都不会有真正的成就。

或许你正住在一间简陋的破屋里，心中梦想着宽大而明亮的殿堂，那么，你应该做的先是努力将这间小屋变成一个干净整洁的天堂，将你的精神充满这间小屋。

不妨想一想，你喜欢哪一种工作伙伴呢?是那些总在抱怨的人?还是那些乐于助人、有活力、值得信赖的人呢?

抱怨是无济于事的，只有通过行动才能改善你做事的处境。

也许你没有在意，在你的生活中有多少次抱怨老天的不公平。有时，你也许真的遭遇到了某些不公平的待遇，既得利益被无端地剥夺，自己的荣誉拱手让给了他人，公平的分配却怎么也轮不到自己……于是，常见许多人处于生命低谷时一味地抱怨、苦恼，大声地哭诉着生活对自己是如此的不公，长期沉溺其中不能自拔，终日被泪水和无奈的情绪包围着。仔细想来，抱怨、折磨自己又有何用？只能徒增自己的痛苦，让自己坠落得更深、更惨罢了！

面对生活，有很多事情不能如己所愿，别人得到了幸运你却与机会擦肩而过，别人获得了成功你却陷入困境，别人一帆风顺你却遭遇不幸……于是，你感叹生活是如此的刻薄，命运是如此的不公。其实，当你有这样的感叹的时候，你已经把自己的命运的掌控权交了出去。

威尔逊先生是一位成功的商业家，他从一个普普通通的事务所小职员做起，经过多年的奋斗，终于拥有了自己的公司、办公楼，并且受到了人们的尊敬。

有一天，威尔逊先生从他的办公楼走出来，刚走到街上，就听见身后传来“嗒嗒嗒”的声音，那是盲人用竹竿敲打地面的声响。威尔逊先生愣了一下，缓缓地转过身。

那盲人感觉到前面有人，连忙打起精神，上前说道：“尊敬的先生，您一定发现我是一个可怜的盲人，能不能占用您一点点时间呢？”

威尔逊先生说：“我要去会见一个重要的客户，你要什么就快说吧。”

盲人在一个包里摸索了半天，掏出一个打火机，放到威尔逊先生的手里，说："先生，这个打火机只卖1美元，这可是最好的打火机啊。"

威尔逊先生听了，叹口气，把手伸进西服口袋，掏出一张钞票递给盲人："我不抽烟，但我愿意帮助你。这个打火机，也许我可以送给开电梯的小伙子。"

盲人用手摸了一下那张钞票，竟然是100美元！他用颤抖的手反复抚摸这钱，嘴里连连感激着："您是我遇见过的最慷慨的先生！仁慈的富人啊，我为您祈祷！上帝保佑您！"

威尔逊先生笑了笑，正准备走，盲人拉住他，又喋喋不休地说："您不知道，我并不是一生下来就瞎的。都是23年前布尔顿的那次事故！太可怕了！"

威尔逊先生一震，问道："你是在那次化工厂爆炸中失明的吗？"

盲人仿佛遇见了知音，兴奋得连连点头："是啊是啊，您也知道？这也难怪，那次光炸死的人就有93个，伤的人有好几百，可是头条新闻哪！"

盲人想用自己的遭遇打动对方，争取多得到一些钱，他可怜巴巴地说了下来："我真可怜啊！到处流浪、孤苦伶仃，吃了上顿没下顿，死了都没人知道！"他越说越激动："您不知道当时的情况，火一下子冒了出来！仿佛是从地狱中冒出来的！逃命的人群都挤在一起，我好不容易冲到门口，可一个大个子在我身后大喊：'让我先出去！我还年轻，我不想死！'他把我推倒了，踩着我的身体跑了出去！我失去了知觉，等我醒来，就成了瞎子，命运真不公平啊！"

威尔逊先生冷冷地道："事实恐怕不是这样吧？你说反了。"

盲人一惊，用空洞的眼睛呆呆地对着威尔逊先生。

威尔逊先生一字一顿地说："我当时也在布尔顿化工厂当工人，是你从我的身上踏过去的！你长得比我高大，你说的那句话，我永远都忘不了！"

盲人站了好长时间，突然一把抓住威尔逊先生，爆发出一阵大笑："这就是命运啊！不公平的命运！你在里面，现在出人头地了，我跑了出去，却成了一个没有用的瞎子！”

威尔逊先生用力推开盲人的手，举起了手中一根精致的棕榈手杖，平静地说：“你知道吗？我也是一个瞎子。你相信命运，可是我不信。”

确实，世界总是不公平的，没有必要去抱怨。你大可不必为自己的点点得失而大喊不公，应该正视现实，承认生活确实是不公平的。

承认生活并不公平这一事实的一个好处便是它激励我们去尽己所能，而不再自我伤感。我们知道让每件事情完美并不是“生活的使命”，而是我们自己对生活的挑战。承认这一事实也会让我们不再为他人遗憾，每个人在成长、面对现实、做种种决定的过程中都有各自不同的能力和难题，每个人都有感到成了牺牲品或遭到不公正对待的时候。

承认生活并不公平这一事实并不意味我们不必尽己所能去改善生活，去改变整个世界。恰恰相反，它正表明我们应该这样做。当我们没有意识到或不承认生活并不公平时，我们往往怜悯他人也怜悯自己，而怜悯自然是一种于事无补的失败情绪，它只能令人感觉现在比过去更糟。

不为莫名的烦恼而抱怨

我们偶尔会抱怨心里莫名的烦恼，这主要是因为我们的心中都打了或多或少的绳结，它们的存在使我们不能痛快地享受生活的乐趣，无法看到人生的美景。

其实，聪明人都应该培养自己摆脱绳结的能力，这样才能使我们以一颗平常心来看待烦恼，进而摆脱烦恼。

古希腊的佛里几亚国王葛第士，以非常奇妙的方法在战车的轭上打了一串结。他预言：谁能打开这串结，谁就可以征服亚洲。一直到公元前334年，仍然没有一个人能成功地将结打开。

这时亚历山大率领军队入侵小亚细亚，他来到葛第士绳结的车前，毫不犹豫地拔剑砍断了绳结。后来，他果然占领了比希腊大50倍的波斯帝国。

另有一个类似的故事。

有一个小孩上山砍柴的时候被毒蛇咬伤了脚趾。他疼痛难忍，而医院却在很远的小镇里。孩子果断地用砍柴的镰刀砍断了自己的脚趾，然后忍着剧痛艰难地走到了医院。尽管他少了一个脚趾，但却用短暂的疼痛换来了自己的性命。

困扰我们的绳结不仅仅存在于我们的身边，也可能在我们的心中。

有一个年轻人从家里出门，在路上看到了一件有趣的事，正好经过一家寺院，便想考考老禅师。他说："什么是团团转？"

"皆因绳未断。"老禅师随口答道。

年轻人听了大吃一惊。

老禅师问道："什么事让你这样惊讶？"

"不，老师父，我惊讶的是，你是怎么知道的呢？"年轻人说，"我今天在来的路上，看到了一头牛被绳子穿了鼻子，拴在树上，这头牛想离开这棵树，到草场上去吃草，谁知它转来转去，就是脱不开身。我以为师父没看见，肯定答不出来，没想到你一口就说中了。"

老禅师微笑道："你问的是事，我答的是理；你问的是牛被绳缚而不得脱，我答的是心被俗务纠缠而不得解脱，一理通百事啊。"

人活在世上只有短短几十年，却浪费了很多时间，去发愁一些一年之内就会忘了的小事。

现在有以下两种问题需要我们回答：

第一种问题是——

你是否经常因一些琐事烦心？你是否偶尔会控制不住自己发发脾气？你是否在工作中受到同事闲言碎语的"旁敲侧击"？有时候你是否会忍不住和他们争辩一番？

大多数人的回答是：是的。

第二种问题是——

你是否有着未来3年的人生计划并把它装在自己的脑子内？你是否时时审视自己有没有做到足够宽容和乐观？你是否因某个难题生出一些创意？你是否依靠自己的谅解和幽默又赢得一位朋友？

同样，回答的人很多，但他们的结果是：NO。

太多的人把目光放在自己身上，放在每天的一成不变的生活规律上，而很少去关注别人的冷热以及自己的内心。他们只看到眼前，而忽略了生活的连续性，忘记了在做事的同时为自己积累发展的资本。

我们需要一种战略眼光，做人需要一种大的境界。因此，你不能因那些琐事耽误了你的计划进程；在这个时代，你应该在冷静中保持高效；和庸人争辩显示出你的口才，但也缠住了你前进的脚步。

所有因鸡毛蒜皮的事而起的争执都是不明智的，因那些乱麻般的琐事而被绊住脚是得不偿失的。

因此，最重要的是：你应该坚持不断地培养自己这种意识——不要因琐事烦恼，不要和小人纠缠，还有更重要的事等着自己。

这是一个富戏剧性的故事，主人公叫罗勃·莫尔。

“1945年3月，我在中南半岛附近276英尺深的海下，学到了一生中最重要的一课。当时，我正在一艘潜水艇上。我们从雷达发现一支日军舰队——一艘驱逐护航舰，一艘油轮和一艘布雷舰——朝我们这边开来。我们发射了三枚鱼雷，都没有击中。突然，那艘布雷舰直朝我们开来。（一架日本飞机，把我们的位置用无线电通知了它。）我们潜到150英尺深的地方，以免被它侦察到，同时做好应付深水炸弹的准备，还关闭了整个冷却系统，和所有的发电机器。

“3分钟后，天崩地裂。六枚深水炸弹在四周炸开。把我们直压海底——276英尺的地方。深水炸弹不停地投下，整整15个小时，有十几个就在离我们五十英尺左右的地方爆炸——若深水炸弹距离潜水艇不到17英尺的话，潜艇就会炸出一个洞来。当时，我们奉命静躺在自己的床上。保持镇定。我吓得无法呼吸，不停地对自己说：“这下死定了……”潜水艇的温度几乎有100多度，可我却怕得全身发冷，一阵阵冒冷汗。15个小时后攻击停止了，显然那艘布雷舰用光了所有的炸弹后开走了。这15个小时，在我感觉好像有1 500万年。我过去的生活一一在眼前出现，我记起了做过的所有的坏事和曾经担心过的一些很无聊的小事。我曾担忧过，没有钱买自己的房子，没有钱买车，没有钱给妻子买好衣服。下班回家，常常和妻子为一点芝麻大的小事吵架。我还为我额头上一个小疤——一次车祸留下的伤痕——发过愁。

“多年之前那些令人发愁的事，在深水炸弹威胁生命时显得那么荒谬、渺小。我对自己发誓，如果我还有机会再看到太阳和星星的话，我永远不会再忧愁了。在这15个小时里，我从生活中学到的，比我在大学念四年书学到的还要多得多。”

我们一般都能很勇敢地面对生活中那些大的危机，却常常被一些小事搞得垂头丧气。著名企业家柏德先生也常发此感慨：“我手下的人能够毫无怨言地从事危险而又艰苦的工作，可是我却知道，有好几个同室的人彼此不说话，因为怀疑别人把东西放乱，占了自己的地方。有一个讲究空腹进食细嚼健康法的家伙，每口食物都要嚼28次。而另一人一定要找一个看不见这家伙的位子坐着，才吃得下去饭。”

“小事”如果发生在夫妻生活里，还会造成“世界上半数的伤心者”。芝加哥的约瑟夫·沙巴士法官，在仲裁过4万多件不愉快的婚姻案件之后说：“婚姻生活之所以不美满。最基本的原因往往都是一些小事。”

事情总会有变化

有时候，事情只要不再固执，而是沉静下来想一想，它就会发生自然而然的变化，而你也能捕捉到这种变化。就如《谁动了我的奶酪》里那两只聪明的小老鼠。

嗅嗅能及早地嗅出变化的气息，能使我们及早地调整战略，做出应对。在新的战略中，匆匆被鼓励去采取行动。当然，他的行动需要嗅嗅的引导。匆匆的行动最终表现为结果和价值。

当我们遇到变化时，我们应当像书中的小矮人唧唧一样直视变化；像嗅嗅和匆匆一样，将一切看似复杂的问题简单化。那么，问题和答案都会变得简单。罗伯特·彭斯说过：“再完美的计划也时常遭遇不测。”变化并不可怕，可怕的是在变化中不知所措，宁可饿死也不去寻找新的出路。

让自己预见变化，随着变化而变化！

应对外界的变化，不能老是待在自己熟悉的领域！应该勇敢面对现实、面对改变，适应不断发生的变化。变化发生在每个人身上，应该根据新的变化，做出艰难的调整，以适应变化。一个人不能待在原来的地方固步自封，也不可能躺在学校中，年复一年依靠它。应及早发现潜在危机，并看出已经发生的变化。立即投入行动！随着外界变化而变化，并享受变化。应敢于面对自己的错误，坦然面对自己，自觉改变自己，并将心态调整好，将一切工作、思路做得更好。

做好应对迅速变化的准备。

要克服因成功而形成的傲慢和惰性，需要正确面对那些曾经有效的东西。放弃那些已经阻碍发展的东西，尽快调整以适应变化。一个人、一个学校，如果拒绝承认自己的错误，害怕改变现状，情况又会怎样？当你无所畏惧面对改革时，那又会是怎样的一种情况？陈旧的信念，不会帮助你找到出路，越早放弃旧的观念，就会越早发现新的出路。遇事不要光会指责别人，抱怨客观。关键就在于要敢于面对自己、敢于否定自己，一个学校、一个人如果不肯改变，就要为此付出代价！

直视变化，转机就会来临。

顺其自然最好

三伏天，禅院的草地枯黄了一大片。

“快撒点草籽吧！好难看哪！”小和尚说。

“等天凉了，”师父挥挥手，“随时！”

中秋，师父买了一包草籽，叫小和尚去播种。

秋风起，草籽边撒、边飘。

“不好了！好多种子都被风吹飞了。”小和尚喊。

“没关系，吹走的多半是空的，撒下去也发不了芽，”师父说，“随性！”

撒完种子，跟着就飞来几只小鸟啄食。

“要命了！种子都被鸟吃了！”小和尚急得跳脚。

“没关系！种子多，吃不完，”师父说，“随遇！”

半夜一阵骤雨，小和尚早晨冲进禅房：“师父！这下真完了！好多草籽被雨冲走了！”

“冲到哪儿，就在哪儿发芽，”师父说，“随缘！”

一个星期过去了。

原本光秃秃的地面，居然长出许多青翠的草苗。一些原来没播种的角落，也泛出了绿意。

小和尚高兴得直拍手。

师父点头：“随喜！”

太过执著，犹如握得僵硬的拳头，失去了松懈的自在和超脱。

生命是一种缘，是一种必然与偶然互为表里的机缘。有时候命运偏偏喜欢与人作对，你越是挖空心思想去追逐一种东西，它越是想方设法不让你如愿以偿。这时候，痴愚的人往往不能自拔，好像脑子里缠了一团毛线，越想越乱，他们陷在了自己挖的陷阱里。而明智的人明白知足常乐的道理，他们会顺其自然，不去强求不属于他的东西。

顺其自然，绝非被动人生，不是在生活的海边临渊羡鱼，不是在命运的森林里守株待兔，而是洞悉人生、承受一切命运际遇的大智慧；顺其自然，是对生命的善待与珍爱，是对人生的喝彩和礼赞。

迪斯尼乐园建成时，总经理迈克尔先生为园中道路的布局大伤脑筋，所有征集来的设计方案都不尽如人意。迈克尔先生无计可施，一气之下，他命人把空地都植上草坪后就开始营业了。几个星期过后，当迈克尔先生出国考察回来时，看到园中几条蜿蜒曲折的小径和所有游乐景点有机地结合在一起时，不觉大喜过望。他忙喊来负责此项工作的戈尼，询问这个设计方案是出自哪位建筑大师的手笔。戈尼听后哈哈笑道：“哪来的大师呀，这些小径都是被游人踩出来的！”

我们常想悟出真理，却反而因为这种执著而迷惑、困扰。只要恢复直率之心，彻底地顺从自然，道理就随手可得了。

如果我们学会了顺其自然，也许我们会有意想不到的收获，就像下面故事里的樵夫一样。

有位樵夫生性愚钝，有一天上山砍柴，看见一只从未见过的动物。在好奇心的驱使下，他走上前去问道："你是谁呀？"那动物说："我叫'领悟'。"樵夫心想：我现在不是正好缺少"领悟"吗？干脆把它捉回去得了！这时，"领悟"对樵夫说道："你现在想捉我吗？"樵夫吓了一跳："我心里想的事它怎么知道？这样吧，我不妨装作一副不在意的样子，然后趁它不注意时捉住它！""领悟"又对他说："你现在又想假装成不在意的模样来骗我，等我不注意时把我捉住。"樵夫的心事都被"领悟"看穿，所以就很生气："真是可恶！为什么它都能知道我在想什么呢？"谁知，这种想法马上又被"领悟"发现。它又开口："你因为没有捉到我而生气吧！"于是，樵夫从内心检讨："我心中所想的事，好像反映在镜子里一般，完全被'领悟'看清。我应该把它忘记，专心砍柴。我本来就是为了砍柴才来到山上的，实在不应该有太多的欲望。"想到这里，樵夫挥起斧头，用心地砍柴。一不小心，斧头掉下来，意外地压在"领悟"上面，"领悟"立刻被樵夫捉住了。

当问题发生时，你看到的只是表面的结果；问题为什么会发生，这才是你真正应该探究的原因。而对于一些让你想不开的问题，只要用好的心态去对待，才会找出根源，你也等于找出了答案。

一笑解千愁

笑声不仅可以解除忧愁，而且可以治疗各种病痛。微笑能加快肺部呼吸，增加肺活量，能促进血液循环，使血液获得更多的氧，从而更好地抵御各种病菌的入侵。

笑声还可以治疗心理疾病。印度有位医生在国内开设了多家"欢笑诊所"，专门用各种各样的笑："哈哈"、"开怀大笑"、"吃吃"抿嘴偷笑、抱着胳膊会心地微笑等来治疗心情压抑等各种疾病。在美国的一些公园里都辟有欢笑乐园。每天有许多男女老少在那里站成一圈，一遍遍地哈哈大笑，进行“欢笑晨练”。

笑不仅具有医疗作用，而且生活中它还能产生人们意想不到的用途。

有个王子，一天吃饭时，喉咙里卡了一根鱼刺，医生们束手无策。这时一位农民走过来，一个劲地扮鬼脸，逗得王子止不住地笑，终于吐出了鱼刺。

雪莱说过：“笑实在是仁爱的表现，快乐的源泉，亲近别人的桥梁。”笑是快乐的象征，是快乐的源泉。笑能化解生活中的尴尬，能缓解工作中的紧张气氛，也能淡化忧郁。

一对夫妻因为一点生活琐事吵了半天，最后丈夫低头喝闷酒，不再搭理妻子。吵过之后，妻子先想通了，便想和丈夫和好，但又感到没有台阶可下，于是她便灵机一动，炒了一盘菜端给丈夫说：“吃吧，吃饱了我们接着吵。”一句话把正在生闷气的丈夫给逗乐了，见丈夫真心地笑了，她自己也乐开了。就这样，一场矛盾在笑声中化解开来。

既然笑声有这么多的好处，我们有什么理由不让生活充满笑声呢？不妨给自己一个笑脸，让自己拥有一份坦然；还生活一片笑声，让自己勇敢地面对艰难。这是怎样的一种调解，怎样的一种豁达，怎样的一种鼓励啊！

赫尔岑有句名言说：“不仅要在观乐时微笑，也要学会在困难中微笑。”人生的道路上难免遇到这样那样的困难，时而让人举步维艰，时而让人悲观绝望；漫漫人生路有时让人看不到一点希望。这时，不妨给自己一个笑脸，让来自于心底的那份执著，鼓舞自己插上理想的翅膀，飞向最终的成功；让微笑激励自己产生前行的信心和动力，去战胜困难，闯过难关。

“清新、健康的笑，犹如夏天的一阵大雨，荡涤了人们心灵上的污泥、灰尘及所有的污垢，显露出善良与光明。”笑是生活的开心果，是无价之宝，但却不需花一分钱。所以，每个人都应学会以微笑面对生活。

守住一颗宁静的心

作为家庭主人的你，每天都在尽最大努力去避免着家庭所面临的各种污染，如空气污染、噪声污染、光源污染等。这时不知你是否忽视了另一种新的污染，你的坏情绪，就是一种情绪污染。

情绪是客观事物作用于人的感官而引起的一种心理体验。无论喜、怒、思、悲、惊，都有其原因和对象。幽静的环境，清新的空气，高尚的品德，物质的丰富，文化的繁荣，都能引起人们愉快、轻松的良好情绪，而环境脏乱、虚伪庸俗、文化枯萎等，则可能导致人们厌烦、压抑、忧伤、愤怒的消极情绪。情绪具有两重性：一是两极性，如快乐和悲哀，热爱和憎恨，轻松和紧张，激动和平静等；二是暗示感染性的大小，往往由人们地位和作用的不同而不同。

现代心理学告诉人们，人的情绪有两个关键时间：一是早晨就餐前；二是晚上就寝前。在这两个关键时间里，每一个家庭成员都要尽量保持良好的心境，稳定自身情绪，尽量不要破坏家庭的祥和气氛，避免引起情绪污染。假如在一天的开始，家庭某一个成员情绪很好，或者情绪很坏，其他成员就会受到感染，产生相应的情绪反应，于是就形成了愉快、轻松或者沉闷、压抑的家庭氛围。

任何人都会有情绪低落的时候，每当这时，一是要有点忍耐和克制精神；二是要学会情绪转移。把不良情绪带回家，将心中怨气发泄在家人身上，为一些小事耿耿于怀……诸如此类，都会影响他人情绪，造成家庭情绪污染。

其实，我们的心灵也同样需要一片宁静的天空，那么就让我们的情绪在宁静的天空下，得到平复与安宁。

西方有位哲人在总结自己一生时说过这样的话："在我整整75年的生命中，我没有过过4个星期真正的安宁。这一生只是一块必须时常推上去又不断滚下来的崖石。"所以，追求宁静对许多人来说成了一个梦想。由此看来，宁静并不是每个人都能享受的。

可是，现实生活中也不乏许多人害怕宁静，时时借热闹来躲避宁静，麻痹自己。红尘滚滚中，已经很少有人能够固守一方，独享一份宁静了，更多的人脚步匆匆，奔向人声鼎沸的地方。殊不知，热闹之后却更加寂寞。我辈之人，如能在热闹中独饮那杯寂寞的清茶，也不失为人生的另类选择与生存。但是，宁静并不是每个人都会享受的！

对未来进行抗争的人，才有面对宁静的勇气；在昔日拥有辉煌的人，才有不甘宁静的感受。

为了收获而不惜辛勤耕耘流血流汗的人，才有资格和能力享受宁静。

宁静是一种难得的感觉，只有在拥有宁静时，你才能静下心来悉心梳理自己烦乱的思绪，只有在拥有宁静时，你才能让自己成熟。不在宁静中升华，就在宁静中死去。

其实，这是一种误解。倘使这样去超越生活，不仅限制生命的成长，还会与现实隔阂，这样的人只是逃避生活。

宁静是一种感受，是一种难得的感觉，是心灵的避难所，会给你足够的时间去舔舐伤口，重新以明朗的笑容直面人生。

懂得了宁静，便能从容地面对阳光，将自己化作一盏清茗，在轻啜深酌中渐渐明白，不是所有的生长都能成熟，不是所有的欢歌都是幸福，不是所有的故事都会真实。有时，平淡是穿越灿烂而抵达美丽的一种高度，一种境界。当宁静来临时，轻轻合上门窗，隔去外面喧嚣的世界，默默独坐在灯下，平静地等待身体与心灵的一致，让自己从悲观交集中净化思想。这样，被一度驱远的宁静会重新得到回归。你静静地用自己的理解去解读人世间风起云涌的内容，思考人生历程中的痛苦和欢悦。你不再出入上流社会，也就不再对那些达官显贵们摧眉折腰，人们不再追逐你，不再关注你，你也因此而少了流言的中伤。当你真实乍窥了人生的丰富与美好，生命的宏伟和阔大，让身心平直地立在生活的急流中，不因贪图而倾斜，不因喜乐而忘形，不因危难而逃避。你就读懂了宁静，理解了宁静。于是，宁静不再是宁静，宁静成了一首诗，成了一道风景，成了一曲美妙的音乐。于是，宁静成了享受，使我们终于获得了人生的宁静。

这是宁静的净化，它让人感动，让人真实又美丽。

宁静是一种心境，氤氲出一种清幽与秀逸，冉冉上升的思绪逃离了城市的喧嚣，营造出一种自得和孤高，去获得心灵的愉悦，获得理性的沉思，与潜藏灵魂深层的思想交流，找到某种攀升的信念，去换取内心的宁静、博大致远的菩提梵境。

宁静如水，让它拂拭我们蒙尘的心灵，让它涤荡掉我们身上的浮躁、空泛和沮丧，才能叩问自己的灵魂，看清梦里的花朵以最美的形式在生活中绽放，听到远方的鸟语在天籁中落下嘤嘤的雨水……

不必慨叹，风景这边更好

请看一个牧师在他的布道词里所讲的故事：

上帝给我一个任务，叫我牵一只蜗牛去散步。

我不能走得太快，蜗牛已经在尽力地爬，每次仍总是挪那么一点。

我催促它，我吓唬它，我责备它，蜗牛用抱歉的眼光看着我，仿佛说："我已经尽了全力！"

我拉它，我扯它，我甚至想踢它，蜗牛受了伤，它流着汗，喘着气，往前爬。真奇怪，为什么上帝要我牵一只蜗牛去散步？

"上帝啊！为什么？"天上一片安静。

唉！也许上帝抓蜗牛去了！好吧！松手吧！

反正上帝不管了，我还管什么？

任蜗牛往前爬，我在后面生闷气。

待放慢了脚步，静下心来……

咦？

忽然闻到了花香，原来这边有个花园。

我感到微风吹来，原来夜里的风这么温柔。

还有！我听到鸟声，我听到虫鸣，我看到满天的星斗，多美。

咦？

以前怎么没有这些体会？

我这才想起来，莫非是我弄错了！

原来上帝叫蜗牛牵我去散步。

你找到你的蜗牛了吗？偶尔出去散散步吧！

有人怨天尤人，有人感叹世事变迁，那低低的话语中尽是对生活的厌恶，对人生的绝望，难道自己的生活就这样平庸吗？只要你能以平常心面对人生，进而发现生活中的美，你的人生就有无尽的价值。

漫步在幽深的小路上，呼吸着清新的空气，透过树阴，阳光在地上洒落无数碎石般的斑纹。微风拂过，扑面而来的是淡淡的花香，使人心旷神怡。仰天长望，白云掠过，几朵白云在轻轻地飘。哼一首无名的小曲，默念一首小诗。你感受到生活之美了吗？

在生命漫长的旅程中，我们会遭遇这样那样的挫折和困难，但也正是因此，生命变得更加丰富多彩。没有人希望自己的一生是在平淡无奇、庸庸碌碌中度过，那样似乎总觉得是枉来人间走一趟。那么，当挫折和困难要来点缀我们生命的时候，我们为何还要远避！

在你困难之际，一双双温暖的手会向你伸来，在你欢乐之际，一句句祝福会向你飘来，在你悲伤之时，安慰的话、贴心的话会抚慰你受伤的心……这都是你的幸福，这都是生活中的美啊！

生活本身是快乐的，何必因为一些事情而生气呢？遗忘它，放走它。用想象的方法，假设它是一只气球，被扎破后，慢慢缩小，“气”也随之飘到九霄云外。选择遗忘，一定能让自己感到舒服、放松。你的生活负担正在渐渐消失，你感受到了吗？

品味生活，在于抓住生活的空隙。一些不经意间发生的事情，往往会带来许多欢乐。

生活的意义，正如一杯清茶，越冲越香，越品越醇。谁都能体会到它的清苦，可只有细细品味，才能体会到其中的香醇。

一寸光阴一寸金，今天的每分每秒都值得珍惜。因此，品味你眼前的每一刻，尽你可能地淋漓尽致地生活。偶尔的时候，不妨放慢前进的脚步，领着你的蜗牛去散散步，你就会领略很多在忙碌中错过的美景。

第四章

别让心浮气躁扼杀了你的快乐指数

用理智驾驭行动

这个世界诱惑确实太多，而学会约束和驾驭自己则是一生的功课。放纵自己或许是人天性里的一部分，或者说是人性的一种倾向，然而放纵与悔恨也往往是人们不快乐的主因，是导致人生悲剧的最关键因素。

刚刚学会骑车或开车的人，通常都是很兴奋的，因为他能够驾驭一个机械的结构体，到处游走。而事实上，学会驾驭自己——这个世界上最复杂的结构体，倒应该是更快乐的事。

驾驭自己，克制自己，先得要有个平和的心态才成，对客观的东西有个实事求是的态度才成。否则，心态偏激，如何能对自己驾驭得了？驾驭自己是一个古老的课题。人，都是有情绪的，而情绪，总会因外界的刺激而产生相应变化。怎样才能做到平和呢？智者告诉我们：一要大度。大度能容天下难容之事。这种大度，当然不是无原则地对一切丑恶都睁只眼闭只眼，而是对于一切事物，包括丑恶事物和反常事物，都能以理性的态度，先承认它，再从容应对。二要辨证。辨证即能看到事物的正反两面，看到正反两面即能在事物猝然降临之时不慌不乱，不惊不惧。坏事来了，以其可能转化的光明面中和之，中和则趋于平衡，趋于平衡则心态平和矣。大度和辨证，既和性格有关，又和思维方法有关，还需要假以时日，长期培养磨炼，三者缺一不可。

不放纵自己可不是一句话便可完成的，它意味着一个艰苦的过程。通常信仰宗教和修道的人，大多生活简朴，却祥和且快乐，而这一切主要是因为他们立志要修炼自己的身心，以便有绝对的把握来驾驭自己。最近有一些科学家认为，人类的身体中其实有两个人：一个是理智的左脑人；另一个是创造性的右脑人。人本身的矛盾就是因为体内左脑人与右脑人的冲突。经常说错话或是做一些马上会后悔的事，是由于左脑人控制不住右脑人。

著名舞蹈家陶金的故事让我们感动。当陶金住进中日友好医院的时候，他的身体已经非常虚弱，稍动一动，汗水就会湿透衣裳。尽管如此，他还是坚持自己上厕所，不肯如别人一般在床上解决，一直到他临去的前一天，也是如此。癌症晚期病人最大的痛苦莫过于剧烈难忍的疼痛。为了不让自己的大脑思维受损，不管多疼，他都尽量不服用含有镇静剂的药物，实在疼得受不了了，他就用手指使劲掐自己，掐得身上青一块、紫一块，甚至掐出血来。在生命最后的半个月时间里，陶金出现了昏迷的症状，时常昏睡。有一次与他相识的一位电影导演来看他时，虚弱的他已经不能出声了，但还是要求坐到沙发上与导演交谈，这情景让导演潸然泪下：一向活蹦乱跳的小陶，怎么会只有这么轻，这么弱，却又那么自律，一点都不肯放纵自己，这是多么顽强的生命力……

驾驭自己其实就是生命中一个不断学习的过程，从简单的事开始，逐步地去除任性、情绪失控的坏习惯，养成自我节制、不轻易发怒的好习惯，一步一步地学习，中途失败了也不要气馁，就像学开车一样，不断地学习。

心理学家告诉我们，每一种感情具有不同的等级，还有着与之相对立的情感状态，如爱与恨、欢乐与忧愁等。在特定背景的心理活动过程中，感情的等级越高，那么在这种情形下出现的“心理斜坡”就越大，因此也就很容易向相反的情绪状态进行转化。有人将之称为“心理摆规律”。即使此刻你感到兴奋无比，那相反的心理状态极有可能在另一时刻不可避免地出现。这一点足以解释自恃过高的人为何会走上另一个极端。

要克服这种“心理摇摆效应”所带来的心理上的不良反应，人们先要消除一些思想上的偏差。有些人由于希望永远生活在成功、荣耀等理想的境界之中，因而对困境与苦难缺乏足够的应对准备，他们的心境自然也就会因生活场景的变化大起大落。

有这样一个耐人寻味的故事：

有一个坏脾气的男孩，他父亲给了他一袋钉子，并且告诉他，每当他发脾气的时候就钉一个钉子在后院的围栏上。第一天，这个男孩钉下了37根钉子。慢慢地，男孩每天钉的钉子减少了，他发现控制自己的脾气要比钉下那些钉子容易。于是，有一天，这个男孩觉得自己再也不会失去耐性，乱发脾气了。

他告诉父亲这件事情。父亲又说，现在开始每当他能控制自己脾气的时候，就拔出一根钉子。一天天过去了，最后男孩告诉他的父亲，他终于把所有钉子给拔出来了。

父亲握着他的手，来到后院说："你做得很好，我的好孩子！但是看看那些围栏上的洞，这些围栏将永远不能恢复到从前的样子。你生气的时候说的话就像这些钉子一样会留下疤痕。如果你拿刀子捅别人一刀，不管你说了多少次对不起，那个伤口将永远存在。话语的伤痛就像真实的伤痛一样令人无法承受。"

这个故事流传很广，引起了无数人的共鸣。

在日常生活中，人们在情绪冲动时的言行给别人造成的伤害的确是永远无法弥补的。荀子说过：伤人以言，深于矛戟。

人们常常将理性与情绪对立起来，其实这是一个错误的认识。理性中蕴含着智慧，情绪中同样包含着智慧。情绪智慧的高低，决定了一个人对自己情绪的意识水平、管理水平的高低。情绪智慧高的人，无论在工作还是人际中，都能够取得成功。流传百世的箴言告诉人们：不轻易发怒的人，大有聪明；性情暴躁的人，大显愚妄。

人生有乐也有苦，有顺境也有逆境，人生不能总是高潮，生活也不可能永远是诗。这是我们该谨记的。

这样的"雄心"让人笑

网上有个笑话：某村长雄心勃勃，一心想干一番大事业，经过周密的调查后向上级领导送了一份计划书，上面写道："给长城贴上瓷砖；给赤道镶上金边；给珠峰装上电梯；给太平洋围上栏杆。"领导批示："不要好高骛远，量力而为，多干点小事。"于是，村长经过一番调查，又上书一封。上面写道："给所有的苍蝇戴上手套；给所有的蚊子戴上口罩；给所有的老鼠戴上脚镣；给所有的蝗虫戴上避孕套。"

笑话虽然很荒诞，但也不是毫无根据，没一点影子，仔细观察一下，现实生活中其实类似的例子不少，不难对号入座。

某地，为了让前来视察的领导能“一览无余”地看到公路两旁的经济作物，以显示政绩，竟然把紧挨公路的几十亩长势良好的玉米全拔掉。几十亩玉米值不了多少钱，在那些乡镇干部看来，小事一桩。可这个小事办得荒唐，办得离谱，办得天怒人怨，连“给苍蝇戴手套；给蚊子戴口罩”都不如，毕竟这两件小事固然无益，但也无害，无须付出几十亩玉米的代价。平心而论，对基层干部来说，大事几年也不一定碰上一回，小事却天天都有，把小事干好了，就能积小胜成大胜。所以，还别看不上小事，能把有益群众的一件件小事干好，干对，也是水平，也是本事。

想干大事，其心可嘉，但要从实际出发，量力而行，否则，像“给长城贴瓷砖，给珠峰装电梯”之类，固然也是大事，却是瞎干事，是舍本逐末。

当然，“给珠峰装电梯”之类肯定是“艺术夸张”，至少在目前，还未见有人提出这个计划。

在著名风景区张家界，有人耗巨资修起了世界上最长的手扶电梯了吗？其结果，大煞风景不说，还险些令张家界被取消世界文化遗产的资格。

湖北国家级贫困县郧西县，也想干大事，但心有余而力不足，干不成大事，就造大字吧，于是兴师动众在该县店子镇太平寨的半山腰上造了一行巨幅“石头标语”——“封禁治理”，每个字竟有930平方米大小，是一片篮球场的2.55倍。5个村的1 200多名农民，辛苦了1个多月才做成。字确实造得不小，可是树却没造几棵，如果把造字的工夫用来造林，山上也早就绿化完了。

要说干事的学问有多复杂，倒也未必，关键是要把握两句话：多一点实事求是之心，少一些哗众取宠之意。

再谈面子问题

有些人爱惜面子甚于自己的生命，美国第三任总统杰克逊就是其中的典型代表。

人们把杰克逊称作是“爱决斗的总统”。杰克逊的妻子雷切尔·唐纳尔森，是一位拓荒者的女儿。17岁时与第一个丈夫刘易斯·罗巴兹上尉结婚。婚后不久即因感情不和而分居，雷切尔便回到娘家居住。那时，年轻的边区律师杰克逊正是她母亲家的房客，他十分同情雷切尔的婚姻，担当了这个弱女子的保护人。两人一见倾心，互相爱慕。当罗巴兹上尉声称要用武力夺回妻子的时候，杰克逊与另一位绅士一起，护送着雷切尔逃到了密西西比州。罗巴兹上尉向法院提出要与妻子离婚。杰克逊与雷切尔误以为罗巴兹已获离婚许可，未经核实，就举行了婚礼，过上了夫妻生活。事过2年后，他们才惊悉罗巴兹故意拖延时间并未办妥离婚手续。离婚判决书于1794年初方才发下，此时离婚才算生效。这使杰克逊和雷切尔非常尴尬，他们不得不补办了第二次结婚仪式。于是杰克逊夫妇成了人所共知的重婚犯和通奸者。此事成了人们议论的话柄，人们把这一丑闻到处宣扬，脾气火爆的杰克逊对此十分恼怒，发誓要坚决捍卫心上人的名誉。据说他曾在37年中“手枪始终是子弹上膛，专门等着任何一个敢说他妻子坏话的人”。

1803年，杰克逊与田纳西州州长塞维尔之间就因为他妻子的名声而发生了恶斗。杰克逊听到有人敢玷污其爱妻的名声，怒不可遏，拔枪向塞维尔射击，险些打中了他。1806年，田纳西州的神枪手迪金森在与杰克逊就赛马赌注发生的争吵中，又亵渎了雷切尔的名声，杰克逊向迪金森下了决斗挑战书。在决斗中，迪金森当场死亡，杰克逊左胸中弹，因靠心脏过近，子弹不能取出，一直留在体内。1813年，杰克逊在与本顿的一次争斗中又动起了枪，左臂挨了一枪，子弹留在体内达19年之久。

1828年总统竞选，反对派散发了一本决意搞臭杰克逊名声的小册子。小册子名为《话旧：杰克逊将军年轻时不检点事实摘录》，其中专门列举了杰克逊参与斗殴、打架、决斗等事件14次。反对派坚持说：“他放纵的生活和性格使得他不适宜担任这个国家的最高行政职务。”

死要面子活受罪，这话说得一点也不假。生活中，总有一些爱慕虚荣的人为了面子而自己给自己找罪受。有些人越是没钱，却越爱装阔，兜里明明没有几个钱了，却仍要请朋友进高档饭馆好好吃一顿；对方明明比自己富裕很多，自己却总是抢着买单；与人谈天，总要有意无意与别人说一些自己吃过的大餐，去过的高级场所。仔细想想，要这虚荣有何用呢？只是自己给自己找罪受。吃好喝好体面了满足虚荣之后，自己却食无米，穿无衣，住无所，行无鞋，困兽一般憋在角落里，何苦呢？由此想到一个比喻：死鸡撑硬脚。鸡虽然死了，可它的脚却还在硬撑着。想想确实有点可笑，死都死了，还硬撑个什么劲啊？

究其爱面子的心理，根源就在于怕别人瞧不起自己，内心忐忑不安，所以当他们面对一件商品时，往往考虑虚荣比考虑价格的时候多，没钱的自卑像魔鬼一样缠得他们犹豫不决，最终屈服于虚荣，勉强买下自己能力所不能及的东西。于是，社会中有了一种怪现象，越穷的人越不喜欢廉价品，越是没有钱的人，就越爱花钱去显示自己。

其实，真正有钱的人未必如此大手大脚。

有位兼任数家公司董事长的成功人士，他从来不在乎别人对他的称呼——小气财神。他和朋友去餐馆吃饭时，大都随便点一些菜，几杯清茶，仅此而已。他的衣着也很普通，但十分整洁，并不是什么名牌。他的车子也不是奔驰什么的，就是普普通通的一辆车而已。他的公司业绩很好，而且个人的资产也不菲，但他依然能够不被虚荣所累。

如果你再留心看那些旅游观光的外国客人，他们的穿着打扮，都是很随便和俭朴的，有的真是近于邋遢，事实上，这些人中不乏富豪之人。

面子有时是唬人的面具，光为面子活着是很累很可悲的，其实，一个人有无面子的关键不是富与不富的问题，而在于他的品德。有时，“里子”比面子更重要。

真正的智慧，是存在于平易之中的。喜欢把富有显露在外的人，大都欠缺沉稳之气，有浅薄之心。生活中的你我，还是客观实际一些，让“里子”充实一些，拥有一份平实的内涵，拥有一份坦荡的快乐。

另类“眼高手低”

有这样一则故事。

在某国，博士毕业生不容易找工作，因为很多企业不敢“高攀”。

一位谦逊的博士，他求职时拿出了专科文凭，结果很快被录用。没多久，由于他干得很出色，老板要提拔他，他亮出了自己的本科文凭。在新岗位上，他又因业绩突出被提拔，这才亮出了硕士文凭。如是者三，最后他才露出了博士的庐山真面目！

讲这个故事，无非要说：是骡子是马，拉出去遛遛就知道了。该属于你的，想跑也跑不掉；不属于你的，想要也要不来，不妨从零做起。须知，事情是人点点滴滴“干”出来的，不是文凭这把大尺一量就“量”出来的。

如果你去问今天的大学生(从专科生直至博士)，工作好不好找，相当一部分会说不好找；但如果你去问今天的企业经理们，人才是不是很易得，也会有相当一部分说找个合适的人才同样并不易。其中的原因，绝不是“信息不对称”所能解释的。

我们以前过于强调干一行爱一行，强调奉献，像一颗螺丝钉拧在祖国最需要的地方，结果是压抑了不少人个性、才能的发展和人生价值与权利的实现。也许是压抑得太久，反弹也非常厉害，如今的人们又走向另一个极端，过于强调自身的价值，过分地索取，而忽视了责任和义务。一些大学生初出茅庐，实际经验和业绩没多少，要价却很高，即是一证。

虽然这方面的例子不具有太大的普遍性，但“眼高手低”却是相当多毕业生共同的现状。毕竟是第一次走上社会，有一种初生牛犊不怕虎的气势，以为自己本领在手，天下尽在掌握。不过真正做起事来，如果心浮气躁，难免不知轻重深浅，小事不愿做，大事做不了。如果谦虚好学，过几个月一两年也就好了。但很多人往往就是眼界太高，拿不起又放不下，悬在空中。

这个时候，如果你是老板，你将怎样处置？可能除了辞退，也没有别的办法了。这也正是一些企业宁可花更大的代价要有工作经验的人，而不愿要生手的原因。

眼尖的人一定明白，其实这里的所谓“工作经验”，根本不是什么真正的“工作经验”，而更多的是一种态度，一种被社会现实打磨出来的直面现实的心态。

在这个高学历人才满街走的时代里，我们这个社会最缺乏的其实不是有才能的人，而是忠诚。

当然，今天所说的忠诚，与以往只知顺从、唯唯诺诺的人身依附式的“愚忠”有着本质的不同。今天的忠诚，其实是一种“不卑不亢的对平等契约的严格遵守”，它包含了“从小事做起”的智慧、勇气和人生态度。

我们需要另外一种“眼高手低”，即眼界要高，心怀大志向，又脚踏实地，从小事做起。古人言“一屋不扫，何以扫天下”，又说“于细微处见精神”，现代人说“态度决定一切”，一个小事都不愿做、做不好的人，他能成就多大的事业呢?

你以为你是谁

生活中，一个无法回避的事实是，每个人的能耐总是十分有限的，没有一个人样样精通，所以，人人都可能在某些方面成为我们的老师。当自以为拥有一些才艺时，你要记住，你还十分欠缺，而且会永远欠缺。正所谓学业有先后，术业有专攻。一定不要自命清高，狂傲自负。自负的人通常是相当自恃、有野心和难以相处的，而且对自己的成就感到相当的骄傲，尽管他们表现得很有自信，但是他们仍然会对形势估计不足而犯下大错。一个骄傲自负的人常会认为，世界上如果没有了他，人们就不知该怎么办了。殊不知，天外有天，人外有人，这个地球离了谁都照样转。这样的人总免不了失败的命运，因为骄傲，他们就失去了为人处世的准绳，结果总是在骄傲里毁灭了自己。

有个自负聪明的学生参加考试。试卷一发下来，他大致浏览了一下，除了试卷上头一行“请先看完所有题目之后，再开始作答”之外，有100道是非题。以他的实力，大约30分钟可考完，他满怀自信地提笔开始作答。

过了2分钟，有人满面笑容地交卷，这个聪明的学生心中暗笑：“又是交白卷的家伙。”

再过5分钟，又有七八个人交卷，同样是笑容满面，看来不像是交白卷的模样。这个聪明学生看看自己只答到二十几题，连忙加快速度，埋头作答。

待他答到第76题时，赫然发现题目写着“本次考卷不需作答，只要签上姓名交卷便得满分，多答一题多扣一分。

他满脸狐疑地举手欲向监考老师发问，只见同时也有数名考生迷惑地四处张望。

聪明的学生看着试卷第一行的说明："请先看完所有题目之后，再开始作答"。

他不禁痛恨自己答题的快速。

在我们的人生历程中，是否也曾发生过类似的情形，自视过高，不善于听信别人好的意见，是一般人常犯的错误。

在面对难题时，若能单纯地依照有经验者的指示，按部就班地顺序去处理，难题可能将奇迹似的变得极易解决。真正难的部分，在于我们时常高估自己的聪明，而忽略了旁人的智慧。

尤其在学习成长的路上，归零的心态是我们必须首先拥有的。只有将自己心中那杯已长满青苔的死水倒掉，方能承接学习过程中新注入的清澈甘泉。

而且要不止一次地将杯子倒空，因为你每次学习所吸收的新东西，很快地又会将你心中的杯子装满。所以你必须拥有属于自己的智慧贮水库，时时不忘将杯内的水倒入水库中，使杯子永保中空，随时可承接新的事物。

建议你在面对任何人生际遇时，回想一下上面案例中第76题的是非题，遵从人生答题的指标，归零地去对整个状况做通盘了解，切勿自作聪明，在事业的开展上保持这个态度。在人际关系、夫妻的相处、子女的教育等，皆是如此。

傲慢自负的集大成者，似乎当推东汉的祢衡。

祢衡很有才华，但性情高傲，总是看不起别人。当时，许都新建的京城，贤人达士从四面八方向这里汇集。有人向祢衡说："你何不去许都，同名人陈长文、司马伯达结交呀？"祢衡说："我怎么能去同卖肉打酒的小伙计们混在一起呢？"

祢衡和鲁国公孔融及杨修比较友好，常常称赞他们，但那称赞却也傲得可以："大儿孔文举，小儿杨祖德，其余的都是庸碌之辈，不值一提。"祢衡称孔融为大儿，其实他比孔融小了将近一半的年龄。

孔融很器重祢衡之才，除了上表向朝廷推荐之外，还多次在曹操面前夸奖他。于是曹操便很想见见祢衡，但祢衡自称有狂疾，不但不肯去见曹操，反而说了许多难听的话。曹操十分恼怒，但念他颇有才气之分，又不愿贸然杀他。但后来，祢衡屡次侮辱曹操以及他手下官员，最终被杀。

有一个成语叫“虚怀若谷”，意思是说，胸怀要像山谷一样虚空。这是形容谦虚的一种很恰当的说法。只有空，你才能容得下东西，而自满，除了你自己之外，容不下任何东西。

有一个自以为是的暴发户，去拜访一位大师，请教修身养性的方法。

但是打从一开始，这人就滔滔不绝地说个没完。大师在旁边一句话也插不上，于是只好不断地为他倒茶。只见杯中的水已经注满了，可是大师仍然继续倒水。

这人见状，急忙说：“大师，杯子的水已经满了，为什么还要继续呢？”

这时大师看着他，徐徐说道：“你就像这个杯子，被自我完全充满了，若不先倒空自己，怎么能悟道呢？”

生活之中，我们常常不自觉地变作一个注满水的杯子，容不下其他的东西。因而，学会把自己的意念先放下来，以虚心的态度去倾听和学习，你会发现大师就在眼前。

都是攀比惹的祸

这样的事情我们经常能见到——

“你看，人家的老公多威风。三楼的阿强开个出租车，1个月挣三四千元没问题。对面的老张坐在家中搞写作，每个月的稿费单就有几十张，少说也有两三千元。你看你，钱没钱，车没车，单位又不好，我怎么这样没福气，当初就看上你呢？”

人比人是一种较常见的心理活动，若能以积极的心态进行比较，不仅没有什么害处，还可激励人们的斗志，鼓舞奋发进取精神。反之，若用消极的心态攀比，不仅会迷失方向，甚至可点燃嫉妒之火，所谓“人比人，气死人”就是嫉妒心理作怪的恶果。关键在于你与人比什么？怎么比？

现实生活中“人比人，气死人”的事虽不多见，但把人气得够呛却不少见，在一些私心较重、心理欲望较高的人群中发生的概率会更高些。这些人往往心胸较窄，好以己之长比人之短，好计较个人名利得失，这样越比就会越感到自己是“吃了亏”或“运气不好”，甚至埋怨自己“生不逢时”。如看到自己的同事、同学当了官、发了财或学业上有了成就，自己的心里就不平衡，老想当初他学习不如自己，进步也没自己快等往事，可就是不去追究他后来进步快的原因或动力。

当然，社会上的事情错综复杂，不排除机遇与运气方面的因素，什么事都要公平、合理是根本不可能的。对此需要有一颗平常心，这样就可以省去许多麻烦。假使你事事斤斤计较，什么都要分个高低，就难免掉进自找烦恼的泥坑。

“有比较才有鉴别”是一句名言，如果我们在与人的比较中把自己摆到一个客观、公正的位置，实事求是地进行比较，既有自知之明，又有知人之明，这样越比心胸越开阔，越比越会及时发现自己的不足，明确前进的方向，激励自己奋发进取。

有位学者讲过这样一句名言：“弱者的思路是嫉妒，强者的出路是竞争。”当我们在与别人相比时，为什么不改变一下自己的思维方式呢？变消极的心态为积极的心态，变嫉妒为竞争，必然会迸发出一种巨大的动力，在人生舞台上就会演出更加精彩的一幕。

有多少人渴望出名

虚名不是虚荣，虚荣是一种内心的虚幻荣耀感，会使人脱离现实看世界；而虚名是别人加给他的一种名誉。一般来说，名与实是相符的，一个人的名声和他实际所做出的贡献是相等的。

但是，有些人获得了名誉之后，就不再发展自己的才能，也不再做出自己的贡献，这种名誉就和实际渐渐地不相符合了，也就成了虚名。

虚名会使人放弃努力，沉睡在他已经取得的名誉上，不思进取，最后将一事无成。中国古代有一个《伤仲永》的故事，说的就是被虚名所误的人生教训。

仲永小时候是个神童，过目不忘，能吟诗作赋，被人称颂，成为一时的名人。可是仲永成名之后，沉醉在虚名之下，不再刻苦努力地学习，渐渐地长大成人之后，就和一般人没有区别，他的那些天赋、才能也都离他而去了，一生无所作为。这就是虚名可以毁掉人生的例子。

还有一些人取得名誉之后，就不顾自己的实际，拼死拼活地要维护自己的名誉，结果，早早地就被名誉累死了，这实际上是得不偿失的。

一位很有才华的作家，极看重自己在公众心目中的形象，得了肝病，不愿告人，也不去诊治，将病情当秘密一样守护，唯恐自己给人留下一个弱者的印象，结果到了挺不住的那一天已经晚了，被人送进医院不到2个月便与世长辞，年龄不过43岁。可以说，他是被自己的虚名累死的。

名誉毕竟是人的身外之物，虽然很重要，但是，人的生命更重要，为了追求身外之物的名誉，而影响、损害、甚至送掉性命，就是舍本逐末。

我们社会上有很多先进人物，他们常常在这种名誉下，生活得很苦很累，失去了常人生活的乐趣，总是想着自己的一言一行、一举一动都要符合自己的身份，这就像给自己带上了名誉的枷锁，失去了生活的自由，也失去了生命的本真。

不为虚名所累，就是一切以人为本，该怎么做就怎么做，该追求自己的人生目标，就不要被眼前的花环、桂冠挡住了前面的道路，你应该毫不犹豫地拨开这一切身外之物，走自己的路，干自己的事，不因小成就而妨碍自己的大成功，这样，才能使你获得真正的荣誉。

守好你的位置

我们对事物的价值都有一个大致的评价，知道什么是珍贵，什么是微不足道。那么，我们自身的价值何在？热门话题，流行时尚，理想职业，最新潮流……在社会的喧嚣中，在别人的影响下，许多人迷失了自我，看不清自己真正的价值，总是按照别人的看法设计自己的人生——让自己“生活在别处”。

一般人总是相信，当他们投身于时下最为热门的行业，就俨然处于社会光环的中心，就会得到权力、地位和财富，实现自我的价值。不过，等他们花尽毕生的力气追求之后，他们才恍然大悟，原来自己真正应该做的事情没有做，自己所追求的很多热门根本不适合自己，或者根本就没有意义，只是炫目的泡沫。

在美国的一个小酒吧里，一位年轻小伙子正在用心地弹奏钢琴。说实话，他弹得相当不错，每天晚上都有不少人慕名而来，认真倾听他的弹奏。一天晚上，一位中年顾客听了几首曲子后，对那个小伙子说：“我每天来听你弹奏都是这些曲子，你不如唱首歌给我们听吧。”这位顾客的提议获得了不少人的赞同，大家纷纷要求小伙子唱歌。

然而，那个小伙子面对大家的请求却变得腼腆起来，他抱歉地对大家说：“非常对不起，我从小就开始学习弹奏乐器，从来没有学习过唱歌。我长年累月地坐在这里弹琴，恐怕会唱得很难听。”那位中年顾客却鼓励他说：“小伙子，正因为你从来没有唱过歌，或许连你自己都不知道你是个歌唱天才呢！”此时酒吧的经理也出来鼓励他，免得他扫了大家的兴。

小伙子认为大家想看他出丑，于是坚持说只会弹琴，不会唱歌。酒吧老板说：“你要么选择唱歌，要么另谋出路。”小伙子被逼无奈，只好红着脸唱了一曲《蒙娜丽莎》。哪知道他不唱则已，一唱惊人，大家都被他那流畅自然、男人味十足的唱腔迷住了。在大家的鼓励下，那个小伙子放弃了弹奏乐器的艺人生涯，开始向流行歌坛进军。这个小伙子后来居然成为了美国著名的爵士歌王，他就是著名的歌手纳京高（NatKingCole）。要不是那被逼无奈的开口一唱，纳京高可能永远坐在酒吧里做一个三流的演奏者。

“人摆错了位置就永远是庸才。”其实很多时候是我们自己把自己当成了垃圾随地乱扔，荒废了自己的才能。我们现在身处市场经济的时代，市场经济的运作十分强调把资源配置到最能发挥效率的地方，我们自身也是一种资源，应该寻找最适合我们的岗位，并对自己的兴趣保持一份坚定与执著。

有一个生长在孤儿院中的小男孩，常常悲观地问院长："像我这样的没人要的孩子，活着究竟有什么意思呢？"

院长总笑而不答。

有一天，院长交给男孩一块石头，说："明天早上，你拿这块石头到市场上去卖，但不是'真卖'，记住，无论别人出多少钱，绝对不能卖。"

第二天，男孩拿着石头蹲在市场的角落，意外地发现有不少人好奇地对他的石头感兴趣，而且价钱愈出愈高。回到院内，男孩兴奋地向院长报告，院长笑笑，要他明天拿到黄金市场去卖。在黄金市场上，有人出比昨天高10倍的价钱来买这块石头。

最后，院长叫孩子把石头拿到宝石市场上去展示，结果石头的身价又涨了10倍，更让人觉得不可思议的是由于男孩怎么都不卖，这块石头竟被传扬为"稀世珍宝"。

男孩兴冲冲地捧着石头回到孤儿院，把这一切告诉院长，并问为什么会这样。

院长望着孩子慢慢说道："生命的价值就像这块石头一样，在不同的环境下就会有不同的意义。一块不起眼的石头，由于你的珍惜、惜售而提升了它的价值，竟被传为稀世珍宝。孩子，你就像这块石头一样，只要自己看重自己，自我珍惜，生命就会有意义、有价值。"

的确，如果你自己都不把自己当回事，就别指望别人的器重。生命的价值首先取决于你自己的态度。珍惜独一无二的自己，珍惜这短暂的几十年光阴，然后再去不断拓展自己，世界才会认同你的价值。

印象派大师凡·高的画，许多人看过后都留下深刻的印象，他那黄色炽热的色彩和充满动感的线条，给予我们强烈的感受。凡·高的一生有着坎坷的境遇，他从26岁才正式开始学画，他在给弟弟的信中说，"我学习绘画很晚，而且我的生命很可能也只剩下10年的时间了，因此要加紧创作"。果然，他在36岁就过世了，但是仅仅10年间却留给我们许多不朽的作品。在艺术上的成就，他开创了一个新的时代。

生命的价值不在于它的长短，而在于是否能摆正自己的位置，实现自我价值。

老实做人，踏实做事

有一个人极不满意自己的工作。一次，他愤愤地对朋友说：“我的上司一点也不把我放在眼里，改日我要对他拍桌子，然后辞职不干!”

“你对那家贸易公司完全弄清楚了吗？对于他们做国际贸易的窍门完全搞通了吗？”朋友反问道。

“没有!”

朋友接着说道：“古人说‘君子报仇十年不晚’。我建议你还是好好地把他们的一切贸易技巧、商业文书和公司组织完全搞通，甚至连怎样修理影印机的小故障都学会，然后辞职不干。”

那人觉得朋友的“建议”有道理，就决定把公司当做免费学习的场所，等所有的东西都学懂弄通了之后，再一走了之，为此不是既出了气，又有许多收获吗？自此，他默记偷学，甚至下班之后，还留在办公室里研习写商业文书的方法。

一晃一年过去，一天，那人和朋友又见面了。朋友问：“你现在大概把公司的一切都学会了，可以准备拍桌子不干了吧？”

然而，那人却红着脸说：“可是我发现近半年来，老板对我刮目相看，最近更总是委以重任，又升官，又加薪，我已经成为公司的红人了!”

这则故事颇有几分“欧·亨利笔法”的意味。从故事所透露的“信息”看来，那个曾经极不满意自己工作的人，已经打消对其上司“拍桌子，然后辞职不干”之念是可以肯定的，因为他没有理由不珍惜眼前那“柳暗花明又一村”的可人景象。

这个人能够迅速改变“山重水复疑无路”的逆境，那位朋友充满智慧、用心良苦的规劝之语起到了决定性的作用。但是不是每个人都有这样的朋友呢，难说。

在工作伊始，因为环境陌生、业务不熟、经验不足等问题，得不到上司的赏识，是常有的事。有的人能够正视现实，并最终用实际行动证明了自己。而有的人却不然，他们异常苦恼，觉得世界不公平，抱怨上司没眼光，甚至意气用事，做出了一些伤害自己、伤害别人的傻事。他们评价周围的环境、评价自己的上司和同事，但唯一忘记了去评价自己。

有一句话说得好：“要想有地位，就得有作为。”那个人能够从不被上司重视到成为公司里的红人，靠的不是别的，而是工作能力和工作业绩。

其实，平心静气地正视自己，客观地反省自己，既是一个人修性养德必备的基本功之一，又是增强人之生存实力的一条重要途径。正因为如此，曾参那句“吾日三省吾身”的话才成为千古名言；宋代大理学家朱熹才于《白鹿洞书院榜示》中郑重写下“行有不得，反求诸己”八个大字；而唐代大文豪韩愈才会谆谆告诫其弟子：“诸生业患不能精，无患有司之不明。行患不能成，无患有司之不公。”

社会本身可能有其不完美的地方，但即使是不完美，对于生活于其中的每个人而言也都是公平的。当我们在别人的心目中占不着“分量”的时候，当我们碰到不如意的时候，与其去抱怨，倒不如静下心来老老实实地做人、踏踏实实地做事。

将自己打造成行家

水滴石穿，绳锯木断。骐骥一跃，不能千里；驽马十驾，功在不舍。世上无难事，只怕有心人：贵有恒，何必三更灯火五更鸡，最无益，莫过一日曝十日寒。这些格言说的都是一个道理：用心一处，不要蜻蜓点水。

孔子一生怀才不遇，只好四处流浪，背井离乡。一路上跋山涉水，风餐露宿，某一日他来到了楚国一个山清水秀的地方。由于天气炎热，孔子及其弟子们便在林中歇息避暑。

正在这时，忽然看见一位身手轻捷的驼背老人正在用竹竿捉蝉，伸手一接便是一只，就好像是在变戏法一样，看得大家目瞪口呆。

孔子趁老人休息的时候，走上前去，向老人请教捉蝉的方法：“一会儿就捉了这么多，你有什么秘诀吗？”

老人说：“在五六月间里，我学着用竹竿头接运泥丸。开始接运两颗肉泥丸，使之不失坠，经过这样的练习，我捉蝉时失手的次数就不多；然后再依次增加泥丸的数目，到接运五颗泥丸而使之不失坠的时候，就会达到我现在的境界。我操纵我自身，就好像砍断的大树；我伸出手臂，好像枯槁树木的枝条。天地虽然大，物品虽然多，我心中仅仅知道蝉的翼。任何事物都不能干扰我捕蝉的心思。照这样的办法去做，怎么能捕不到蝉呢？”

孔子回头对学生说：“看来做任何事用心专一，不瞻前顾后，就可以达到神妙的境界啊。”

老人说：“你是穿大袖宽衣的儒者，怎么问这些事呢？好好地把我这一套技术记述下来，传给后人。”

另外还有一则故事，也说明了这一点。

楚国一位著名的钓鱼能手名叫詹何，据说他能够用一根蚕丝作为钓线，用芒草针作为钓钩，用小荆条或小竹条作钓竿，用半颗谷粒作诱饵，不管是在水流湍急的河中，还是在八百尺深的潭里，钓出的鱼要用车才能运走。而且他的鱼竿也不会有丝毫的损坏。

楚王也听说了詹何的钓术，很想知道其中的奥妙，于是把他召来，问他为什么有这么好的本领。

詹何笑道：“先父曾经对我说过这么一件事。有一个叫蒲且子的人射鸟，用很弱小的弓，在箭上系上极细小的丝，趁着风势射出去，能够把在青云之上飞行的大雕射下来。他之所以能够这样，是因为他用心专一，动作灵敏。我从他射鸟中得到启发，就专心致志地琢磨钓鱼的诀窍，经过了五年之久才把这一套手艺练就。现在，当我在河边钓鱼的时候，我就能做到心里不去想任何别的事，把钓线抛入水中，钓钩沉到水里之后，我的手脚就不轻不重，任何事情也不能打乱我。我一动不动，两眼静静地注视着河水。鱼就会以为我的钓饵是水里的尘埃或者水中聚集的泡沫，不知不觉地吞了下去，我顺势轻轻一拉，大鱼就被我钓了上来。这就是我为什么能成为钓鱼能手的道理。”

楚王说：“原来如此啊。要是我治理楚国能够引用这一道理，那普天之下的管理也就轻而易举了，你说是吗？”

詹何说：“是啊，两者的道理是一样的。”

做事情只要坚持做到两点，就能顺遂人意：一是用心要专一，不能三心二意；二是勤学苦练，熟能生巧。而现在很多人却做不到这两点，对事物一知半解，还自以为是，“满罐子不响，半罐子叮当”就是对某些人的生动写照。

生活中之所以有许多人最终无法实现少年时代的梦想，原因就是他们同时涉足了太多的领域，由此难免会分散精力，这就阻碍了他们的进步，使得他们最终一事无成。他们没有采取一种更明智的做法，集中精力于某一个领域，咬定青山不放松，最终成为该领域所向无敌的行家高手；相反，他们选择了在很多领域成为三脚猫似的人物，四处出击，什么东西都有所涉猎，却又都是浮光掠影，浅尝辄止，最终只懂得一点皮毛。更明智的做法是将精力集中于某一个领域，最终成为该领域的行家里手。

也许我们的天资不高，能力有限，但是如果我们把精力全部集中在一个领域，就一定能做出惊人的成就。许多我们景仰的伟人，也不过是专心于一个领域的平常人。

巴尼斯专心于销售爱迪生牌口授机，他在年轻时就宣布退休，那时他已经赚到了自己用不完的钱；威尔逊专心于入主白宫长达25年之久，最后终于成为白宫的主人，这应感谢他懂得坚持“明确的首要目标”的价值；乔丹视篮球为自己的生命，众所周知，他成功的统治了篮坛十余年，并把NBA推广到了世界的每个角落；李特顿在听过一次演说后，他内心充满成为一名伟大律师的欲望，他把自己一切精力专注于这项目标上。据说，他目前已成为美国最成功的律师，每一个案件的收费很少低于5万美元；麦克尔·舒马赫从小就立志成为一名赛车手，果然他如愿以偿，并且一发不可收拾，在当今车坛一骑绝尘，无人能及；福特专心于生产廉价小汽车，结果他成为有史以来最富有及最有权势的人物；吉列致力于生产安全刮胡刀片，使全世界的男人都能把脸刮得“干干净净”，也使自己成为了百万富翁；伊斯特曼致力于生产柯达小照相机，为他赚进数不清的金钱，也为全球数百万人口带来无比的乐趣；派特森专心于发明及生产收银机，使人们大感方便，结果自己成为一名富翁；烈兹曼专心于生产利润低微的小小酵母饼，结果行销全球；菲力普·亚莫尔专心发展肉类食品事业，建立了大企业及庞大财团；普尔曼专心于发展卧车车厢，这个念头使他成为富翁，使数百万人获得舒适的旅行。

他们从事的事业都不是那么得惊天动地，但是他们能把自己的大部分精力投注在上面，这就是他们成功的基础。

英国政治活动家、小说家爱德华·利顿说："有许多人看到我整日里如此忙碌，事无巨细无不顾及，竟然还能有时间来从事学问研究，他们都免不了奇怪地问我：'你怎么会有那么多时间来完成了这样多的著述呢？你究竟有什么分身之术，可以做完这么多工作呢？'或许我的回答会令你大吃一惊，答案就是——我之所以能做到这一点，是因为我从来不同时做好几件事情。一个能从容自若地安排好工作的人肯定不会让自己过于劳累。换句话说，如果他在今天疲于奔命的话，那么随之而来的必定是疲劳和困乏，这样的话，他明天就不得不减慢工作节奏，所以结果就是得不偿失。我认为，我真正专心致志的学习是从离开大学校园跨入社会之后开始的。到现在为止，我觉得在生活阅历和各种知识的积累方面，跟同时代的绝大多数人相比，自己毫不逊色。我游历了许多地方，所见甚广；在政界和各种各样的社会事务中，我也收获颇丰；除此之外，我在各地出版了大约60卷著作，其中涉及的许多课题是需要深入研究的。你认为通常一天中我会有多少时间用来研究、阅读和写作呢？我可以告诉你，不到3个小时；在国会开会期间，可能连3个小时都没有。然而，在这3个小时之内，我却是全神贯注地投入我的工作的，心无旁骛，用心极专。反之，如果这山望着那山高，做这件事的时候心里还在想着另外的事情，什么也不能投入，最终只能竹篮打水一场空。"

柯律芝是一个才华横溢的年轻人，但是他意志薄弱，缺乏勤勉的习惯，厌恶长期的艰苦工作。他只是一味地沉溺于精神的幻想，这种幻想消耗了他的精力，于是，他的生命过早地耗尽了，就如一只脚踏在半空中般不切实际地生活着。他空有万般才华却一事无成，在生活的许多方面，他到最后面对的都是悲惨的失败。在他活着时，他整日埋头于自己臆想的荒谬绝伦的人生幻象之中；而当他面对死神时，他仍然沉湎于幻想之中难以自拔。他的一生都在不停地下决心、订计划，但直到他撒手西去的那一天，也仍然没有行动的决心，有的只是纸面上的计划而已。尽管他时时有新主意、新目标，但他从未持续地完成过一件事。他的生活是漂泊不定的，就像秋风中的落叶一样，随风飘零，任意东西。

“柯律芝死了”，英国散文家查尔斯·兰姆写信给一位朋友说，“据说他身后留下了4万多篇有关形而上学和神学的论文——但是其中没有一篇是写完的。”

一个人如果全身心地追求某一目标，方法得当，鲜有不成功的。伟人之所以成其为伟人，成功者之所以能超越芸芸众生，就在于他们能够坚定不移地认准某个目标，并为之全力以赴，矢志不移。一个人的成就与其精力的集中程度往往是成正比的，如果你不想再庸庸碌碌的生活下去，那就赶快确立你的人生目标，不要凡事都投入精力，浅尝辄止，让自己一事无成。

怀着感恩来做事

有位父亲告诫刚踏入社会的儿子：“若遇到一位好老板，便要忠心地为他工作；假如第一份工作就有很好的薪水，那算你的运气好，要努力工作以感恩惜福；万一薪水不理想，老板也不太好，就要懂得在工作中磨炼自己的技艺。”

这位父亲是睿智的，所有的年轻人都应将这些话牢牢地记在心底，始终秉持这个原则做事。即使起初位居他人之下，也不要计较。在工作中不管做任何事，都应将心态回归到零，学会感激工作中的一切：感谢工作环境，感谢你的老板，感谢每一次的工作机会。并积极地将每一次工作任务都视为一个新的开始，一段新的体验，一扇通往成功的机会之门。

或许每一份工作都无法尽善尽美，但每一份工作中都有宝贵的经验和资源，如失败的沮丧、成长的经验、老板的严苛、同事间的竞争等，这些都是任何一个工作者走向成功必须体验的感受和必须经历的锻造。

保持一种感恩的心态可以改变一个人的一生。如果你能每天怀着一颗感恩的心去工作，在工作中始终牢记“拥有一份工作，就要懂得感恩”的道理，你一定会收获更多。

当我们清楚地意识到无任何权力要求别人时，就会对周围的点滴关怀或任何工作机遇都怀有强烈的感恩之情。因为要竭力回报这个美好的世界，我们会竭力做好手中的工作，努力与周围的人快乐相处。结果，我们不仅心情会更加愉快，所获帮助也会更多，工作也会更出色。

我们生而为人，并能顺利走到今天，要感谢父母的恩惠，要感谢大众的恩惠，感谢师长的恩惠，感谢国家的恩惠；没有父母养育，没有大众助益，没有师长教诲，没有国家爱护，我们何能存于天地之间？所以，感恩不但是美德，而且是一个人之所以为人的基本条件!

真正的感恩应该是真诚的、发自内心的感激，而不是为了某种目的，迎合他人而表现出的虚情假意。时常怀有感恩的心情，你会变得更谦和、可敬且高尚。每天都用几分钟时间，为自己能有幸拥有眼前的这份工作而感恩，为自己能进这样一家公司而感恩。

对工作心怀感激并不仅仅有利于公司和老板。“感激能带来更多值得感激的事情”，请相信，努力工作一定会带来更多更好的工作机会和成功机会。

此外，对于个人来说，感恩赋予我们富裕的人生。感恩是一种深刻的感受，能够增强个人的魅力，开启神奇的力量之门，发掘出无穷的智能。

一个人若失去感激之情，会马上陷入一种糟糕的境地，对许多客观存在的现象日益挑剔甚至不满。如果你的头脑被那些令你不满的现象所占据，你就会失去平和、宁静的心态，并开始习惯于注意那些琐碎、消极、猥琐、肮脏甚至卑鄙的事情。放任自己的思想关注阴暗的事情，并让自己也慢慢变得阴暗。相反，若你把注意力全部集中在光明的事情上，你将会变成一个积极向上的人，一个大有作为的人。

第五章

欲望少一些，幸福就多一些

适可而止是一种人生经验

老王对购买彩票甚是痴迷，三天两头地去购买，每次都买二三十元的，结果工资花去了大半，那大奖仍与他无缘，使得家中的日子顿显尴尬。其实，购买社会福利彩票，只是向社会公益事业献爱心的一点表示，若家中财力允许可多购买些，若家中财力一般或根本无财力购买就要“点到为止”，购买几张表示一下爱心即可。大家不妨算一下，奖金设得越高，人们获奖的机会就会越少，一个百万元大奖，能中的概率实际是几十万分之一。倾其所有购买彩票，一旦中不上大奖，造成家庭经济困难不说，还会引发家庭矛盾，给和谐的家庭生活平添不少烦恼。值得吗？

谈及购买彩票，老王深有感触地说：“购彩票要适可而止，不可不顾及家中财力而盲目购买。”所幸他及早醒悟，否则，家中的日子会更加窘迫不已。

凡事讲究适可而止，是一种人生经验。

有这样一则美国人喝咖啡的趣事：

艾森豪威尔总统有一次访问麦斯威尔咖啡工厂，厂主请他品尝咖啡，他一口气就喝完，赞赏地说：“喝到最后一滴都是香的。”说完还举起杯子倒给在场的人看，果然一滴不剩。总统的这一举动启示了厂主的广告创意，此后打出了“喝到最后一滴都是香的”的广告词，而且在包装上也绘有一只倒空最后一滴的咖啡杯。

试想，假如觉得好喝，接连来它几杯，那就未必有那么香醇的感觉了。要是怀着不喝白不喝的心态，过多地饮用，那只会腹涨难受，绝不是一种享受。

事实上，在我们每个人的心里都有这么一个杯子。我们是恰到好处，怀着感激的心，品味生活的美好呢，还是无休止地贪婪地往里面装满种种想要的东西呢？现实生活告诉我们，“适可而止”四个字十分关键，许多事情，只有适度了才是最美好的。在人际交往中，我们越来越感到动用一些适度技巧可以赢得他人的好感，使交往双方事情好办多了，也能使友谊天长地久。但有些人不是这样，而是过于讲究，甚至到了苛求的地步，造成的负面影响也是可想而知的。有的人因为过度的装腔作势、矫揉造作而令人作呕，极容易造成诸多个人信息的失真、误解，因而“聪明反被聪明误”。

在说话方面也要有度，在人际交往中应有利有节，即便给对方面子也不要明显地刻意奉承，更不能过于夸张。花钱方面也是如此，在个人消费中不应贪得无厌，不应为了炫耀自己而打肿面孔充胖子，在许多场合，要做到面子光彩，更需要有内在气质，真正体现适可而止的尺度。

一个人的土地有多大

这是一个极具诱惑力的社会，这是一个欲望膨胀的年代，人们的心里总是塞满了欲望和奢求，追名逐利的现代人，总是奢求穿要高档名牌，吃要山珍海味，住要乡间别墅，行要宝马香车。一切都被欲望支配着。

法国杰出的启蒙哲学家卢梭曾对物欲太盛的人作过极为恰当的评价，他说：“10岁时被点心、20岁被恋人、30岁被快乐、40岁被野心、50岁被贪婪所俘虏。人到什么时候才能只追求睿智呢？”的确，人心不能清净，是因为欲望太多，没有家产想家产，有了家产想当官，当了小官想大官……精神上永无宁静，永无快乐。

伟大的作家托尔斯泰曾讲过这样一个故事：

有一个人想得到一块土地，地主就对他说，清早，你从这里往外跑，跑一段就插个旗杆，只要你在太阳落山前赶回来，插上旗杆的地都归你。那人就不要命地跑，太阳偏西了还不知足。太阳落山前，他是跑回来了，但人已精疲力竭，摔个跟头就再没起来。于是有人挖了个坑，就地埋了他。牧师在给这个人做祈祷的时候说：“一个人要多少土地呢？就这么大。”

人生的许多沮丧都是因为你得不到想要的东西。其实，我们辛辛苦苦地奔波劳碌，最终的结局不都是只剩下埋葬我们身体的那点土地吗？伊索说的好：“许多人想得到更多的东西，却把现在所拥有的也失去了。”这可以说是对得不偿失最好的诠释了。

其实，人人都有欲望，都想过美满幸福的生活，都希望丰衣足食，这是人之常情。但是，如果把这种欲望变成不正当的欲求，变成无止境的贪婪，那我们就无形中成了欲望的奴隶了。在欲望的支配下，我们不得不为了权力，为了地位，为了金钱而削尖了脑袋向里钻。我们常常感到自己非常累，但是仍觉得不满足，因为在我们看来，很多人比自己的生活更富足，很多人的权力比自己大。所以我们别无出路，只能硬着头皮往前冲，在无奈中透支着体力、精力与生命。

扪心自问，这样的生活，能不累吗？被欲望沉沉地压着，能不精疲力竭吗？静下心来想一想，有什么目标真的非让我们实现不可，又有什么东西值得我们用宝贵的生命去换取？朋友，让我们斩除过多的欲望吧，将一切欲望减少再减少，从而让真实的欲求浮现。这样，你才会发现真实的、平淡的生活才是最快乐的。拥有这种超然的心境，你做起事来就能不慌不忙，不躁不乱，井然有序。面对外界的各种变化不惊不惧，不愠不怒，不暴不躁。而对物质引诱，心不动，手不痒。没有小肚鸡肠带来的烦恼，没有功名利禄的拖累。活得轻松，过得自在。白天知足常乐，夜里睡觉安宁，走路感觉踏实，蓦然回首时没有遗憾。

古人云："达亦不足贵，穷亦不足悲。"当年陶渊明荷锄自种，嵇叔康树下苦修，两位虽为贫寒之士，但他们能于利不趋，于色不近，于失不馁，于得不骄。这样的生活，也不失为人生的一种极高境界！

人生好像一条河，有其源头，有其流程，有其终点。不管生命的河流有多长，最终都要到达终点，流入海洋，人生终有尽头。活着的时候，少一点欲望，多一点快乐，有什么不好？

事事求胜愚蠢之至

胜利是绝大多数人一生追求的目标，可是在人性丛林里，事事求胜，却不一定是好事，有时候，"求胜"反而是失败的前奏。

有一部电影的部分情节是这样的：

男主角为了查案，想办法进入某一帮会。该帮会的规矩是，欲加入者，必须接受该帮会三名“高手”的挑战。结果男主角先后“摆平”了前两位“高手”，最后碰到帮主，两人在经过十数回合的交手后，男主角俯首认输。女主角知道男主角功夫高强，对他的认输大惑不解，男主角回答说，如果他打败那位帮主，自己就要取而代之，成为帮主，可是当帮主不是他所愿，也无助于查明案情，何况他也不一定能带得动这些人，为了收服他们的心，还得花很多心思，这对查案无益。因此他不求胜，反而故意求败，给了那位帮主及全体“弟兄”面子；男主角因为坐上了第二把交椅，接近权力核心，反而更容易了解案情的来龙去脉。

这虽然是部电影，可是情节却相当合乎人性丛林里的法则，也就是：你的胜利是别人的失败，失败者的心情极端复杂，他可能真正臣服认输，但也有可能在心底埋下一粒复仇的种子，若卷土重来，两人光明正大再度对决则无大碍，怕就怕他在背后射冷箭。此外，胜利也会为你带来很多人际关系上的变化及负担，或许，这也算是胜利所付出的代价吧！

所以，不必事事求胜，竞技场上不求胜是孬种，但在人性丛林里，事事求胜的人却是愚者。然而也不是凡事都要做个失败者，而是你要考虑：

这个“胜利”对我的价值和意义如何？

为了这个“胜利”，将付出什么样的代价？

打败对方，将产生怎样的人际效应？

“失败”和“胜利”相比，何者价值大？

有了这些思考，该求胜就求胜，并且也要承担求胜之后所发生的种种后遗症；如果没必要求胜，那么就求败吧。

不过，求败也要有一些技巧。不可不战而败，那会引起对方的不满与怀疑，反而对你不利。你必须“假装”拼命，然后再“狼狈”地落败，否则想要求败都求不得。

求败还有一个好处，那就是可以隐藏实力，别人永远搞不清楚你到底有多少斤两，而这就是你在必要时求胜的最好本钱。

事事都胜，容易引起别人嫉妒，有时反而会影响你追求大胜利，所以宁可小事求败，大事才求胜。

最好不争功

当你挖空心思想出一个好主意，或者你勤奋工作为公司发展做出了极大贡献时，却有人试图把这份功劳归为己有。面对这种情况，你该怎么办？下面几种方法或许对你有所帮助。

1. 用短信澄清事实

写的短信不能有任何坏的影响，短信内容一定不能让对方产生不快。写短信的主要目的是要委婉地提醒一下对方，自己当初随便提出的想法，是怎样演变到今天这个令人欣喜的样子。在短信中适当的地方，你可以写上有关的日期、标题，可以引用任何现存的书面证据。在短信的最后要建议进行一次面对面的讨论，这是很重要的，这能让你有机会再次含蓄加强一下你的真正意思：“这主意是我想出来的”。

2. 夸赞对方，重申自己的作用

对这个同事独一无二的才能和见解大加赞赏，这种方法对职业女性来说特别需要。很多研究者发现，女性员工喜欢从“我们”的角度而不是“我”的角度来做事，所以她们的想法和首创就常常会被男性同事挪用。如果着眼于事情的积极一面，你的同事也是想方设法要干出最好的工作，而且他（她）对要做的事情有独到的看法，也许会有助于你解决这个可能很棘手的问题。

3. 退出争夺战

初看起来，这似乎不是一种方法，或者不能算是一种很好的方法。但对某些人来讲，这或许是最好的。你应该问一问你自己：哪个更重要，是把这个想法付诸实施，还是独自拥有想出这个点子的名誉？在某些情况下，比如你正要接受一次重要的提升，要付出大量的时间和精力；或者除了“原则问题”之外其他并无妨碍。在这些情况下退出争夺战显然是明智之举，是上上之策。

争功，必然会得罪人。当你已经预见到了将来的生存危机，而你想追求的又是另外一种境界的时候，不妨做个有先见之明的人，在恰当的时候选择毫不犹豫地“功成身退”，这样做虽然你的功劳暂时有所损失，但你的才能摆在那里，任谁也抢不去。

学会见好就收

业务员小周有一个令他十分头疼的客户，这个客户专爱拖账，而且往往一拖就是好几个月。

为了这个客户，小周不知道让经理数落了多少次。并不是他不积极地去催账，只是这家公司老板老谋深算，只要秘书一听见电话那头传来小周的声音，便会马上接着说：“我们老板不在。”然后，“喀嚓”一声挂断了电话，小周向谁开口要钱呢？

若是直接跑到客户的公司门口，柜台小姐一看到他，便会中气十足地扯着嗓子喊道：“真是不巧，我们老板今天不在！”

做生意做得这么痛苦，小周不是没想过干脆不要和这家公司打交道，只是市道冷清，如果放掉这只大鱼，可能会连鱼干都吃不到！为了长期的利润着想，小周只好硬着头皮，一次又一次地上门去碰钉子。

终于有一天，小周想出了一个对症下药的办法。他匆匆忙忙地来到客户的公司。照例，在门口吃了柜台小姐的闭门羹，她大声地喊道：“我们老板不在，请你先回去，等老板回来我再请他打电话给你。”

小周只好点了点头，转身走向门口。临出门前，像是忽然记起了一件事情，他走回柜台，从公文包里掏出一封信交给柜台小姐：“要是老板回来了，麻烦把这封信转交给他。”

说完，小周就急忙离去。

过了一会儿，又看到小周气喘如牛地走回来，他上气不接下气地对柜台小姐说：“很对不起，刚才的信给错了，请还给我。这封信才是给老板的。”

柜台小姐走到办公室里拿了那封信出来交还给小周。

小周瞄了信封一眼，发现信封已经有被拆开过的痕迹，兴奋地说："太好了！老板已经回来了，请带我去见他。"

就这样，小周顺利地见着了老板，拿到了货款。在把货款放进公文包的同时，他看了看皮包里那封被拆开的信，信封上写着："内有现金，请亲启。"

小周脸上浮现了得意的笑容。

小周的问题是什么？他有一个贪心的客户，因为贪心，所以拖账，如果想要成功地收回账款，小周必须先从人性的贪婪面着手。

任何问题的答案，都隐藏在问题之中。没有人可以处理一个自己不知道是什么问题的问题，解决问题的第一步，是深入了解。

如果对方是一个贪心的人，你就必须诱之以利；如果问题只是来自于误解，你便可以釜底抽薪。

当你了解了问题的症结在哪里，便可以得知该从哪里下手。世界上没有解决不了的问题，有的只是你不了解的问题。

29岁的辛欣是合资酒店公关销售部经理。辛欣中专毕业后便开始在一家老牌的宾馆作服务员。尽管每天下班回到家腰酸腿疼、话也不愿多说，好强的她还是坚持学习，几年后考取了大专文凭。渐渐地辛欣从做一些初级管理工作到全面负责后勤人事、行政、对外协作等，后来她跳槽到了现在的酒店。经历了创业初期的艰辛和动荡，她的工作慢慢步入了正轨。虽然由于多年的经验积累，目前的工作对于辛欣来讲难度并不大，但是，一方面，她对这种没有新意的工作有些厌倦；另一方面，她也强烈地感觉到，跟那些大学毕业、受过良好教育的部下相比，自己的后劲并不是很足。

辛欣一直为事业而努力奔波，无暇考虑个人问题，现在看到旧时的同学们一个个结婚生子，心里也难免有些波动。加上周围的一些朋友也老是劝她："得了吧，你也算是事业小有成绩了，女人嘛，别耽误了终身大事才是真的，你也该见好就收了。"辛欣自己也很矛盾，"辛苦了这么多年，我是不是也该停下匆匆的脚步，考虑一下个人问题了？"

几乎每个职业女性所面临的生活和事业的冲突都是一样的，这时最忌讳坠入“非此即彼”、“非黑即白”的两极思考陷阱，要清楚其实很多时候各种因素间存在着平衡状态。

有这样一个故事：

一个玻璃器皿，已经装了2/3的小碎石，外面放着几块大鹅卵石，不少人拿鹅卵石拼命往下压小碎石，可怎么也装不下，后来有个人把小碎石全倒出来，先放鹅卵石，再倒进碎石头，这样恰好装满。“鹅卵石”好比你人生中重要的目标，必须确保做好，然后在时间的缝隙中，可以考虑次要一点的事情。每个人的鹅卵石是不同的，决定“是否应该见好就收”也不是一个很简单的事情。

能做一份自己喜欢的工作，又能够投入进去，其中的乐趣是其他任何事情无法取代的。人活一生不就是为了实现自我吗？还是看看自己能做多少？能跑多远？至于感情、家庭，它们和事业不同，是不必刻意追求的，顺其自然最好。它不会因为你停下了事业的脚步就一定会来到你面前，所以，最好不要把感情和工作问题混为一谈。当然，如果你想尽快进入二人世界，也应该为自己多创造一些机会，不要整天都陷在工作里面，多参加一些聚会，业余时间多结交一些朋友。甚至是在你工作的圈子里，也说不定有你未来的另一半呢。

另外，既然你已经感觉到自己的后劲不足了，就更应该努力赶上，只有在你有实力的时候，你才不会在职场上被淘汰。

一个人是否成熟的标志之一是看他会不会退而求其次。退而求其次并不是懦弱畏难。当人生进程的某一方面遇到难以逾越的阻碍时，善于权变通达，心情愉快地选择一个更适合自己的目标去追求，事实上也是一种进取，是一种更踏实可行的以退为进。古人说：“力能则进，否则退，量力而行。”自不量力是做人的大敌。当一个人在一种境地中感到力不从心的时候，退一步反而海阔天空。

适可而止，见好便收，是历代智者的忠告，更是一门处世的艺术。

有的东西是不能强求的

从前，一个想发财的人得到了一张藏宝图，上面标明了在密林深处的一连串宝藏。他立即准备好了一切旅行用具，特别是他还找出了四五个大袋子用来装宝物。一切就绪后，他进入了那片密林。他斩断了挡路的荆棘，趟过了小溪，冒险冲过了沼泽地，终于找到了第一个宝藏，满屋的金币熠熠夺目。他急忙掏出袋子，把所有的金币装进了口袋。离开这一宝藏时，他看到了门上的一行字："知足常乐，适可而止。"

他笑了笑，心想，有谁会丢下这闪光的金币呢？于是，他没留下一枚金币，扛着大袋子来到了第二个宝藏，出现在眼前的是成堆的金条。他见状，兴奋得不得了，依旧把所有的金条放进了袋子，当他拿起最后一条时，上面刻着："放弃了下一个屋子中的宝物，你会得到更宝贵的东西。"

他看了这一行字后，更迫不及待地走进了第三个宝藏，里面有一块磐石般大小的钻石。他发红的眼睛中泛着亮光，贪婪的双手抬起了这块钻石，放入了袋子中。他发现，这块钻石下面有一扇小门，心想，下面一定有更多的东西。于是，他毫不迟疑地打开门，跳了下去，谁知，等着他的不是金银财宝，而是一片流沙。他在流沙中不停地挣扎着，可是越挣扎他陷得越深，最终与金币、金条和钻石一起长埋在了流沙下。

如果这个人能在看了警示后离开的话，能在跳下去之前多想一想，那么他就会平安地返回，成为一个真正的富翁了。放弃，从某种意义上来讲，给了自己一个生存的空间，给了自己一个走向成功的道路……

谁说喜欢一样东西就一定要得到它？有时候，有些人，为了得到他喜欢的东西，殚精竭虑，费尽心机，更甚者可能会不择手段，以致走向极端。也许他得到了他喜欢的东西，但是在他追逐的过程中，失去的东西也无法计算，他付出的代价是其得到的东西所无法弥补的。也许那代价是沉重的，直到最后才会被他发现罢了。其实喜欢一样东西，不一定要得到它。

因为有时候为了强求一样东西而令自己的身心都疲惫不堪，是很不划算的。有些东西是“只可远观而不可近瞧的”，一旦你得到了它，日子一久你可能会发现其实它并不如原本想象中的那么好。如果你再发现你失去的和放弃的东西更珍贵的时候，你一定会懊恼不已。所以也常有这样的一句话：“得不到的东西永远是最好的。”所以当你喜欢一样东西时，得到它并不是你最明智的选择。

不想占有就不会太坎坷，所以，无论是喜欢一样东西也好，喜欢一个位置也罢，与其让自己负累，不如放轻松地面对，即使有一天放弃或者离开，你也学会了平静。

知足者最先享受快乐

罗马哲学家塞尼逊有句名言：“人最大的财富，是在于无欲。如果你不能对现有的一切感到满足，那么纵使让你拥有全世界，你也不会幸福的。”生活中，有一些人总是羡慕别人的生活，羡慕别人美丽的容颜，羡慕别人庞大的财富……其实，是他们忽略了自己拥有的一切，安定的工作、和睦的家庭、健康的身体、知心的朋友，而这些也是别人梦寐以求的。所以别让这种美好的生活从身边悄然溜掉，请珍惜你已经拥有的快乐和幸福，学着做个知足的人。

有一个天使，送信的时候在人间睡着了。醒来后，她发现翅膀被偷走了。没有翅膀的天使，能力比普通人还要小。她又冷又饿，来到一个牧羊人家门口。

天使对牧羊人讲述了自己的遭遇，牧羊人很同情天使，就让天使吃饱了饭，还给她穿上暖和的衣服。

牧羊人说：“你即使不是天使，我也会给你一顿饭吃的。不过，你如果还想吃下顿饭，就得自己出力了。”

天使开始跟着牧羊人学放羊。

天使每天收集梳理一些落下的羊毛，日积月累，她为自己织了一对羊毛的翅膀，在牧羊人目瞪口呆的注视下飞走了。

过了几天，天使前来答谢牧羊人，问他要什么。

牧羊人说：“让我增加100只羊吧。”

羊群增加了100只，牧羊人比过去更累了。他找到天使，请她把羊变回去，为自己盖一所大房子。牧羊人在大房子里住着，发现到处是灰尘，打扫不过来，于是，他用房子换了一匹马。牧羊人骑在马背上，但不知要到什么地方去，就把马还给了天使。

天使问：“你还要什么？”

牧羊人回答：“什么也不要了。”

天使说：“人们都有很多理想，你难道没有吗？”

牧羊人回答：“愿望实现之后，我才知道，我不需要这些东西，它成了我的累赘。”

天使说：“那么，我送你一样无价之宝吧，就是性格。你想有什么样的性格？”

牧羊人说：“我已经有了这样的性格，那就是知足。”

读完这个小故事，你是不是也一样明白了知足是一件无价之宝。可是我们往往不把这件宝物当宝用，很多的时候，我们总是对它不屑一顾，结果我们总是被无休止的愿望缠绕，搞得身与名俱灭。

知足者常乐。所谓知足，是种平和的境界。所谓常乐，是一种豁达的人生态度，是说这个人懂得取舍，也懂得放弃，更懂得适可而止。而不是说这个人安于现状，没有追求、没有目标。

如果想成为一个幸福的人，就应该学会知足，知足者才能常乐。困境中知道寻求比上不足比下有余的平衡，从而满足自己的现状，珍惜自己的拥有，远离欲望的烦恼，品味人生的快乐，能保持精神愉快，情绪安定，乐而忘忧。

人们追求的名、权、利皆是过眼云烟，生不带来死不带走的东西，不应该把它看得太重。世界没有十全十美的人和事，知足了，就可以让自己活得更加轻松，知足了，就可以给他人少添很多的麻烦……

知足常乐并非阿Q精神，它是一种自我解脱，是调整情绪，取得心理平衡的安慰良药。拥有它，就会变得豁达开朗，心胸宽阔，而快乐也将会常伴你的左右。

有一首歌写得好：在世上有多少欢笑，能使你快乐永久？试问谁能支配将来，永远不必担忧？名和利哪天才足够，能使你满足永久？试问就算拥有了一切，谁能守住眼前的所有？享受生活、知足是真，因为心灵满足才是真正富有的人！

互联网上有这样一句话："我只看我拥有的，不去看我没有的。"王梵志也有一首诗说："他人骑大马，我独跨驴子。回顾担柴汉，心下较些子。"虽然有点阿Q的意思在里面，但当我们面对无休止的欲望的时候不妨自嘲一下。当你回头望一望那些没有解决温饱问题的人的时候，你就会觉得，我们现在这样活着，有饭吃、有班上，就已经很幸福了。

曾经有人说过这样一段话：

如果早上醒来，你发现自己还能够自由呼吸，你就比在这一周离开人世的100万人更有福气。

如果你从未经历过战争的危险、被囚禁的孤单、受折磨的痛苦和忍饥挨饿的难受……你已经好过世上的5亿人。

如果你的冰箱里有食物，身上有足够的衣服，有屋栖身，你已经比世界70%的人富足。

如果你的银行户头有存款，包里有现金，你已经身居世界上最富有的80%的人之列。

如果你的双亲仍然在世，没有分居或离婚，你已属于稀少的一群。

如果你能抬起头，带着微笑，内心充满感恩，你是真的幸福——因为世界上大部分的人可以这么做，但是他们没有。

如果你能握着一个人的手，拥抱他，或者只是在他的肩膀上拍一下……你的确有福气，因为你所做的已经等同于上帝才能做到的。

第六章

让我们的生活彻底改变的快乐法则

快乐是你的权利

有首古诗写道："但愿此心春常在，须知世上苦人多。"现实中真的是有许多人感到自己活得很辛苦，生活中没有一点乐趣。正因为世人心中无"春"，所以才无快乐可言。快乐深藏于心，不容易为人所发现而已。

荣启期在泰山，优哉游哉，鼓琴而歌，孔子路过，就问他为何如此快乐？荣启期回答道："吾乐甚多。天生万物，惟人为贵，而吾得为人矣，是一乐也；男女之别，男尊女卑，故以男为贵，吾既得为男矣，是二乐也；人生有不见明，不免襁褓者，吾既已行年九十矣，是三乐也。贫者士之常也，死者民之终也，处常得终，当何忧哉？"

正如荣启期所说，生而为人即是一种快乐，快乐是人生的主题。只要我们用心去体会，以饱满的热情去面对生活，就能快乐度过每一天。

许多人抱怨生活太清苦，许多人到外界去寻求快乐。而对身边的美景熟视无睹，其实只要用心生活，身边就有感动你的美景。

在春天，特别是早春，从春来发几枝的柳树上，从重新披上绿装的大地上，从水光潋滟的湖面上，从鸟雀叽喳的瓦房屋顶，从万物萌发的郊外，从身边女人和孩子们的身上，你随处都能感受到风景的存在，让心灵享受美的熏陶。只要用心，你也能体会到"竹外桃花三两枝，春江水暖鸭先知。蒌蒿满地芦芽短，正是河豚欲上时"的美景。

在夏天，你可以去体会万物在骄阳下傲然挺立的飒爽英姿。如果是晴空万里，你可以去河边体会"水光潋滟晴方好"的诗意；如果是雨天，你则可以去感受"山色空蒙雨亦奇"的意境。

秋天是一个收获的季节，更是好景连连，正如古人所说："一年好景君须记，最是橙黄橘绿时。"看着院里挂满果实的梨树，你能不开心？闻着空气中弥漫着的果实的芳香，你能不开心？就是看看满街的落叶，也会带给你无穷的遐想，你也没有不开心的理由。

冬天总是给人一种肃杀寂静的感觉，似乎给人一种压抑的感觉，其实不然，冬天也有冬天的美丽。比如去看雪去体会陈毅元帅诗中那种“大雪压青松，青松挺且直”的诗意，不也是很美，很让人振奋吗？即使去看那光秃秃的树，在凛冽的西风的肃杀中沉着坚持的样子，也让人感受到力量和希望。享受着这一切，你能说冬天不美吗？

只要你愿意，只要你有心，你随时都可以感到愉快，你可以在阵雨中歌唱，使音乐充满你的心灵，你可以在烈日中独行，让阳光洒满你的心灵，你可以在风中散步，让风儿吹散你心中的不快，你可以……总之，只要你愿意，快乐随时都会陪伴着你。

汤姆已经结婚18年多了，在这段时间里，从早上起来，到他要上班的时候，他很少对自己的太太微笑，或对她说上几句话。汤姆觉得自己是百老汇心情最差的人。

后来，在汤姆参加的继续教育培训班中，他被要求准备以微笑的经验发表一段谈话，他就决定亲自试1个星期看看。

现在，汤姆要去上班的时候，他记住要让自己的心情好起来，他就会强迫自己改变过去的形象，显得心情很好的样子对大楼的电梯管理员微笑着，说一声“早安”；他以微笑跟大楼门口的警卫打招呼；他也对地铁的检票小姐微笑；当他站在交易所时，他甚至对那些以前从没有见过自己微笑的人微笑。

汤姆很快就发现，每个人也对他报以微笑。他以一种愉悦的心情，来对待那些满肚子牢骚的人。他一面听着他们的牢骚，一面微笑着，于是问题就容易解决了。汤姆发现微笑带给了自己更多的收入，每天都带来更多的钞票，而且自己的心情感觉越来越愉快，生活充满了幸福感。

汤姆跟另一位经纪人合用一间办公室，对方的职员之一是个很讨人喜欢的年轻人。汤姆告诉那位年轻人最近自己在心情方面的体会和收获，并声称自己很为得到的结果而高兴。那位年轻人承认说：“当我最初跟您共用办公室的时候，我认为您是一个闷闷不乐的，心情总是很糟糕的人。直到最近，我才改变看法：当您微笑的时候，充满了慈祥。”

是的，我们的心情会改变我们的形象，有了好的心情，我们就会多一点笑容，而我们的笑容就是我们好意的信使。我们的笑容能照亮所有看到它的人。对那些整天都看到皱眉头、愁容满面、视若无睹的人来说，我们的笑容就像穿过乌云的太阳；尤其对那些受到上司、客户、老师、父母或子女的压力的人，一个笑容能帮助他们了解一切都是有希望的，也就是世界是有欢乐的。而同时，因为我们的付出，因为我们的好心情为我们赢得了事业、尊重、友谊、爱情，甚至于我们的未来。

世界上的每个人都希望自己能够过上美满幸福的生活，希望自己能够有一个好的未来，受到别人的关注和尊重，其实这一切都很简单，学会微笑，学会给自己一个好心情。当我们抱怨为什么自己失败多于成功的时候，不妨反思一下，我们是不是心情差的时候多于好的时候呢？这确实是一个非常不错的主意。

快乐是一种正面的情绪

从某种意义上说，快乐是一种态度。诚然，积极的心理态度和确定的目标是走向一切成就的起点。播下一个行为，就会收获一个习惯。播下一个习惯，就会收获一种品德。播下一种品德，就会收获一种命运。用积极的心理态度，指挥你的思想，控制你的情绪，掌握你的命运。

人的心理具有神秘的力量，要敢于探索你的心理力量，学会使用适当的暗示去影响别人，学会应用正确的有意识的自我暗示。做到了这两点，你就能在生理、心理和道德上获得健康、幸福、快乐和成功。

人人都会有许多难题。那些具有积极心理态度的人能从逆境中求得极大的发展。要用积极的心理态度去激励自己。人能构想和相信的东西，就能用积极的心理态度去得到它。要认识那些似是不可信的事物的可能性。在激励你自己和别人时，希望具有神奇的力量。要想说话热情，战胜胆怯和恐惧，就要说话响亮；说话迅速；强调重要词汇；在书面语中用句号、逗号或其他标点符号的地方，在说话时就要做出适当的停顿；使你的声音含有微笑，以免它变得粗哑，难于入耳。树起你目标的靶子，不断地试射，直到你击中它为止。

失败可以是一块垫脚石，也可以是一块绊脚石，这决定于你的态度是积极的还是消极的。炽烈的愿望可以产生行动的动力，这是伟大的成就所必需的。你分给别人共享的东西会有所增加，你保住不给别人的东西会减少下去。实现崇高的理想需要勇气和牺牲，你可能要孤身对付别人的讪笑和无知。有一件事比谋生更重要，那就是追求崇高的理想。

如果你把苦难和不幸分摊给别人，更多的苦难和不幸就会来到你的身边。要得到快乐，就要先使别人快乐。

有时，快乐又是一种观念。有这样一个故事：

一个乞丐来到一个庭院，向女主人乞讨。可是女主人毫不客气地指着门前一堆砖说："你帮我把这砖搬到屋后去吧。"

乞丐生气地说："我只有一只手，你还忍心叫我搬砖，不愿给就不给，何必捉弄人呢？"女主人并不生气，她故意用一只手搬了一趟，说："你看，并不是非要两只手才能干活。我能干，你为什么不能干呢？"乞丐怔住了，终于他俯下身子，用他那唯一的一只手搬起砖来，一次只能搬两块，他整整搬了4个小时，才把砖搬完，累得气喘如牛。妇人递给乞丐20元钱，乞丐接过钱，感激地说了声："谢谢你。"妇人说："你不用谢我，这是你自己凭力气挣的工钱啊！"乞丐说："我不会忘记你的。"说完深深地鞠了一躬，就上路了。

过了很多天，又有一个乞丐来这里乞讨，那妇人又让他把以前搬到屋后的砖搬到屋前去，可乞丐不屑地走开了。妇人的孩子不解地问母亲："上次你让那乞丐把砖从屋前搬到屋后，为何这次你又让这人搬到屋前呢？"母亲对他说："砖放在屋前屋后都一样，可搬与不搬对他们却不一样。"

若干年后，一个很体面的人来到这个庭院，这个人是一只手。他俯下身，对坐在院中的已有些老态的女主人说："如果没有你，我还是个乞丐，可现在我成了公司的董事长。"老妇人只是淡淡地对他说："这是你自己干出来的。"

在这个故事里，老妇人其实就是"生活"的化身，她会把一个只有一只手的乞丐教成一位董事长，同样也会让一个四肢健全的乞丐永远是乞丐。她在告诉人们自己是自己最好的帮手的同时，也在告诉人们，工作是一种幸福，勤奋比什么都快乐。如果将工作视为义务，人生就成了地狱，如果将工作视为乐趣，人生就成了乐园。

其实，快乐也可以成为一种情绪。请看下面的故事：

有一位国王终日闷闷不乐，为了解除他的心病，大臣们遍访名医。一位智者献计说："只要找到世界上最快乐的人，把他的衬衫脱下来给国王穿上，国王就会高兴起来。"

于是，国王立刻下旨寻遍全国各地，找一个最快乐的人。不久他们就发现，这世界上快乐的人可真少。富人们衣食充足却无所事事，倍感无聊；智者们终日恻恻、思虑过多；美人们日日担忧年华老去。最后，他们终于在柴草堆上找到了一个快乐地唱着歌的年轻人，可是，当他们遵照国王的旨意决定脱去他的衬衫时，却发现他竟穷得连衬衫也没有。

世界上有一种情绪，它并不因为人们财富的多寡、地位的高低而增减，全部的奥秘只在内心，那就是快乐。有一种人生最宝贵的无形财富，它简单易得却又千里难求，任谁也无法将它夺走，那就是快乐。

心情保持好，做事效率高

人们在处理工作时，经常觉得既然开始做了，就要贯彻始终，否则就不够善始善终。其实这是要依情况而定的。如果你一直对这件事情很有兴趣，自然不会中途而废，不过如果你一开始做时就觉得心烦气躁，那你就应该考虑换另一件"重要且该做"的事做，通过调节心情来调整进度。

有一个美国朋友，看书的时候从来不固定在同一个地方，有时在书房，有时阳光比较好就在日光浴室或是在后院的凉棚架下、附近的公园里，甚至开车到海边咖啡馆去读书。但他绝不在学校餐厅或图书馆读书，因为他不喜欢那种气氛。他这样说："餐厅里人多又吵，还会经常碰到朋友。图书馆给我的感觉是睡觉的地方，太安静了，我一进去就开始神志不清，怎么能专心读书?”

由此可见，好心情可以带好高效率。那么就去尝试找寻自己的好心情。

试着把你所要做的事列在一张表上，当你一件事做不下去时，可以从表上找出下一件要做的事，先去做它，完成之后再回去做原先的事情。如果你觉得没有一件事可以静下心去做的话，你大概需要放个假调整一下了。

再就把四周的工作环境重新布置一下，增加一点新鲜感，就会有搬新家的心情。或者也可以把平日一成不变的工作时刻表改动一下。比如，把午餐时间推迟1小时，这样就可以不必和大家挤破头地抢饭吃；而且这1个小时也是办公室最安静的时候，没有电话也没有客户等你谈话，可以安安静静地做自己想做的工作。

如果一项工作已不能引起你的兴趣，但你又必须在有限的时间内完成它，这时候，你必须先让烦躁的心情平静下来，想想工作完成后的好处，你所要达到的真正的目标是什么，并想象目标达成时的喜悦，然后你再重新正视问题，开始工作(这点很重要，你不能一直带着一脸的傻笑不做事)，用平和的心情做完它。慢慢地你会发现，其实工作情绪不是那么难控制的。

很多人忙忙碌碌地过了一辈子，却从来都不曾从工作中获得乐趣。他们总认为是为了赚钱才不得不捧着这个饭碗。更有人甚至按照四季变迁换工作，他们不清楚自己到底要得到的是什么。

要保持高效率的工作水准，最重要的一点就是学会怎样在工作中寻找乐趣。

首先，你必须要找到适合你自己个性及兴趣的工作来做。就像让一个不爱讲话的人去做老师或推销员，可能会害他咬破舌头；而让一个脑筋灵活的人去做千篇一律、一成不变的录入员，用不了3个月他就要“发狂”了!

其次，就要思考：自己人生的大目标是什么，为什么要做这份工作，自己想从中获得的又是什么。寻找工作的意义，也就是寻找一种生活的信念，升级到信念的高度就会给自己一种崇敬工作的心情。

再好听的歌，唱上100遍也会有点烦；更何况是每天要面对的8小时工作，那么就尝试着提高自己的士气。

努力在办公室里建立良好的人际关系，免得大家在一起工作时“相看两相厌”，影响工作的兴趣及效率。

试着看看能否在工作当中找到一些能引起自己(或别人)发笑的事物。凡事不要太严肃，要尽力保持乐观开朗的心情。有时讲讲笑话也是很不错的办法，但不能太贪心，凡事适可而止。

有了好心情效率也就上去了。有些人很清楚自己想要的是什么，例如，有人是为了想改善经济状况而工作的，因此“赚钱”对他而言是最重要的事，有人是为了累积经验而选择这份工作，因而“学习”才是他的主要目标。当你对一件事情一心想要做成时，你做起事来就会很快。

把自己交给快乐

一个烦恼少年四处寻找解脱烦恼之法。有一天，他来到一个山脚下。只见一片绿草丛中，一位牧童骑在牛背上，悠闲地吹着横笛、逍遥自在。

烦恼少年走上前去询问：“你能教我解脱烦恼之法吗？”

“解脱烦恼？嘻嘻！你学我吧，骑在牛背上，笛子一吹，什么烦恼都没有了。”牧童说。烦恼少年试了试，不灵。

于是他又继续寻找。走啊走啊，不觉来到一条河边。岸上垂柳成荫，一位老翁坐在柳荫下，手持一根钓竿，正在垂钓。他神情怡然，自得其乐。

烦恼少年走上前去询问：“请问老翁，您能赐我解脱烦恼之法吗？”

老翁看了一眼面前忧郁的少年，慢声慢气地说：“来吧，孩子，跟我一起钓鱼，保管你没有烦恼。”烦恼少年试了试，不灵。

于是，他又继续寻找。不久，他遇到一位在路边石板上独自下棋的老翁，烦恼少年上前寻找解脱之法。

“哦！可怜的孩子，你继续向前走吧，前面有一座方寸山，山上有一个灵台洞，洞内有一个幽谷老人，他会教你解脱之法的。”老人一边说，一边自个儿下着棋。

烦恼少年谢过下棋老者，继续向前走。到了方寸山灵台洞，果然见一个长须老者独居其中。烦恼少年长揖一礼，向幽谷老人说明来意。幽谷老人微笑着摸摸长须，问道：“这么说你是来寻求解脱的？”

“对对对，恳请前辈不吝赐教，指点迷津。”烦恼少年说。

幽谷老人笑道：“请回答我的提问。”

“前辈请讲。”

“有谁捆住你了吗？”幽谷老人问。

“……没有。”烦恼少年先是愣然，而后回答。

“既然没有人捆住你，又谈何解脱呢？”老人说完，摸着长须，大笑而去。

烦恼少年先是一愣，继而顿悟：“哦！是啊！又没有任何人捆绑我，我又何须寻求解脱？原来，我心目中的烦恼是自找的，我是自己捆住了自己啊！”

少年正欲转身离去，忽然面前成了一片汪洋，一叶小舟在他的面前荡漾。少年急忙上了小船，可是船上只有双桨，没有船夫。

“谁来渡我？”少年茫然回顾，大声呼喊着。

“请君自渡！”幽谷老人在洋面上一闪，飘然而去。

少年拿起双桨，轻轻一划，面前顿然成了一片平原，一条大道近在眼前。少年踏上大路，欢笑而去。

由于天灾人祸，村民们浮躁不安，闷闷不乐。村长召唤来一位精壮的小伙子，吩咐道：“听说终南山一带出产一种快乐藤，凡得此藤者，皆快乐永远、不知烦恼，你快去采吧！”备足干粮，配齐鞍辔，小伙子策马扬鞭，一路风尘朝终南山飞驰而去。

在水草丰沛的终南山，小伙子发现一处藤萝缠绕的小屋，一位老师傅正不辞劳苦地工作着。他衣食简单，但仍然面挂喜色、不知疲倦。小伙子毕恭毕敬上前询问："师傅，这些藤萝能使您快乐吗？"

"当然。"

"可以送些给我吗？"

"当然。不过快乐不能仅凭借几株藤萝，关键是要具备快乐的根。"

"埋在泥土中的根吗？"

"不，埋在心中的根。"老师傅说。

这个故事正说明了快乐就藏在我们心中，如果舍弃了藏在心中的快乐藤，那就等于舍弃了你自己，把自己交给了悲伤，让别人左右了你的情感。

好心情由自己定

人的一生就像一趟旅行，沿途中有数不尽的坎坷泥泞，但也有看不完的春花秋月。如果我们的心总是被灰暗的风尘所覆盖，干涸了心泉、黯淡了目光、失去了生机、丧失了斗志，我们的人生轨迹岂能美好？而如果我们给自己一面心灵的旗帜，保持一种健康向上的心态，即使我们身处逆境，四面楚歌，也一定能看到未来的美景。

有两个重病人同住在一家大医院的小病房里。房子很小，只有一扇窗子可以看见外面的世界。其中一个病人的床靠着窗，他每天下午可以在床上坐1个小时。另外一个人则终日都得躺在床上。

靠窗的病人每次坐起来的时候，都会描绘窗外的景致给另一个人听。从窗口可以看到公园的湖，湖内有鸭子和天鹅，孩子们在那儿撒面包片，放模型船，年轻的恋人在树下携手散步，在鲜花盛开，绿草如茵的地方人们玩球嬉戏，后头一排树顶上则是美丽的天空。

另一个人倾听着，享受着每一分钟。他听见一个孩子差点跌到湖里，一个美丽的女孩穿着漂亮的夏装……朋友的诉说几乎使他感觉到自己亲眼目睹了外面发生的一切。

在一个天气晴朗的午后，他心想：为什么睡在窗边的人可以独享外头的权利呢？为什么我没有这样的机会？他觉得不是滋味，他越是这么想，就越想换位子。一定得换才行！这天夜里，他盯着天花板想着自己的心事，另一个人忽然惊醒了，拼命地咳嗽，一直想用手按铃叫护士进来。但这个人只是旁观而没有帮忙——他感到同伴的呼吸渐渐停止了。第二天早上，护士来时那人已经死了，他的尸体被静静地抬走了。

过了一段时间，这人开口问，他是否能换到靠窗户的那张床上。他们搬动他，将他换到了那张床上，他感觉很满意。人们走后，他用肘撑起自己，吃力地往窗外望……窗外只有一堵空白的墙。

如果这个人不起恶念，在晚上按铃帮助另一个人，他还可以听到美妙的窗外故事。可是现在一切都晚了，他看到的是什么呢？不仅是自己心灵的丑恶，还有窗外的白墙。几天之后，他在自责和忧郁中死去。

一个人只有心存美的意象，才能看到窗外的美景。命运对每个人都是公平的，窗外有土也有星，就看你能不能磨砺一颗坚强的心，一双智慧的眼，透过岁月的风尘寻觅到辉煌灿烂的星星。

摆正了自己的心态，我们便会在一个愉悦轻松的环境中生活、工作，我们会感觉到每天都阳光灿烂，从而能完全地放松身心，享受人生。

拥有童心，绝对快乐

杰瑞是个乐天派，不论遇到好事坏事，整天都笑嘻嘻的，好像一个孩子一样，家人说他是个长不大的孩子，整天没个正形。而他自己则说之所以能每天过得很开心，就是因为自己还是个“孩子”，还有一颗“童心”。

耶稣曾经抱起孩子告诫众人：“除非你们改变，像孩子一样，不然你们绝不能成为天国的子民。因为天国的子民正是像他们这样的人。”孩子是快乐的天使，幸福的吉祥物，和他们在一起，你会感到年轻许多。

有的人说孩子之所以快乐，是因为他们只知道玩乐，而不用像大人们一样整天要考虑衣食住行。其实并非完全如此，孩子也有他们的心事，他们要考虑的事也很多，诸如：如何才能取悦家长，如何才能不让老师发现小秘密，和小朋友到哪里去玩等。他们之所以整天无忧无虑，一则是因为他们考虑事情不像大人那样复杂，只能“简单”从事，许多对于大人来讲毫无兴趣的事，在他们眼里却充满快乐与幸福。

有位老师曾问他7岁的学生：“你幸福吗？”

“是的，我很幸福。”她回答道。

“经常都是幸福的吗？”老师再问道。

“对，我经常都是幸福的。”

“是什么使你感到如此幸福呢？”老师接着问道。

“是什么我并不知道，但是，我真的很幸福。”

“一定是什么事物带给你幸福的吧！”老师追问道。

“是啊！我告诉你吧，我的伙伴们使我幸福，我喜欢他们。学校使我幸福，我喜欢上学，我喜欢我的老师。还有，我喜欢上教堂，也喜欢学校和其中的老师们。我爱姐姐和弟弟。我也爱爸爸和妈妈，因为爸妈在我生病时关心我。爸妈是爱我的，而且对我很亲切。”

在孩子的眼中，一切都是美好的，身边的一切，小朋友、学校、教堂、爸妈等都令她产生幸福感，让她快乐。这是一种单纯的幸福，是人们在生活中苦苦追寻的。

孩子们快乐，还因为他们对任何事情都拿得起，放得下。和小朋友吵架了，不会和大人一样，和谁闹翻了脸，便会老死不相往来，他们很快就会忘掉，不会记仇；挨家长训斥了，即使是哭了，也会很快就破涕为笑；受到老师批评了，他们也不会总是怀恨在心。他们当哭则哭，当笑则笑，受到表扬便高兴得又蹦又跳，受到批评便掉泪珠，不会掩饰和做作。

孔子说：三人行，则必有我师。孔子本人不也曾向孩子请教太阳何时最大吗？孩子是我们学习的榜样，保持一颗童心，可以让我们返老还童。人一天天长大，往往会被世界的琐事烦扰不止，人越是成熟就越是复杂，因此童年时期的快乐心法是我们应该重新捡拾的。

虽然我们不能再回到童年，但我们可以经常回忆童年趣事，拜访青少年时期的朋友和同学、老师、母校。如果有机会还要去看一看童年家乡、玩耍的旧地，旧事重提，旧友相聚，那样我们才会重拾童真的快乐，重回纯洁无忌的开心时刻。

拥有一颗童心，就会像孩子一样快乐，拥有一颗童心，就会重拾童年时代的幸福。即使我们的年龄一天天变老了，但是我们的心灵却不能变老。

精神富足也快乐

一个人在精神上或生活上，也可以成为一个富有的人，虽然他可能不是一个有钱人，但他可以是诚实正直的、彬彬有礼的、温文尔雅的、自尊自爱的、自立自强的，这才是真正的绅士品质，才是真正富有的人。精神富有的人无论从哪方面讲都比一个精神贫乏的富人强。借用圣·保罗的话说，前者是“一无所有，但无所不有”；而后者虽然无所不有，但其实一无所有。前者充满希望，无所畏惧；后者无所希望，杞人忧天。只有精神上的穷人才是真正的穷人。那些失去了一切的人，只要他还有勇气、快乐、希望、美德和自尊，他就仍然是富有的。因为这样的人世界信任他，他的精神主宰他的一切，他可以挺起胸膛，他可以抬头做人，他是一个真正的绅士。

有一个古老但却很有意义的故事。

有一次，埃迪加河水突然暴涨，河水漫过了两岸，维罗纳大桥也被冲垮了，只留下中心的桥拱。桥拱上有一幢房子，房子里的居民向窗外呼救，眼看房基就要倒塌了。站在河岸上的斯波尔维里尼伯爵对周围的人说：“谁愿意冒险去救那些可怜的人，我就给他100个法国路易。”一个青年农民从人群里走出来，揽过一条小船，把它推入激流。他把这一家人接上小船，向岸边划去，并把一家人安全地送上了岸。“这是你的钱，勇敢的年轻人。”伯爵说。而年轻人回答说：“不，我不出卖我的性命。把钱给这可怜的一家人吧，他们需要。”

这是真正的绅士精神，虽然这个年轻人物质上并不富足，但他在精神上却很富有，也正是因为如此，在不久的将来他一定也会成为一个在物质上富有的人。

品格良好的人总是一如既往，不管是在众人面前，还是在私下里。当有人问一个男孩，在无人在场的情况下为什么不拿一些梨子放在自己的口袋里，那个受过良好教育的孩子说："不，有人在场，我在看着我自己。我从没想过做一件不诚实的事情。"

慎独和良心是一个人主要的品格，也是人格高尚的具体体现。它们对生活的影响不是消极的，而是积极的。这种约束时时刻刻都在塑造着人的品格，时时刻刻都在发挥它的作用。没有这种影响，品格就失去了自己的保护，容易在诱惑面前投降，而且每一种诱惑都可能使人做出卑鄙或不诚实的事情，即使事情很小，也会导致自我的堕落。问题的关键不在于你的行动成功与否，以及是否被人发现，而在于你不再是从前的你，而成了另外一个人。你会感到隐隐的不安，你会时时自责，或者说你会受到良心的谴责，这是一个做了亏心事的人不可避免的命运。

每个人都应该把拥有良好的品格作为人生的最高目标之一。有了这个目标，人们就有了为之奋斗的动力。当你的品格日益完善的时候，反过来又会给你不断向前的动力。人生应该有一个较高的目标，即使我们实现不了。

品格也有假冒伪劣，但真的永远假不了。有些人知道金钱的价值，于是他们制造假币，欺骗那些警惕性不高的人。

查特里斯上校曾经对一个以诚实正直著称的人说："我愿意以1000英镑换你的好名声。""为什么？""因为我可以用它赚1万镑。"

上校的话足以反映一个问题，那就是精神上的富有会产生巨大的力量，它的力量将会使你变成一个最富有的人。

那么，就让我们从现在开始，让我们挺起脊梁，抬头做人，努力去做一个在精神上富有的人吧！

常怀一颗欢喜心

历史学家维尔·杜兰特希望在知识中寻找快乐，却只找到幻灭；他在旅行中寻找快乐，却只找到疲倦；他在财富中寻找快乐，却只找到纷乱忧虑；他在写作中寻找快乐，却只找到身心疲惫。有一天，他看见一个女人坐在车里等人，怀中抱着一个熟睡的婴儿。一个男人从火车上走下来，走到那对母子身边，温柔地亲吻女人和她怀中的婴儿，小心翼翼地不敢惊醒他。然后这一家人开车走了，留下杜兰特望着他们离去的方向深思。

常听人说，“心想事成”、“万事如意”。实际情况却常常相反：“心想难以事成。”“不如意事常有八九。”喜怒哀乐本是人之常情，但是如果不加以调节，让不良情绪长期左右自己，就会有损于健康，甚至使人失去生活的信心。

现代心理医学研究表明：人的心理活动和人体的生理功能之间存在着内在联系。良好的情绪状态可以使生理处于最佳状态，反之则会降低或破坏某种功能，引发各种疾病。俗话说：“吃饭欢乐，胜似吃药。”说的就是良好的情绪能促进食欲，有利于消化。心不爽，则气不顺；气不顺，则病易生。难怪有的生理学家把情绪称为“生命的指挥棒”、“健康的寒暑表”。

许多医学专家认为，良好的情绪本身就是良医，人体85%的疾病可以自我控制，只要心情愉快，神经松弛，余下的15%也不全靠医生，病人的情绪和精神状态是个不可忽视的重要因素。

保持一颗平常心，做到仁爱、平静、理智、乐观、豁达，不以物喜，不以己悲，想得开，想得宽，想得远，对名利得失采取超然物外的态度，一切顺其自然，处之泰然。把风风雨雨、飞短流长统统置之脑后。对那些不愉快的事情，要拨开迷雾，化忧为喜。因为不管你遇到什么不顺心、不如意的事，如果整日愁眉不展，不但于事无补，反而有损身心健康。

法国作家大仲马说：“人生是一串用无数小烦恼组成的念珠，乐观的人是笑着数完这串念珠的。”一个人如果能乐观地对待不如意的事，自然会烦恼自消，愁肠自解。

常怀一颗欢喜心，调节好自己的情绪，使好的心情与自己结伴而行，是完全可以做到的。因为情绪是主观对客观的一种感受和体验，是可以自己支配的。人到晚年，调节好自己的情绪，使自己进入洒脱通达的境界，就掌握了生命的主动权，就能感受和体会到生命和生活中的无穷乐趣。

其实，有很多时候是我们自己给快乐设定了障碍，因此，不妨给自己提一个建议：不要为享乐设定先决条件。

不要对自己说："等我赚到1万美元，我才可以好好享乐。"

不要说："等我上了那架飞往巴黎、罗马、维也纳的飞机，我就高兴了。"

不要说："等我到了60岁退休时，我就能躺在安乐椅上享受日光浴……"

享乐不应该有"假如"等等限定条件。

每天的一个基本目标是：你有权自娱，不论你是一位百万富翁或是一个不名一文的流浪汉。

一个脆弱的百万富翁可能会对自己说："如果有人把我的所有积蓄夺去，那就没有人会理我了。"

一个坚强的人可以对自己说："如果债主非得逼我和他捉迷藏不可，那我就借这机会好好活动活动。"

人世间，并非无烦恼就快乐，亦非快乐就没有烦恼。那么人们能否一生都保持愉快的生活呢？请牢记下面 7 条：

（1）承认弱点。人无完人，要承认自己的弱点，乐意接受别人的建议、忠告，并有勇气承认自己需要帮助。

（2）吸取教训。面对失败和挫折应该从中吸取教训，勇往直前。

（3）有正义感。在生活中诚实和富有正义感，朋友们就会乐于帮助你。

（4）能屈能伸。对待人生应处之泰然，人的一生会遇到意想不到的打击或其他不幸，要客观对待、随遇而安。

（5）热心助人。帮助别人，与人关系融洽，自然就会受人尊敬。

（6）宽恕之心。自己受到不平等待遇时，必须宽恕和同情他人。

（7）坚守信念。当你做任何事情时，都必须坚守个人的信念。

然而，快乐有时需要我们自己去寻找、创造。创造快乐可用以下方法。

1. 精神胜利法

这是一种有益身心健康的心理防卫机制。在你的事业、爱情、婚姻不尽如人意时，在你因经济上得不到合理对待而伤感时，在你无端遭到人身攻击或不公正的评价而气恼时，在你因生理缺陷遭到嘲笑而郁郁寡欢时，你不妨用阿Q的精神调适一下失衡的心理，营造一个祥和、豁达、坦然的心理氛围。

2. 难得糊涂法

这是心理环境免遭侵蚀的保护膜。在一些非原则性的问题上“糊涂”一下，无疑能提高心理的承受能力，避免不必要的精神痛楚和心理困惑。有这层保护膜，会使你处乱不惊，遇烦不忧，以恬淡平和的心境对待生活中的各种紧张事件。

3. 随遇而安法

这是心理防卫机制中一种心理的合理反应。培养自己适应各种环境的能力，遇事总能满足，烦恼就少，心理压力就小。古人云：“吃亏是福。”生老病死，天灾人祸都会不期而至，用随遇而安的心境去对待生活，你将拥有一片宁静清新的心灵天地。

4. 幽默人生法

这是调节心理环境的“空调器”。当你受到挫折或处于尴尬紧张的境况时，可用幽默化解困境，维持心态平衡。幽默是人际关系的润滑剂，它能使沉重的心境变得豁达、开朗。

5. 宣泄积郁法

心理学家认为，宣泄是人的一种正常的心理和生理需要。你悲伤忧郁时，不妨与异性朋友倾诉；也可以通过热线电话等向主持人和听众倾诉；也可进行一项你所喜欢的运动；或在空旷的原野上大声喊叫，既能呼吸新鲜空气，又能宣泄积郁。

6. 音乐冥想法

当你出现焦虑、忧郁、紧张等不良心理情绪时，不妨试着做一次“心理按摩”——音乐冥想“维也纳森林”，坐“邮递马车”……

当然，创造快乐不仅仅只有以上方法，重要的是我们在生活中、工作中，要常怀一颗欢喜心。

第七章

心存美好期盼，心想就能事成

想成功，先必须希望成功

人类是自己思想的产物，所以我们应当有高标准，提高自信心，并且执著地相信必能成功，高标准会使你朝高处走。

哈佛大学的一位教授主持了一个有趣的实验，实验对象是三群学生与三群老鼠。

他对第一群学生说："你们很幸运，你们将和天才小白鼠同在一起。这些小白鼠相当聪明，它们会到达迷宫的终点，并且吃许多干酪，所以要多买一些喂它们。"

他告诉第二群学生说："你们的小白鼠只是普通的小白鼠，不太聪明。它们最后还是会到达迷宫的终点的，并且吃一些干酪，但是不要对它们期望大大，它们的能力与智能都很普通。"

他告诉第三群学生说："这些小白鼠是真正的笨蛋。如果它们能找到迷宫的终点，那真是意外。它们的表现或许很差，我想你们甚至不必买干酪，只要在迷宫终点画上干酪就行了。"

以后6个星期，学生们都在精心地从事实验。天才小白鼠就像天才人物一样地行事，它们在短时间内很快就到达了迷宫的终点。你期望从一群"普通小白鼠"那里得到什么结果呢?它们也会到达终点，但是在这个过程中并没有写下任何速度记录。至于那些愚蠢的小白鼠，那更不用说了，它们都有真正的困难，只有一只最后找到迷宫的终点，那可以说是一个明显的意外。

有趣的事情是，根本没有所谓的天才小白鼠和愚蠢小白鼠之分，它们都是同一窝小白鼠中的普通小白鼠。这些小白鼠的成绩之所以不同，是参加实验的学生态度不同而产生的直接结果。简而言之，学生们因为听说小白鼠不同而采取了不同的态度，而不同的态度导致不同的结果。学生们并不懂得小白鼠的语言，但是小白鼠懂得态度，因而态度就是语言。

人生的法则就是信念的法则。在"运气"这个词的前面应该再加上一个词，就是“勇气”。相信运气可支配个人命运的人，总是在等待着什么奇迹的出现。这种人只要他上床稍稍躺一下，就会梦见中了大奖或者是挖到金矿般能突然致富的梦；而那些不这样想的人，就会依据个人心态的趋向为他自己的未来去不断努力。

依赖运气的人们常常满腹牢骚，只是一味地期待着机遇的来临。至于获得成功的人，他觉得唯有信念方能左右命运，因此他只相信自己的信念。

在别人看来不可能的事，如果当事人能从潜在意识去认为“可能”，也就是相信可能做到的话，事情就会按照那个人信念的强度如何，而从潜意识中激发出极大的力量来。这时，即使表面看来不可能的事，也能够做到了。

成功意味着许多美好、积极的事物。成功——成就，就是生命的最终目标。

人人都想希望成功，最实用的成功经验，那就是“坚定不移的信心”。可是真正相信自己的人并不多，结果，真正做到的人也不多。

有时候，你可能会听到这样的话：“光是像阿里巴巴那样喊‘芝麻，开门’，就想使门真的移开，那是根本不可能的。”说这话的人把“信心”和“想象”等同起来了。不错，你无法用“想象”来移动一座山，也无法靠“想象”实现你的目标，但是只要有信心，你就能移动一座山。只要相信你能成功，你就会赢得成功。

关于信心的威力，并没有什么神奇或神秘可言。信心起作用的过程其实很简单：相信“我确实能做到”的态度，产生了能力、技巧与精力这些必备条件，每当你相信“我能做到”时，自然就会想出“如何去做”的方法。

大部分的人可能都认为自己不是个成功的人，而且也认为成功对自己来说是不可能实现的，说不定早已灰心丧气了。的确，成功的人不多，所以你或许是个不幸的人。但真正的事实却是：其实任何人都有成功的机会，只是想不想去获得它而已。因为你早已经放弃想要成功，所以机会就弃你而去。

如果你想自己所做的事业能够成功的话，先必须希望成功，相信会成功。

希望可以无限大

每天给自己一个希望，就不会有时间去抱怨，去悲哀，生命就不会浪费在一些无聊的琐事上。

有位医生素以医术高明享誉医学界，事业蒸蒸日上。但不幸的是，就在某一天，他被诊断患有癌症。这对他不啻当头一棒，他一度情绪低落，但最终他还是接受了这个事实，而且他的心态也变得更宽容，更谦和，更懂得珍惜所拥有的一切。在勤奋工作之余，他从没有放弃与病魔搏斗。就这样，他已平安地度过了好几个年头。有人惊讶于他的事迹，就问他是什么神奇的力量在支撑着他。这位医生笑盈盈地答道："是希望。几乎每天早晨，我都给自己一个希望，希望我能多救治一个病人，希望我的笑容能温暖每个人。"这位医生不但医术高明，做人的境界也很高。

在这个世界上，有许多事情是我们难以预料的。我们不能控制机遇，却可以掌握自己；我们无法预知未来，却可以把握现在；我们不知道自己的生命到底有多长，却可以安排我们现在的生活。

我们左右不了变化无常的天气，却可以调整自己的心情。只要活着，就有希望。

当我们的心中充满坚毅、勇气和信心时，那些束缚限制我们提升自我的因素将不复存在。

我们的生存状态并不能决定这一生的命运，真正决定我们命运的是是否对自己充满了信心，是否对未来的生活充满了希望。当我们以乐观积极的态度面对自己的生存状态时，我们便开启了生命的原始动力。

我们每个人来到这个世界都是被动的，我们无从选择自己的肤色，就如同我们无法选择遗传基因中的聪明与愚笨一样，但我们可以选择对人生的态度。

在美国的纽约，有一个黑肤色的小孩，望着小贩卖的气球，心中觉得很纳闷，于是他就走过去问小贩："叔叔，为什么黑色气球跟其他颜色的气球一样也会升空呢？"

小贩不懂他的意思，就反问说："嘿，小朋友，你为什么要问这个问题？"

黑人小孩回答说："因为在我的印象里，黑人象征着穷、脏、乱和无知。我看到白种人、黄种人甚至印第安人都飞黄腾达，成功致富，过着令人羡慕的生活，可是我从来没有看到一位黑人出人头地。所以当我看到红色气球、黄色气球、白色气球升空，我相信，可是我从来不相信黑色气球也会升空。我刚才真的看到了，它也能升空，所以我想来问问你。"

小贩理解了他的意思，告诉他："啊，小朋友，气球能不能升空，问题并不在于它的颜色，而是里面是不是充满了氢气，只要充满了氢气的话，不管什么颜色的气球都能升空。同样，人也是一样，一个人能不能成功跟他的肤色、性别、种族都没有关系，要看他是不是有勇气和智慧。"

正如这位小贩所说，有一天当我们心里充满了自爱、坚强、勇气、毅力这些乐观因素时，那些束缚我们上升的限制将不复存在。当我们心里充满了悲哀、自卑、自贬、愤世不平等悲观因素时，那些束缚就会成为真的束缚，使我们不但升不起来，还会不断沉沦。

孟子曾这样说："故天将降大任于是人也，必先苦其心志，劳其筋骨，饿其体肤，空乏其身……"

日本邮政大臣野田圣子初涉世时，在东京某个大酒店里刷厕所。上司对她的工作要求是"光洁如新"！

最初，她也苦恼、困惑，想退缩。但后来，在上司的帮助下她战胜了自己，痛下决心：就算一生刷厕所，也要做一名刷厕所中最出色的人！

从那里，她漂亮地迈出了人生的第一步。

永远不要忘了这句话：爱自己，爱自己脚下的土地，哪怕老天放弃了你，你都不要放弃自己，那么，幸福、快乐、成功就是属于你的。

无望的隔壁是希望

弗洛伊德认为人的性格在幼年时期就已经定型，而且会影响人的一生，日后改变的可能性微乎其微。林克却否定了他的这种说法。

林克身为犹太裔心理学家，第二次世界大战期间被关进纳粹集中营，遭遇极其悲惨。他的父母、妻子和兄弟均死于纳粹的魔掌，唯一的亲人只剩下一个妹妹。他本人更是受到严刑拷打，朝不保夕。

有一天，他赤身独处于囚室，忽然之间顿悟，产生了一种全新的感受——日后命名为“人类终极的自由”。当时他只知道这种自由是纳粹德国永远也无法剥夺的。从客观环境上来看，他完全受制于人，但自我意识却是独立的，超脱于肉体束缚之外。他可以自行决定外界的刺激对本身的影响程度。在刺激与反应之间，他发现自己还有选择如何反应的自由与能力。

他在脑海里设想各式各样的情况。譬如，获释后将如何站在讲台上，把在这一段痛苦折磨中学得的宝贵教训，传授给自己的学生。凭着想像与记忆，他不断锻炼自己的意志，直到心灵的自由终于超越了纳粹的禁锢。他的这种超越也感染了其他的囚犯，甚至狱卒。他协助狱友在苦难中找到意义，寻回自尊。处在最恶劣的环境中，林克运用难得的自我意识，发掘了人性中最可贵一面，那就是人有“选择的自由”。这种自由来自人类特有的四种天赋。除了自我意识，我们有“良知”，能明辨是非和善恶；还有“想像力”，能超出现实之外；更有“独立意志”，能够不受外力影响，自行其是。

林克在狱中发现的人性准则，正是我们营造自治自立人生的首要准则——自由意志。自由意志的含义不仅在于采取行动，还代表人必须为自己的行为负责。个人行动取决于人本身，而不是外在环境。理智可以战胜情感，人有能力、也有责任创造有利的外部环境。

当我们对外部自由无能为力时，也不要放弃，要培养自我的心灵自由，将自我引向积极和美好的一面。始终在内心积聚力量，等待时机，最终为自己赢来好的外在环境。

生活总是这个样子，想美好的事情，你就会找到快乐，走向成功；想失意的事情，就会走向失望的深渊。无力面对生活，无力面对失败！

人有选择的力量。选择健康、快乐和幸福，你的潜意识就会接受，并使你成为这样的人；选择做一个健康、快乐、友善的人，整个世界就会跟着反应。

带着善意向往生活

向善，多一点生活的善意，是一种生活的选择，也是一种人生的境界。你日积月累的是阳光，生活自然会充满灿烂。

没有见过那么丑又那么开心的女人。每天黄昏经过小桥，总遇见那木推车，总见那女人坐在车子上，不是怀里搂着她儿子（我断定是她儿子，因为小男孩那副丑相简直就是那女人的翻版），就是被破箱子、破麻袋、草席水桶、饼干盒、汽车轮等大包小包前呼后拥地围着。

那男人（想必是她丈夫）龇牙咧嘴地推着车子，黄褐色的头发湿淋淋地贴在尖尖的头颅上，打着赤膊，夕阳下的皮肤红得发亮，半长不短的裤子松垮垮地吊在屁股上。每次推木推车上桥时，男人的裤子就掉下来，露出半个屁股。

男人都累死了，那胖女人可坐得心安理得，常常还优哉优哉地吃着雪糕呢！又黑又亮又结实得铁棍似的手臂里的小男孩时不时把母亲拿着雪糕的手抓过去咬一口，母子两人在木推车上争着吃，脸上尽是笑，女人笑得眼睛更小、鼻更塌、嘴巴更大。脸上可能搽了粉，黑不黑，白不白，有点灰有点青，粗硬的头发让风吹得在头顶纠成一团，而后面那瘦男人看得那么开心，天天推着木推车，车上的肥老婆天天坐在那儿又吃又喝。

有一次不知怎的，木推车不听话地直往桥头一棵椰子树冲去，男人直着脖子拼命拉，裤子都快全掉下来了，木推车还是向椰子树一头撞去，女人手中的碎冰草莓撒了她跟小男孩一头一脸。我起先咬着嘴唇忍着不敢笑，谁知那男人一手丢了木推车，望着车上的母子俩大笑，女人一边抹去脸上的草莓，一边咒骂，一边跟着笑。看着这一家三口笑得死去活来，我也放怀跟着他们恣意地大笑一场。

唉，管什么男的讲风度，女的讲气质，什么人生的理想，生活的目标，什么经济不景气，借人家一百万元会不会给逼债？这家三口，男人的黄发和木推车以及车上的蛤蜊和黑白仔告诉我，他是捕鱼郎，女人大概是摆地摊的小贩，每天快快乐乐地出海摸摸蛤蜊，快快乐乐地赶集摆地摊，然后跟着夕阳回家。

丑成那样，穷成那样，又有什么关系呢？

当一个人对自己的生命充满了发自内心的感激时，他所散发出来的魅力能让世界上所有的人都感动。

下面再分享一个第二次世界大战后军人的故事：

杰米·杜兰特是上一代的伟大艺人之一。他曾被邀参加一场慰问第二次世界大战退伍军人的演讲，但他告诉邀请单位自己行程很紧，连几分钟也抽不出来，不过假如让他做一段独白，然后马上离开赶赴另一场演讲的话，他愿意参加，安排演讲的负责人欣然同意。

当杰米走到台上，有趣的事发生了。他做完了独白，并没有立刻离开，掌声愈来愈响，他没有离去。他连续演讲了15分钟、20分钟、30分钟，最后，终于鞠躬下台，后台的人拦住他问道："我以为你只讲几分钟哩！怎么回事？"杰米回答："我本打算离开，但我可以让你明白我为何留下，你自己看看第一排的观众便会明白。"

第一排坐着两个士兵，两人均在战争中失去一只手。一个人失去左手，另一个则失去右手。他们正在一起鼓掌，而且拍得又开心，又响亮。

不知朋友你读完这两则故事时是否有一种心灵上的震撼。无论是失去了手的士兵，还是那对又穷又丑的夫妇，他们身上体现了一种对自己的热爱以及对生命的珍惜。这都来自于他们对生命的感激。

那么，如果我们还活着，如果我们还不是特别地穷困潦倒，如果我们还有健全的四肢，我们有什么理由不对生命充满感激呢？

人生快乐也是一辈子，痛苦也是一辈子，那我们为什么不让自己活得快乐乐观一点呢？

生活中，人总是在追求最大的幸福，具体地说，是不断地提高自己的物质生活水平。然而，太多的时候，生活并不是一帆风顺，事事如意。王子和公主的浪漫和幸福只是写在童话里的，那只是人们对美好生活的一种向往。

大部分人误以为金钱是幸福的象征。也许你正羡慕着别人的洋房、洋车以及手里大把大把的钞票。但太多的例子证明，钱并不能使人感到最大程度的幸福。你可以用钱买来舒适的床铺，但买不来良好的睡眠。可以用钱买来高档的化妆品，但买不来美丽。可以用钱买来漂亮的房子，但买不来幸福的家。可以用钱买来昂贵的保健品，但买不来健康。

因此，你无法用金钱买来幸福，幸福不是写在你脸上的，而是自己从心底感觉到的。

有人曾说过，“人之所以幸福，是他的心灵感到幸福。”幸福其实很简单：它是家庭餐桌上的欢歌笑语；是你生病时，亲友一句亲切的问候和祝福；是花前月下情人的牵手漫步；是和心爱的人白头到老。

幸福是一种感觉，它就藏匿在我们生活的空间中，是生活点点滴滴的汇聚。因此，每个人如果都知道乐观积极的态度可以使我们拥有幸福、希望、勇气和力量的话，就应该努力获取我们真正想要得到的东西。

人生是短暂的，如烟花般的短暂炫目，转瞬即逝。快快乐乐是一辈子，愁眉苦脸的生活也要你慢慢走过，那我们为什么不让自己活得轻松而又快乐呢？

当我们选择了轻松快乐，就会觉得整个世界，乃至整个宇宙都在幸福快乐的笼罩之中。

有种感觉叫期待

生活中我们不必总是企求万事如意、好运连连，要知道，生活就如同善变的天气一样，你无法预知会发生什么，随时都会狂风大作，暴雨不断。生活中无论什么击倒了你，你必须能重新整理自己，像一个坚强的勇者，跌倒了再爬起来，去迎接新的挑战。

困难中往往孕育了一种叫希望的东西。

琼斯是一个农民，在美国威斯康星州福特·亚特金逊附近经营一个小农场。他身体很健康，工作也很努力。但是，农场并没有让他发财，但日子还过得下去。可是，有一天，突然间发生了一件事情，使琼斯一下子陷入了困境。琼斯患了全身麻痹症，卧床不起，几乎失去了生活能力。他的亲戚们都确信：他将永远成为一个失去希望、失去幸福的病人。他可能再不会有什么作为了。然而，琼斯确实有了作为。他的作为给他带来了幸福，这种幸福是随他事业的成功和经济的成就而来的。

琼斯用什么方法创造了这种变化呢？他应用了“积极心态”的办法。是的，他的身体是麻痹了，但是他的心理并未受到影响。他能思考，他确实在思考，在计划。有一天他做出了自己的计划。

琼斯积极的心态使他满怀希望，怀抱乐观精神和愉快情绪，把创造性的思考变为现实。他要成为有用的人，他要供养他的家庭，而不要成为家庭的负担。

他把他的计划讲给家人听。“我再不能劳动了，”他说，“如果你们愿意的话，你们每个人都可以代替我的手、足和身体。让我们把农场每一块可耕的地都种上玉米，然后我们养猪，用所收的玉米喂猪。当我们的猪还幼小肉嫩时，我们把它宰掉，做成香肠，然后把香肠包装起来，注册一种商标出售。我们可以在全国各地的零售店出售这种香肠。”他接着说道：“这种香肠可以像热糕点一样出售。”

这种香肠确实像热糕点一样出售了！几年后，名为“琼斯仔猪香肠”的食品竟成了家庭的必备食品，成了最能引起人们食欲的一种食品。

人生不是一帆风顺的，挫折和失败都会不期而遇，幸运和厄运同样令人刻骨铭心难以忘怀。不论我们面临什么，都不要得意忘形或悲观绝望。有些人之所以事业有成，是因为他们在挫折面前没有放弃，而是另辟蹊径，从而走向成功。

琼斯的身体瘫痪了，可他的意志却丝毫没受影响，并且乐观地对待残酷的现实。他利用自己的大脑，然后借用别人的手，依然干出了自己的一番事业。

人生短暂，苦尽才能甘来，然后是平淡、洒脱的人生。只有经历了挫折的重重考验后，你才不会轻易屈服于失败，直视人生的挫折和压力吧，因为它会让我们更加坚强。

对着未来说声“你好”

面对困难时，人一般有两种反应：一种是很在乎；另一种是不在乎。心理素质好的人不会把倒霉当做什么事儿，可心理素质稍微差一些的人就不同了。他们认为上天不公，于是怨天尤人，甚至心怀怨恨，于是以前一个热情的人也会变得冷漠，以前一个善良慈爱的人也会开始生恨。

于是在陌生人问路时，他不会动动嘴，而是不理不睬，或者故意指错方向；马路上有人丢了东西，他看在眼里，绝不会喊他一下；散步时踩到一块石子，不是踢到路边去，而是踢到路中间；单位来了新同事，没有给他一个微笑，而是冷眼欺生；有人遇到倒霉事，他更加不会安慰几句，而是站在一旁幸灾乐祸；有人做了好事，他也不满，全是一股嫉妒之心；等等。

倒霉之后，是保持正常的心态，还是带着恶意去生活，其实是一个态度的选择，而且是一种很重要的选择，每个人都绕不过去。选择善意的人心情是明朗的、愉快的、坦荡的、温馨的；选择恶意的人，心情常常是阴暗的、烦躁的、猥琐的。这种善说不上大善，这种恶说不上大恶。但日积月累着善意和恶意，却会使人发生质的分化。向善会使人升华为高尚，向恶会使人堕落为卑劣。向善的人会生活平静，一步步走向成功；向恶的人会事事觉得不顺，一步步走向失意。比如生活中，最讨厌也最常见的“长舌妇”或“长舌男”，几乎每个单位都会有。仔细观察一下，我们会惊讶地发现，这些人几乎无一例外都是些生活中的失意者。一个家庭幸福、工作顺利的人，一般不会做这种事。这类人不做正经事或者做不了正经事，就无事生非，平日连看人的眼神都不对，鬼鬼祟祟、伸头探脑，打探人的隐私，散布一些流言，今天捣鼓张三，明天捣鼓李四，人见人怕，还自以为得意。但如果把精力放在这上头，就说明他或她的日子已经不妙了。一个在生活中被人害怕的人，肯定是一个被孤立的人，在别人心里又是最没有分量的人，当然会被人轻视。被人轻视又会造成他更大的失落和不如意。如此恶性循环，终至变态扭曲，狂躁不安，把自己弄得灰头土脸。这种人既不会有家庭幸福，也不可能享受到同事朋友间的友谊，事业也难有所成。

人生如浩瀚神秘的大海，时而风平浪静，一碧万顷；时而狂飙怒号，浊浪裂岸。

人生如变幻莫测的天空，瞬息阳光挥洒，白云悠扬，彩虹飞架；瞬息乌云密布，电闪雷鸣，风狂雨暴。

人生如一支优美动听的乐曲，一段高昂激荡，震天动地，促人警醒；一段浑厚低沉，婉转回肠，催人泪下。

人生如四季，春天鸟语花香，生机勃勃；夏天水清叶绿，骄阳似火；秋天金黄灿烂，馨香浓郁；冬天银装素裹，深沉睿智。

人生有喜有悲、有聚有散、有乐有苦、有得有失、有沉有浮、有爱有恨、有生有死。

为人夫者有丈夫的甜蜜和苦衷，为人妻者有妻子的幸福和辛酸，做父母的有父母的自慰和艰辛，做儿女的有儿女的骄傲和屈懑。从政者有官场上的得意和危机，经商者有商海的亨运和风险，农耕者有田园的安逸和艰难，治学者有纸墨的雅趣和清贫。

人生得意时，不可欣喜若狂，目空一切；人生失意时，切忌长吁短叹，自暴自弃。人生得意时，要珍惜生活，清醒头脑，不管别人阿谀奉承还是献媚恭维；人生失意时，要热爱生活，振作精神，不管别人指手画脚还是热讽冷嘲。

也许一个梦难圆，一个理想未能实现。来一次开怀畅饮，对月长歌又何妨？

笑对人生——相信生活不会亏待每一位热爱她的人。

勉励自己关怀社会，有太多事情需要我们出手帮忙。很多人对人不尊重、对事不负责、对自己不要求、对物不珍惜、对神不感恩、遇到挫折情绪就翻腾——这是拿情绪惩罚自己、拿错误惩罚别人。告诉自己，挫折只是一件事，不能占据你的心，否则就是把快乐拒于门外；相对的，满心的快乐，挫折就进不来。

一张笑脸，一个真挚的眼神，一句知心的话，都会给处于困境中的人以莫大慰藉，以融化他们心中的坚冰，鼓起生活的希望，增强生活的信心，让漂泊在黑暗之中的心灵小舟找到停泊点。敞开你的心扉，微笑面对生活，用一颗心去拥抱生活。

别着急，总会幸运的

美国宾夕法尼亚州匹兹堡市有一个女人，她已经34岁了，过着平静、舒适的中产阶层的家庭生活。但是，她突然连遭四重挫折的打击。丈夫在一次事故中丧生，留下两个小孩。没过多久，一个女儿被烤面包的油脂烫伤了脸，医生告诉她孩子脸上的伤疤终生难消，母亲为此伤透了心。她在一家小商店找了份工作，可没过多久，这家商店就关门倒闭了。丈夫给她留下一份小额保险，但是她耽误了最后一次保费的续交期，因此保险公司拒绝支付保费。

碰到一连串不幸事件后，女人近于绝望。她左思右想，为了自救，她决定再做一次努力，尽力拿到保险补偿。在此之前，她一直与保险公司的下级员工打交道。当她想面见经理时，一位多管闲事的接待员告诉她经理出去了。她站在办公室门口无所适从，就在这时，接待员离开了办公桌。机遇来了。她毫不犹豫地走进里面的办公室，结果看见经理独自一人在那里。经理很有礼貌地问候了她。她受到了鼓励，沉着镇静地讲述了索赔时碰到的难题。经理派人取来她的档案，经过再三思索，决定应当以德为先，给予赔偿，虽然从法律上讲公司没有承担赔偿的义务。工作人员按照经理的决定为她办了赔偿手续。

但是，由此引发的好运并没有到此中止。经理尚未结婚，对这位年轻寡妇一见倾心。他给她打了电话，几星期后，他为寡妇推荐了一位医生，医生为她的女儿治好了病，脸上的伤疤被清除干净；经理通过在一家大百货公司工作的朋友给寡妇安排了一份工作，这份工作比以前那份工作好多了。不久，经理向她求婚。几个月后，他们结为夫妻，而且婚姻生活相当美满。

挫折不会长久延续下去。有位名人说过“没有永久的幸运，也没有永久的不幸”，这个例子足以映证这句名言。挫折虽然令人忧愁，令人不快，甚至给人不断的打击，但挫折的一个“致命弱点”是它不会持久存在。

所以，那些接二连三地遇到倒霉事件，哀叹自己“倒霉透顶”的人，一定要相信——迟早一天自己会转运。

心中有尊笑面佛

常在商店中见到一尊佛像，但这尊佛像与其他的佛像大异其趣。他光着大肚皮坐卧于地，咧嘴露牙地捧腹大笑，看起来特别具有亲和力及喜悦感。他便是“大肚能容，了却人间多少事；满腔欢喜，笑开天下古今愁”的弥勒佛。

弥勒佛之所以令人敬服的，就在于他的“豁达大度”。一件事有许多角度，如有好的一面，亦有坏的一面；有乐观的一面，亦有悲观的一面。就好比一个碗缺了个角，乍看之下，好似不能再用；若肯转个角度来看，你将发现，那个碗的其他地方都是好的，还是可以用的。若凡事皆能往好的、乐观的方向看，必将会希望无穷；反之，一味地往坏的、悲观的方向看，定觉兴致索然。

我们生活中所遇到的每个问题都会在某个时间，由某个人，用某种方法给予解答。

在这个科技不断发展、竞争白热化的时代，我们每个人随时都将面临被淘汰的结果。经济危机、就业危机使我们中的一部分人陷入了无限的焦虑，甚至是恐惧，这种情绪对我们心理施加了压力，进而导致了我们悲观绝望的心态。我们应当努力克服它，学会在黑暗中寻找光明。

生活中失败和挫折是难免的，问题的关键是当挫折和失败来临时，我们应该仔细地分析它，进而得到解决问题的方法。千万不要放大挫折，它未必是我们想象的那样糟，更不要把失败归结于命运，认为所有的挫折都是冥冥之中注定的。这样的话，在困难面前，我们会失去主动权而变得被动。

下面我们一起分享一个化阻力为动力的故事：

在美国的一个小镇，有一位在市场上卖香蕉的小贩，由于他人缘特别好，再加上他所卖的香蕉品质上乘，所以生意一直非常好。有一天，在市场的一个角落突然冒出了火苗，并四处燃烧起来，还好，消防车来得快，很快地把火扑灭了，所以火苗并没有烧到这位卖香蕉小贩的摊位。但是由于温度过高，隔了没多久那些香蕉的表皮上全都长满了一些黑色的小斑点，虽然肉质并没有变坏，但是看起来总是不雅，谁还会买来吃呢？

小贩眼看着就要亏本，心中十分懊恼，问题既然发生了，总是要解决的，他相信一定会有办法，所以就趁市场重新整修之际，他换了个地方继续卖香蕉，而原来那批有黑点的香蕉他想了一个法子来促销，结果竟然还销售一空了。

原来当他一筹莫展望着香蕉的时候，突然灵感闪现，他想香蕉上长满了黑色小斑点，远远看去就好像芝麻撒在香蕉上一样，既然如此，为什么不给它取个“芝麻蕉”的新名称，结果引起了大家的好奇，大家相信这种香蕉一定是更香更甜，味更美，所以争相购买，成了畅销品。

通过这个故事。不知你是否悟出这样一个道理：当我们在困境中如果能保持乐观的想法，那么，我们终究会获得解决困境的方法。如果我们只盯着当时不好的局面，让困惑笼罩，我们的问题不但不会得到解决，反而会更加恶化。当我们为没有鞋穿而苦恼时，有人已失去了脚；当我们为没有脚而痛苦时，也许有人连生命都失去了。

孩子只有3岁，晚餐时，每每执着汤匙要“自己来”，但次次皆被母亲夺走，而母亲通常的回答是：“你还不会。”后来，孩子竟改口道：“你帮我。”由此可见，孩子的热情被一而再、再而三地浇灭后，便容易产生依赖性。久而久之，将变成一个怕做错事而受嘲骂、缺乏自信的人，等到将来长大，自然会畏畏缩缩，没有勇气尝试突破困境。

凡事往好的方面想，自然会心胸宽大，也较能容纳别人的意见。宽大的心胸，不但可以使人由别的角度去看事情，更能使自己过着其乐自得的日子。

我们应该效法弥勒佛笑口常开的个性，并学习他用积极开朗的态度去解决一切问题。在这充满争斗的繁华世界之中，唯有以最自然无争的态度，并处处流露服务他人的意念，才能散发人性至真、至善、至美的光明面。

西谚有云：“当你笑时，全世界都跟着你笑，当你哭泣时，只有你一人哭泣。”日谚有云：“笑门福来。”如果你想要福气的话，在每天出门时就多练习笑容吧！

第八章

左手信念力，右手正能量

借着信心试试看

有两个人同时到医院去看病，并且分别拍了X光片，其中一个原本就生了大病，得了癌症，另一个只是做例行的健康检查。

但是由于医生取错了照片，结果给了他们相反的诊断，那一位病况不佳的人，听到身体已恢复，满心欢喜，经过一段时间的调养，居然真的完全康复了。

而另一位本来没病的人，经过医生的宣判，内心起了很大的恐惧，整天焦虑不安，失去了生存的勇气，意志消沉，抵抗力也跟着减弱，结果还真的生了重病。

看到这则故事，真的是哭笑不得，因心理压力而被医生诊出“重病”的人是该怨医生呢还是怨自己？乌斯蒂诺夫曾经说过：“自认命中注定逃不出心灵监狱的人，会把布置牢房当做唯一的工作。”以为自己得了癌症，于是便陷入不治之症的恐慌中，脑子里考虑更多的是“后事”，哪里还有心思寻开心，结果被自己打败。而真的癌症患者却用乐观的力量战胜了疾病，战胜了自己。

更多的时候，人们不是败给外界，而是败给自己。俗话说：“哀莫大于心死。”绝望和悲观是死亡的代名词，只有挑战自我，永不言败者才是人生最大的赢家。

战胜自己就是最大的胜利。与其说是战胜了疾病，不如说是战胜了自己。工作不顺利时，我们常常会找种种借口，认为是领导故意刁难，把不可能完成的工作交给自己；认为最近健康状况欠佳，才导致效率不高……心想偷懒，却把偷懒理由正当化，总认为期限还有3天，明天、后天拼一下，今天不妨放松一下。

实际上，战胜困难要比打败自己相对容易，所以有人说：“我”是自己最大的敌人。战胜自己靠的是信心，人有了信心就会产生力量。人与人之间，弱者与强者之间，成功与失败之间最大的差异就在于意志力量的差异。人一旦有了意志的力量，就能战胜自身的各种弱点。

我国游泳教练张健用50个小时横渡渤海海峡成功，成为世界上第一个连续游泳超过100千米的人。然而，在这成功的背后，却隐藏着失败的危机，张健在游至中程时曾有过放弃的想法。

前几年报道说，世界上著名的游泳健将弗洛伦丝·查德威克在第一次从卡得林那岛游向加利福尼亚海湾时，见前面大雾茫茫，便放弃了挑战，而此时距岸仅1海里。很显然，他并不是不具备能力，而是心理出了问题。

全力以赴的满足你知道

学一门知识或做一件事情，只满足于自己想学好做好，是学不好也做不好的，要有溺水者求生一样的强烈欲望，你才能把自身潜力发挥到极致。

一位猎人带着他的猎狗外出打猎。猎人开了一枪，打中了一只野兔的腿。猎人放狗去追。过了很长时间，狗空着嘴回来了。猎人问："兔子呢？"狗"汪汪汪"地叫了几声，主人听懂了，意思是"我已经尽心尽力了，可还是让狡猾的兔子逃脱了"。

那只野兔回到洞穴，家人问它："你伤了一条腿，那条狗又尽心尽力地追，你是怎么跑回来的？"

野兔说："狗是尽心尽力，而我是竭尽全力!"

"尽心尽力"和"竭尽全力"，其区别在于，让自己发挥能力和让自己的潜能充分燃烧，它们所散发出来的能量是大不一样的。我们无论做任何事情，只是尽心尽力还远远不够，这样你最多比别人干得好一点，却无法从平庸的层次跳出来。只有竭尽全力，发挥出别人双倍的能量，你才会有优秀的表现。

在一次英语讲座中，一位听者问讲演者："现在，《疯狂英语》在各高校相当流行，你能谈谈对《疯狂英语》的看法吗？"讲演者笑着答道："《疯狂英语》我也看过，我并不想具体地评论这本书的优缺点，但是我要告诉大家《疯狂英语》好就好在‘疯狂’二字上。要想学会英语，先理解‘疯狂’二字，是让自己‘疯狂’起来，疯狂地去学它，这样你才能有一定的收效。如果你在学习英语时能投入一股疯狂的劲，无论什么书你都一样能学好。”

听了这段话，我们应有所感悟：无论我们做什么，还是学什么，只要让自己的潜能燃烧起来，疯狂地去做，去学，这个世界上没有什么是我们学不会、做不成的。

俗话说得好：天不负人。你付出多少，便会得到多少回报。因此，不要埋怨生活，不要哀叹命运，你尽了最大的努力，生活就会给你最丰厚的回报!

1946年，年轻的吉米·卡特从海军学院毕业后，遇到了当时的海军上将里·科费将军。将军让他随便说几件自认为比较得意的事情。于是，踌躇满志的吉米·卡特得意洋洋地谈起了自己在海军学院毕业时的成绩：“在全校820名毕业生中，我名列第58名。”他满以为将军听了会夸奖他，孰料，里·科费将军不但没有夸奖他，反而问道：“你为什么不是第1名？你尽自己最大努力了吗？”这句话使吉米·卡特惊愕不已，很长时间答不上话来。

但他却牢牢地记住了将军这句话，并将它作为座右铭，时时激励和告诫自己要不断进取，永不自满和松懈，尽最大努力做好每一件事情。最后，他以自己坚韧不拔的毅力和永远进取的精神登上了权力顶峰，他成了美国第39任总统!卸任后，吉米·卡特在撰写回忆录时，曾将这句话作为标题：《你尽最大努力了吗？》。

在生活中，我们经常听到这样的话：“我觉得自己已经尽了最大的努力，可惜结果却很令人失望。”说这话的人，是否真的尽了最大的努力呢？未必!他们把做得有点累视为尽了全力，其实还远远未能充分发挥潜力；或者一曝十寒，并未时时努力。

正如台湾大企业家王永庆所说：“天下的事情没有轻轻松松、舒舒服服让你获得的。凡事一定要经过苦心的追求经验，才能真正了解其中的奥秘而有所收获。”他又说：“有压力感，觉得还不够好，做出苦味来才会不断进步，一放松就不行了。”

事实正是如此，只是感到有一定压力，并不等于竭尽全力，“做出苦味来”，才说明你已努力到十分。

在这个世界上，没有谁会轻易成功，在成功的背后总是隐含着许多感人的故事。每一个故事都是以汗水乃至鲜血为基本色调。你必须逼出自己的全部能量，然后才能心想事成。

你无权轻视自己

自信是做大事者所必须具备的素质。自信是一种感觉，有了这种感觉，人们才能怀着坚定的信心和希望，开始伟大而又光荣的事业。如果你充满自信，就不能等待别人来发现、来了解，应该积极地表现自我。

只有那些对自己具有充分信心的人才敢于对各种人生险境进行挑战，在你心中燃烧自信火花的秘诀在于“仔细观察你的潜能所在，然后慢慢地在那个领域里求索”。

爱因斯坦小时候是个十分贪玩的孩子，他的母亲常常为此忧心忡忡，再三的告诫对他来讲如同耳边风。直到16岁的那年秋天，一天上午，父亲将正要去河边钓鱼的爱因斯坦拦住，并给他讲了一个故事，正是这个故事改变了爱因斯坦的一生。

“昨天”，爱因斯坦父亲说，“我和咱们的邻居杰克大叔去清扫南边工厂的一个大烟囱。那烟囱只有踩着里边的钢筋踏梯才能上去。你杰克大叔在前面，我在后面。我们抓着扶手，一阶一阶地终于爬上去了。下来时，你杰克大叔依旧走在前面，我还是跟在他的后面。后来，钻出烟囱，我们发现了一个奇怪的事情：你杰克大叔的后背、脸上全都被烟囱里的烟灰蹭黑了，而我身上竟连一点烟灰也没有。”

爱因斯坦的父亲继续微笑着说：“我看见你杰克大叔的模样，心想我肯定和他一样，脸脏得像个小丑，于是我就到附近的小河里去洗了又洗。而你杰克大叔呢，他看见我钻出烟囱时干干净净的，就以为他也和我一样干净呢，于是就只草草洗了洗手就大模大样上街了。结果，街上的人都笑痛了肚子，还以为你杰克大叔是个疯子呢。”

爱因斯坦听罢，忍不住和父亲一起大笑起来。父亲笑完了，郑重地对他说：“其实，别人谁也不能作你的镜子，只有自己才是自己的镜子。拿别人作镜子，白痴或许会把自己照成天才的。”

爱因斯坦听了，顿时满脸愧色。从那以后，爱因斯坦逐渐离开了那群顽皮的孩子。他时时用自己作镜子来审视和映照自己，终于映照出了他生命的独特光辉。

遗传学告诉我们，每个人都是自然界伟大的奇迹，以前既没有像我们一样的人，以后也不会有。因此，我们要保持自己的本色，这是激发潜能的重要通道，也是最大化自信的源泉，更是实现人生价值的必由之路。

人要改变自己，就需要时时处处充满自信。既要在自己内心里相信自己，也要在公众面前表现出这种自信心。

对任何想成功的人来说，自信心肯定是装备清单上最重要的东西。如果一个公司的老板对于走哪条道路拿不定主意，会对公司上上下下的所有人都产生影响。

有个品牌叫做“我”

世界上没有两片完全相同的树叶，人也是这样，每个人都是上帝的宠儿，都是独一无二的，所以我们应该相信自己。

我们每个人在世界上都是不可替代的。从生理学上说，每个人都有与众不同的特征，包含DNA、指纹等。从社会学上讲，每个人的社会关系也是与众不同的。所以这个社会离不开每个人，所以我们应该自信，只有自信才能自强，只有自强才能演好自己的角色，不管是主角还是配角。

自信的人，不会自卑，不会贬低自己，也不会把自己交给别人去评判。

自信的人，不会逃避现实，不做生活的弱者，他们会主动出击，迎接挑战，演绎精彩人生。

自信的人，不会跟自己过不去，只会鼓励自己。他们会既承担责任，又缓解压力，他们会在生活的道路上游刃有余，笑看输赢得失。

自信是一种心理状态，可以通过自我暗示培养起来。如果通过反复不断地确认，觉得相信自己会得到自己想要的东西，然后传递到潜意识思维里面去，它就会带来这样的成功，因为它的主要任务就是让你实现自己想得到的人生目标。积极的自我暗示，意味着自我激发，它是一种内在的火种，一种流动快捷的自我肯定；它可以使我们的心灵欢唱，建立自信，走向成功。

自我暗示的方法很多，每个人遇到的压力不同，自我暗示的方法也不会相同。具有东方艾柯卡之称的秒目志郎曾提出达到自我暗示的六个条件：

（1）经常输入伟人的事情。把自己推崇的伟人的资料输入自己的大脑，经常用他们奋斗的精神来激励自己。

（2）相信语言的力量。经常用一些诸如“我能行”、“我一定能渡过难关”之类的话语来激励自己，增加自信。

（3）了解重复的重要性。连续不断地重复，不但内心深处能相信可能性，也会让自己排除压力，充满自信。

（4）保持强烈的欲望。若有很强的欲望，则会为了要实行的目标而付诸行动，纵使有障碍物，也绝不改变目标。不改变目标，则会改变超越障碍的方法。

（5）决定终点线。量化目标，让自己经常品尝成功的喜悦，能有效增强自信。

（6）设定预想的困难。事先把困难考虑到，当真的障碍物横亘面前时，便不会气馁、灰心，即使受到挫折，因为事先心理有准备，也不会轻易放弃。

有一位姑娘，在一家旅馆工作，负责旅客的住房登记。不知什么时候，姑娘染上一个毛病，当着众人写字手就发抖，抖得或者把字写得一塌糊涂，或者干脆就写不下去了。姑娘的手写字抖动的程度是分人的，遇到比她文化程度高的人，如大学生、研究生，她心里一有自卑感时，手就抖得格外厉害；反之，遇到文化程度不如她的（她是高中毕业），她则有了“自信”，此时再写字就轻松自如多了。

为了克服消极、否定的态度，我们应该试着采取积极、肯定的态度。如果自认为不行，身边的事也抛下不管，情况就会渐渐变得如自己所想的一样。缺乏自信时，我们更应该给自己打气。

日本战国时代，有一个茶道专家很喜欢装扮成武士。没想到，在街上却碰到了一个真正的武士，专家看到真正的武士走来，心虚得连忙低下头，快速地从武士身旁走过。

武士看到专家惊慌的样子，心想他一定是冒牌武士，于是就对专家说：“别走，我要和你决斗。”

专家心想，如果跟真正的武士比武，那自己一定会死在武士的刀下，但是自己是一个有名的茶道专家，绝不能死得太难看。于是，便对武士说：“我有一件很重要的事要去办，等办完了这件事，我再来跟你决斗。”

武士答应了他的要求。这位茶道专家找了一位剑道师父说：“我是一个茶道专家，根本不会剑术，所以我一定会被杀死的，但是我希望至少能死得像个一流的茶道专家。”

剑道师父听完专家的话，对他说：“我可以教你，可是，你要先泡一壶茶给我喝。”专家想到，这可能是他这辈子最后一次泡茶了，于是用了他毕生所学，泡了一壶茶给剑道师父喝。师父喝了之后非常感动，直说这是他这一生喝过的最好喝的茶。

这时，剑道师父告诉专家说：“你去决斗的时候，保持你泡茶的样子就可以了，因为这是你最优美的姿势。”专家听了剑道师父的建议之后，面对武士时便不再心虚了，并且将本身的尊严全部发挥出来。

武士看到茶道专家的气势时大受震慑，便要求中止两人的决斗。

故事中的茶道专家因为对自己的专业产生了信心，所以才能不战而屈人之兵，以他的自信慑退了对手。生活中，我们每个人都有自己所专长的东西，只要拥有自己在专长上的信心，去工作，去学习，去处理各种事务，效果一定会有很大的不同。

相信自己，别人才会相信你

坚持到最后是比较困难的。世界上成功者微乎甚微，平庸者多如牛毛就是最好的说明。成功的秘诀就是如此简单。因为在这个世界上，真正的失败只有一个，那就是彻底放弃，而真正相信自己的人是永远不会放弃努力的。

列御寇是古代一位射箭能手，他箭术高超，传说他的箭法百发百中，非常精确，在当时无人能及。

伯昏无人也听说列御寇是位射箭高手，但他并未亲眼见过，也不知道列御寇除了是位射箭高手之外有无别的过人之处。于是为了了解列御寇其人，有一天，伯昏无人就邀请列御寇来他的练箭场来表演箭术，同时邀请了很多当时很有威望的人一同参加。

列御寇如期而至，寒暄一番之后，在座的客人都要求列御寇表演他高超的箭术，伯昏无人也对列御寇说道："今天大家来都是想欣赏你的箭术的，你就露两手吧。"于是列御寇换了身装束，拿出弓箭。他先表演了百步射靶，果然每一箭都正中靶心，非常精确。在座的客人都非常敬佩，纷纷拍手称好，但伯昏无人并未表示什么。

列御寇为了显示自己射箭不但精准而且稳如泰山，于是吩咐手下取了一满碗水，大家都在疑惑是否列御寇口渴要喝水时，他又拉满了弓，然后让人把碗放在自己的手腕上开始射箭。射完一箭又一箭，一箭连着一箭地射，每次箭头都射进了靶心，由于射得多了，以至于箭在靶上竟然重叠了起来，一只箭射出时，另一只箭又放在了弓弦上。这时的列御寇却丝毫未动，面无表情，专心致志地射箭，远远看去就好像一座雕塑一样。再看他手腕上碗中的水，竟一滴都没有洒出来。看到这里，在场的人先是目瞪口呆，紧接着就是一片欢呼，叫好声不断。

本以为伯昏无人会大加赞扬，谁知他却说道："你的表演非常精彩，这一点我非常敬佩。但你这只是在平常状态下射箭的箭法，我们大家并不能从中看出你的真本领。”列御寇心有不服地反驳道：“那么什么状态下才能显示出真正的本领呢？”伯昏无人笑笑说：“很简单，我们不在这里射箭了，我们去到最高的山峰，走过悬崖峭壁，面对着百仞深渊，在那种状态下，如果你还能射得准的话，那才是真本事啊！”列御寇同意了。

于是，一行人来到了高山，途中一些客人因害怕劳累回去了。当他们走过悬崖峭壁时又有一些人畏高而退却了。再往前走时，除了伯昏无人和列御寇之外，已经没有几个客人了。终于临近了百仞深渊，这时列御寇拉弓就要射，伯昏无人说道：“不要着急，我们还没到。”跟着来的几位客人都远远地站在后面不敢往前一步，而列御寇虽说跟着伯昏无人临近深渊，但其实也已非常勉强了。再看伯昏无人，只见他从容不迫地背对着百仞深渊倒退着一步一步地走了过去，每走一步都是那么坚定和自信，从不回头看一眼，直到自己的脚跟已经差不多有两分悬空于悬崖外时，他向列御寇招手示意他往前走，并说这里才是射箭的地方。而此时的列御寇全然没有练箭场上的威风和镇定了，他已经吓得站不住了，匍匐在地上，汗水从头顶直流到脚跟，而且再也不敢朝悬崖这边多看一眼了。

于是，伯昏无人走了回来说道：“最高超的人，能够上窥青天，下潜黄泉，奔放到极远的地方而神色不变。现在你恐惧之情表露在眼目之中，可见你的内心实在是不坚强啊！”

列御寇虽有精湛的射技，但在临危之时因为缺乏足够的自信却不能发挥正常水平了。

任何高超技艺的发挥，都不单纯依靠技巧的娴熟，还要看当时外界环境的影响。当外界环境发生变化时，除高超的技巧外，优良的心理素质，对自己的足够的自信就起着十分重要的作用了。

因而，人们除了掌握精湛的技艺外，还必须具备临危不惧的气魄和坚定的自信心，只有这样才能在任何情况下都能发挥最好的水平。当然，我们也可以从中悟出这样一个道理：只有自信的性格才能够让我们拯救自己。

成功，你也可以的

一个人的成就不会超出他自信所能达到的高度。

据说拿破仑亲率军队作战时，同是一支军队的战斗力，便会增强一倍。原来，军队的战斗力在很大程度上基于兵士们对统帅的敬仰和信心。如果拿破仑在率领军队越过阿尔卑斯山的时候，只是坐着说：“这件事太困难了。”毫无疑问，拿破仑的军队不会越过那座高山。拿破仑的自信和坚强，使他统帅的每个士兵增加了战斗力。所以，无论做什么事，坚定不移的自信，都是达到成功所必需的和最重要的因素。

有一次，一个士兵快马加鞭给拿破仑送信，由于马跑得太快，在到达目的地之前猛跌了一跤，那马就此一命呜呼。拿破仑接到了信后，立刻写封回信，交给那个士兵，吩咐士兵骑自己的马，把回信送去。

那个士兵看到那匹强壮的骏马，身上装饰无比华丽，便对拿破仑说：“华美强壮的骏马不配给我这样下等的士兵享用”。拿破仑回答道：“世上没有一样东西，是法兰西士兵所不配享有的。”

生活中到处都有像这个法国士兵一样的人。他们以为自己的地位太低微，别人所拥有的种种幸福，自己不会拥有，也不配享有。而正是处于这种心理，他们往往不求上进、自甘平庸，渐渐地也就真的不配享有他们永远不会拥有的东西。

一对老夫妇省吃俭用地将 4 个孩子抚养长大。岁月匆匆，他们结婚已有50年了，拥有极佳收入的孩子们，正秘密商议着要送给父母什么样的金婚礼物。

由于老夫妇喜欢携手到海边享受夕阳余晖，孩子们决定送给父母最豪华的爱之船旅游航程，好让老夫妇尽情徜徉于大海的旖旎风情之中。

老夫妇带着头等舱的船票登上豪华游轮，可以容纳数千人的大船令他们赞叹不已。而船上更有游泳池、豪华夜总会、电影院等，真令他们俩感到惊喜无限。

美中不足的是，各项豪华设备的费用皆十分昂贵，节俭的老夫妇盘算自己不多的旅费，细想之下，实在舍不得轻易去消费。他们只得在头等舱中安享五星级的套房设备，或流连在甲板上，欣赏海面的风光。

幸好他们怕船上伙食不合胃口，随身带着一箱方便面，既然吃不起船上豪华餐厅的精致餐饮，只好以方便面充饥，间或想变换口味吃吃西餐，便到船上的商店买些西点面包和牛奶。

到了航程的最后一夜，老先生想想，若回到家后，亲友邻居问起船上餐饮如何，自己竟答不上来，也是说不过去。和太太商量后，老先生索性狠下心来，决定在晚餐时间到船上餐厅用餐，反正是最后一餐，明天即是航程的终点，也不怕宠坏了自己。

在音乐及烛光的烘托之下，欢度金婚纪念的老夫妇仿佛回到初恋时的快乐。在举杯畅饮的笑声中，用餐时间已近尾声，老先生意犹未尽地招来侍者结账。

侍者很有礼貌地请问老先生："能不能让我看一看你的船票？"

老先生闻言不由得生气："我又不是偷渡上船的，吃顿饭还得看船票？"嘟囔中，他拿出船票了。

侍者接过船票，拿出笔来，在船票背面的许多空格中划去一格。同时惊讶地问："老先生，你上船以后，从未消费过吗？"

老先生更是生气："我消不消费，关你什么事？"

侍者耐心地将船票递过去，解释道："这是头等舱的船票，航程中船上所有的消费项目，包括餐饮、夜总会以及其他活动，都已经包括在船票内，您每次消费只需出示船票，由我们在背后空格注销即可。老先生您？"

老夫妇想起航程中每天所吃的方便面，而明天即将下船，不禁相对默然。

我们是否曾经想过，在我们来到世界的那一刻，上天已经将最好的头等舱船票交给了我们。是的，我们可以在物质上、心灵上，完全可以享有最豪华的待遇，只要我们愿意出示船票。更重要的是，千万不要浪费了本来属于我们的头等舱船票。

当然也有许多人在他的一生，只是过着犹如借方便面充饥一般的生活。这并非是他们应有的船票，但他们未曾想到去使用，或根本不知道船票的价值。

因此，人人都可以过上自己想要的生活，只要你对自己充满自信，相信自己的能力与价值，生活的每一天都将会是“头等舱”。

干吗要自卑

在美国有个人，相貌极丑，街上行人都要掉头对他多看一眼。他从不修饰，到死都不在乎衣着。窄窄的黑裤子，伞套似的上衣，加上高顶窄边的大礼帽，仿佛要故意衬托出他那瘦长条的个子，走路姿势难看，双手晃来荡去。

他是小地方出生的人，尽管后来身居高职，但直到临终，举止仍是老样子，仍然不穿外衣就去开门，不戴手套就去歌剧院，总是讲不得体的笑话，往往在公众场合忽然忧郁起来，不言不语。无论在什么地方——在法院、讲坛、国会、农庄，甚至于他自己家里——他处处都显得格格不入。

他不但出身贫贱，而且身世蒙羞，母亲是私生子，他一生都对这些非常敏感。

没人出身比他更低，但也没有人比他升得更高。

他后来任美国总统，这个人就是林肯。

一个人有这么多的弱点而不去克服，难道也能得到像林肯那样的成就？

其实，林肯并不是用每一个长处抵每一个短处以求补偿，而是凭伟大的睿智与情操，使自己凌驾于自己的一切短处之上，置身于更高的境界。只在一个方面，就是通过教育，来补偿自己的不足。他用拼命自修的方法来克服早期的障碍。他非常孤陋寡闻，在20岁以前听牧师布道，他们都说地球是扁的。他在烛光、灯光和火光前读书，读得眼球在眼眶里越陷越深，眼看知识无涯而自己所知有限，总是感觉沮丧。他填写国会议员履历，在教育一项下填的竟然是：“有缺点。”

林肯的一生不是沉浸在自卑中，而是对一切他所缺乏方面的全面补偿。他不求名利地位，不求婚姻美满，集中全力以求达到自己心中更高的目标，他渴望把他的独特思想与崇高人格里的一切优点奉献出来，造福人类。

自卑会控制你的生活，在你有所决定、有所取舍的时候，去抹杀你的勇气与胆略。如果你由于自卑的打击，在忧郁的泥潭中越陷越深且无力自拔，结果沉沦于心灰意冷的“自卑情结”，那你最终也难以获得令人满意的结局。我们需要正视自卑的存在，不退缩，不蛮干，尽力克服，努力超越。

没有自信的人生，不仅在精神上存在懦弱、迷茫、疑惑和拘谨等许多缺陷，而且在实际行为上，亦裹足不前，痛失机遇。

缺乏自信常常是性格软弱和事业不能成功的主要原因。一个人如果自惭形秽，那他就不会变成一个形象上佳的人。同样，如果他不相信自己的能力，那他就很难成为一个有能力的人。

许多人都过分关心外界的环境因素，处处表现得小心翼翼，以至于轻易地否定了自己。试想，你都没认可自己而自贬身价，别人又如何能认为你有价值呢？一个人如果陷入了自卑的泥潭，他能找到一万个理由说服自己不如别人。比如：“我个子矮、我长得黑、我眼睛小、我不苗条、我家里条件不好、我学历不够等。”一个人如果陷入了自卑，在人际交往中除了封闭自己以外，还有可能会低三下四。

由于自卑而焦虑，于是注意力分散了，从而破坏了自己的成功，即失败—自卑—焦虑—分散注意力—失败，这就是自卑者自己制造的恶性循环。

第九章

用乐观的心态踏平坎坷

有效率的乐观主义

古时候有这样一个笑话：一人从集市上买回一罐油，由于急着赶路，不幸罐索腐朽，油罐坠地摔碎，他头也不回地继续前行。路人提醒他："你看你的油罐碎了。"他回答说："已经碎了，看有什么用，只能耽误走路。"这大概就是人们常常想到、常常念着的"乐观主义"了。

可见，乐观主义能帮人战胜许多愁虑、困难、穷苦、失望。

人生总会碰到挫折的。一个人的目的越远，计划越大，他的工作所经过的途径也越远；在前进的时候，愁虑、困难、穷苦、失望也就越多。乐观主义的人，就像这个拎油罐的人一样，是不怕这些挫折的摧残的，反而会振起精神，抱着希望，向前赶去!因为他们知道，倘被挫折所屈服，便灭亡了；只有抱着乐观主义的态度，才能战胜挫折，取得胜利!

凡是要做得好的事情，都不是随随便便就能成功的，都不是容易的。你自己要立于什么地位？要达到什么地步？情愿付什么代价？你所希望的地位或地步总在那里，不过必须先付足了代价的人，才能如愿以偿。成功的一条路上，有许多小失败排列着，最后的成功是在能用坚毅的精神、伶俐的眼光，从这些小失败里面寻出教训，尽量地利用它，向前猛进。而这唯有抱乐观主义的人才能够办到。

有许多人，对乐观主义有一种误解，以为乐观主义的人不过是嬉皮笑脸、随随便便、一切放任、得过且过、唯唯诺诺的。请君切莫误信这种谬说。真正的乐观主义者是用积极的精神向前奋斗的人，是战胜愁虑穷苦的人。这类的苦境，常人遇着，要"心胆俱碎"、"一蹶而不能复振"的；只有真正乐观主义的人才能努力奋斗，才敢努力奋斗！所以讲到乐观主义还不够，要有有效率的乐观主义才行。

古今中外，因为有极强烈而有效的乐观主义，战胜各种艰难险阻取得胜利的大有人在。牛顿发现万有引力学说的时候，全世界人反对他；哈维发明血液循环学说的时候，全世界人反对他；达尔文宣布进化论的时候，全世界人反对他；贝尔第一次造电话的时候，全世界人讥笑他；莱特刚开始埋头于制造飞机的时候，全世界人讥笑他；孙中山先生，最初在南洋演讲革命救国理论的时候，有一次听的人只有三个。这些伟人都因抱着乐观主义的精神，而为世人所称道。

极强烈而有效的乐观主义，能使人们战胜全世界的糊涂、盲从、冷酷、恐怖、怨恨和反抗。而且工作越伟大，所受的反抗也越厉害，简直成为一种律令，对付这种厉害的反抗，最重要的武器就是乐观主义。一个人若缺少了乐观主义精神，难免在各种困难面前败下阵来。

你要想使自己的事业取得成功么？那就请你拿起乐观主义这一法宝吧！

困境中，我们学会微笑

用微笑面对你所遇到的严重困境，用豁达的心态面对你所遭遇到的一切打击，那么，所有的困境和打击都会在你的微笑面前低头。

在百货店里，有个穷苦的妇人，带着一个约4岁的男孩在转圈子。走到一架照相机旁，孩子拉着妈妈的手说："妈妈，让我照一张相吧。"妈妈弯下腰，把孩子额前的头发拢在一旁，很慈祥地说："不要照了，你的衣服太旧了。"孩子沉默了片刻，抬起头来说："可是，妈妈，我仍会面带微笑的。"

试问一下，如果在生活中，我们每个人都像那个小男孩一样贫穷、衣衫褴褛，甚至一无所有，我们会像他一样从容、坦然、开怀地微笑吗？没有任何一样东西能比一个灿烂开怀的微笑更能打动人们的心。

无论你身处何方，无论你身兼何职，也无论你此刻陷入了多么严重的困境或遭到了多么大的挫折和打击，你都要用微笑去面对一切。那么，一切的不幸和困惑都会屈服在你的微笑之下。微笑是人类最简单、最易懂的语言，它能消除人与人之间的隔阂，可以化解人与人之间的坚冰。你的一个微笑也可以抚慰自己的心灵，让你的生活充满阳光雨露。

既然我们知道挫折、困境，甚至不幸的遭遇是人生道路上不可避免的，那我们为什么不能坦然、乐观地去面对这一切，让我们的灵魂始终微笑呢。自强不息是我们生命中蕴含着的不可阻挡的力量。这种力量会使我们人生中所有的苦难如轻烟一般随风飘散，然后彻底地消失。

记住：尽量消除或减少消极和悲观情绪。每天，都努力在你生活的周围去寻找让你开心和快乐的事情。

只有在绝境中仍然抓住快乐的人，才能真正领悟到快乐的真谛。

生活中的种种困境和不幸对你造成的挫败感是否像乌云挡住太阳一样遮住了你的视线，让你看不到光明？如果你试着换个角度去看待这个世界，你会惊奇地发现，世界一片光明，大自然充满了生机和活力，生活是多姿多彩的。活着就要享受生活中的一切快乐和痛苦，不要钻牛角尖和自己过不去。

人活在这个世界上会遇到各种各样的事情，或喜或忧，或成功或失败，我们无从选择。我们可以做的只有调整好自己的情绪，遇到任何事情都往好的方面考虑。这样，不但能够帮助我们更好地处理各种问题，更多的是可以获得身心健康，我们又何乐而不为呢？

托尔斯泰在他的散文名篇《我的忏悔》中讲了这样一个故事：

一个男人被一只老虎追赶而掉下悬崖，庆幸的是在跌落过程中他抓住了一棵生长在悬崖边的小灌木。此时，他发现，头顶上那只老虎正虎视眈眈，低头一看，悬崖底下还有一只老虎，更糟的是，两只老鼠正忙着啃咬悬着他生命的小灌木的根须。绝望中，他突然发现附近生长着一簇野草莓，伸手可及。于是，他拽下草莓，塞进嘴里，自语道：“多甜啊！”

生命的旅途中，病痛、绝望、灾难、不幸都会不约而同地向我们逼近，让我们陷入无奈的困境。不知你是否会像上面这个故事所讲的那样，在危急时刻，还能享受一下野草莓甜甜的滋味？

如果我们在逆境中可以保持理智和清醒，我们就可以因此而更加全面地认识自己的优点和不足。

在日常生活中，我们常面临工作不得志、情场失意、家人和朋友之间的误会等。其实，生活中与人相处的种种情况，就如同冬去春来，冷暖交替的变化。等到一切都烟消云散时，我们才发现，当时的行为举动实在是幼稚、荒唐。但等到下一次类似的事情发生时，我们又一次重复地抱怨、不满，从未想过汲取以前的经验和教训。就这样我们在困惑和清醒之间游移徘徊，从原点开始，然后又回到原点，自身得不到半点的突破和成长。

生活中的逆境就如同大街上的红绿灯一样，偶尔限制你的前进，让你停下来做个短暂的休息，顺便看看自己是否走错了方向，这不是一种障碍，而是为了让你更好地完成你的旅途。

所以，当我们身处逆境时，我们应该不断自我反省，重新认识自己。因为太多的时候，我们并不能真正地认清自己，我们总是有意或无意地否定自己内心存在着的种种困惑、孤寂和空虚。同时，由恐惧引起的各种负面情绪使我们错失了反省的机会。

人在顺境时的得意是自然的事情，但更好的是能在逆境中苦中作乐，把自己的心情放平静，去全面地认识那个平常被你疏忽的自己，从而帮助自己在生活中更好地成长。

人们都希望自己的生活中能够多一些快乐，少一些痛苦，多些顺利少些挫折，可是命运却似乎总爱捉弄人、折磨人，总是给人以更多的失落、痛苦和挫折。

人生在世，都会遇到厄运，适度的厄运具有一定的积极意义，它可以帮助人们驱走惰性，促使人奋进。因此厄运又是一种挑战和考验。我们的生活因厄运变得丰富而多彩，我们的性格因坎坷而锤炼得成熟。厄运来临—与厄运挑战—在战斗中升华自己，这就是逆境与厄运的意义所在。

人生重要的不是拥有什么，而是经历了什么，任何坎坷的经历都是一种宝贵的人生财富。

英国哲学家培根说过："超越自然的奇迹多是在对逆境的征服中出现的。"关键的问题是应该如何面对厄运与不幸。

最高的境界是在逆境中学会微笑。

要在逆境中学会微笑却相当不易……挫折，成功，失败，有几个人能看透？又有几个人能够做到从容？

逆境中的微笑可以让人心平气和，不急不怒，能让人仔细分析所处困境，理清思路，找出解决办法，顺利渡过难关。在不利局面下仍能保持微笑，这会给竞争对手以极大的心理压力，此时的微笑会让对手心惊胆战、不寒而栗。顺境中的微笑也可以让人保持心态平静，戒骄戒躁，可以让人看清鲜花丛中的荆棘，看到阳光道上的陷阱，使人头脑清醒，继续勇往直前。

反正都难，不如坦然

人生几十年，总会遇到这样那样的挫折、逆境。从一生下来就顺风顺水几十年的人就如天外来客般稀罕。遇到些挫折、逆境是正常的，也不需要怨天尤人，只要懂得面对就行了。那些成功的人，尤其是声名显赫的，一股崇敬羡慕之意就会油然而起。特别是其年岁、背景、相貌和自己相仿时，就会有点儿妒忌了，他（她）怎么就那么好运呢？可是，人家背后也有许多辛酸，人家也并非一帆风顺，人家也在逆境中挣扎过。过来人大都不顺利，而是因为他们勇于面对逆境，懂得面对逆境。

你可能会说，运气也很重要，所谓“谋事在人，成事在天”。谋事者芸芸众生，成事者寥若晨星。但你有否想过，若你不谋的话，是压根儿没有“成”的。

首先你要面对，你要鼓起勇气去面对。不论遇到什么挫折，身处怎样的逆境，你都不能放弃。你来到这世上，长大成人，原本就很不容易。母亲怀胎十月，经历了地裂天崩的临盆。父亲呕心沥血，承担了“朝思暮想”的教养。再就是周围的一大帮亲友，无不对你施予殷切的关怀。他们都在期待你的成就。其实，你完全不必用事业有成来报答。你只要有自立社会的骄傲，他们就有莫大的欣慰了。因为这一点，你变得完全没有权利去放弃。

或者，退一万步说，你从一生下来就很不顺利了，并没有前面说的那些“施予”，可那又怎样呢？只不过将处逆境的时间提前了而已，只不过将你的起点更放低些而已。到了今天，你已经能够独立思考，不正说明你已具备自立的能力了吗？尽管历经坎坷，历经曲折，但也正好说明你已经成长了，你的起点提高了。因此，不管未来怎样，你还有什么不能面对的呢？

面对，有时是需要很大的勇气的。尤其是当你遇到的是一般人不会有的逆境，并被别人难以想象的困难包围着的时候。有些人便在这样的境况中挺不住，寻了短见，或者消沉了，颓废了。旁人便只好无奈地惋惜。其实，消沉是懦弱。失去了面对的勇气，放弃了继续抗争的权利，放弃了多彩的人生，放弃了一切。一切都放弃了，你就再也不会有机会去获得，哪怕是一丁点儿的权利。自然也就无从谈论成功了。所以，当你遭遇挫折，面临困境时，你最需要的是面对的勇气。只要你敢于面对了，你就有了机会，捕捉常常是随之而来的成功机遇，追求多姿多彩的人生，品尝可以令你荣耀的新生活。

如果乐天一点，你不妨把遇到的厄运看做是一个机遇。这样的机遇在平常的日子，在顺境的时候是碰不到的。这么一“看做”，你不但有了勇气，可以轻松去面对厄运，而且平添了一份使命感，俨如“替天行道”了。因为常人不会有的经历，你大可以自信自己有一个常人不会有的美好将来。

人生本就多姿多彩，磨难不过是这其中的一些调色剂而已。如果你这么看了，你就会感谢上帝待你不薄。同样是过一辈子几十年，但你却比人家多了许多经历，尤其当这经历使你体会得更多，让你获得常人不会有的感受，甚至获得一种满足的时候。

其次是懂得面对，这并非容易之事。实际上，身处逆境需要懂得面对。而顺风顺水的时候，也要为争取领先或者保持领先而学会面对。总之，学会面对是极为重要的。因为重要，你可以将你的一生都看成是不停的各式各样的面对。事实上，你要穷尽你的智慧和胆识去面对。学会面对，不懈地面对最终可把你带向你期望的成功。

生活中出现挫折，也就意味着出现棘手问题需要处理。

如何面对问题？如果不能坦然面对它、接受它，就不能谈到放下它、处理它。而事实上，事情出现后，首先要求我们的不是发牢骚，而是要能够改善它。其次需要的是行动，而不是抱怨。若不能改善，我们也要面对它、接受它，绝不能逃避。逃避责任，损失依然在那里，是不合算的，改善与处理糟糕的局面才是最聪明的。

经过计划的事物也不一定完全可靠，也会发生意料之外的情况，这时候就更应该接受它，然后想办法处理它。

所以，如果计划好的事在过程中发生问题，不必伤心也不必失望，应该继续努力，争取将损失减到最小，不要轻易放弃希望；如果经过详细的考虑，判断预先的结果不可能促成，那也只好放下它，这和未经努力就放弃是截然不同的。

这一切，都需要我们的冷静。我们要告诉自己：任何事物、现象的发生，都有原因。我们不需追究原因，也无暇追究原因，唯有面对它、改善它，才是最直接、最要紧的。遇到任何困难、艰辛、不平的情况，都不能逃避，因为逃避不能解决问题，只有用智慧把责任担负起来，才能真正从困扰的问题中获得解脱。

放下自己也放下别人，对事如此，对人也是如此。

放不下自己是没有智慧，放不下别人是没有慈悲。能作如此想，对一切人都会生起同情心与尊敬心。同情人家也是芸芸众生中的一个，尊敬人家也有独立的人格。

我们常常遇到一些好像正被困在火海中的人来向我们求救。通常我们会倾听他们的问题，知道他们在焦虑什么，但不会将他们的焦虑变成我们自己的梦魇。

对感情的问题，宜用理智来处理；对家族的问题，宜用伦理来处理；即使发生了不得了的大事，也应用时间来化解、淡化；如果真是无法避免的倒霉事，那只有面对它、接受它；能够面对它、接受它，就等于是在处理它，既然已经处理了，也就不必再为它担心，应该放下它了，不要老是想着："我怎么办？"而是睡觉时照样睡觉，吃饭时照样吃饭，该怎么生活就怎样生活。

如果你能做到这些，那就接近禅理了。在平常生活中，禅如何教人安心呢？禅的态度就是：知道事实，面对事实，处理事实，然后就把它放下。无论遭遇任何状况，都不会认为它是一件不得了的事，如果已经知道可能会发生什么不如意的事，能让它不发生是最好的；如果它一定要发生，担心又有什么用？担心、忧虑不仅帮不了忙，可能还会令情况变得更严重，唯有面对它才是最好的办法。

不以成败论英雄

英雄可以被毁灭，但是不能被击败：英雄的肉体可以被毁灭，可是英雄的精神和斗志则永远在战斗。

现实告诉自己："我已经尝试过了，不幸的是我失败了。"其实他们可能没有搞清楚失败的真正含义。

大部分人在一生中都不会一帆风顺，难免会遭受挫折和不幸。但是成功者和失败者非常重要的一个区别就是：失败者总是把挫折当成失败，从而使每次挫折都会动摇他胜利的信念；成功者则是从不言败，在一次又一次挫折面前，总是对自己说："我不是失败了，而是暂时还没有成功。"一个暂时失利的人，如果继续努力，打算赢回来，那么他今天的失利，就不是真正失败。相反的，如果他失去了再战斗的勇气，那就是真输了！

美国著名电台广播员莎莉·拉菲尔在她30年职业生涯中，曾经被辞退18次，可是她每次都放眼最高处，确立更远大的目标。最初由于美国大部分的无线电台认为女性不能吸引观众，没有一家电台愿意雇佣她。

她好不容易在纽约的一家电台谋求到一份差事，不久又遭辞退，说她跟不上时代。莎莉并没有因此而灰心丧气。她总结了失败的教训之后，又向国家广播公司电台推销她的节目构想。电台勉强答应了，但提出要她先在政治台主持节目。"我对政治所知不多，恐怕很难成功。"她也一度犹豫，但坚定的信心促使她去大胆地尝试了。她对广播早已经轻车熟路了，于是她利用自己的长处和平易近人的性格，大谈即将到来的7月4日国庆节对她自己有何种意义，还请观众打电话来畅谈他们的感受。听众立刻对这个节目产生兴趣，她也因此而一举成名了。

如今，莎莉·拉菲尔已经成为自办电视节目的主持人，曾两度获得重要的主持人奖项。她说："我被人辞退18次，本来可能被这些厄运吓退，做不成我想做的事情。结果相反，我让它们鞭策我勇往直前。"

有些人总把眼光拘泥于挫折的痛感之上，他就很难再抽出身来想一想自己下一步如何努力，最后如何成功。一个拳击运动员说：“当你的左眼被打伤时，右眼还得睁得大大的，这样才能够看清敌人，也才能够有机会还手。如果右眼同时闭上，那么不但右眼也要挨拳，恐怕连命都难保！”拳击就是这样，即使面对对手无比强劲的攻击，你还是得睁大眼睛面对受伤的感觉，如果不是这样的话，一定会失败得更惨。其实人生又何尝不是这样呢？

大哲学家尼采说过：“受苦的人，没有悲观的权利。”已经受苦了，为什么还要被剥夺悲观的权利呢？因为受苦的人，必须克服困境，一味地悲伤和哭泣只能加重伤痛，所以不但不能悲观，而且要比别人更积极。在冰天雪地中历险的人都知道，凡是在途中说：“我撑不下去了，让我躺下来喘口气”的同伴，很快就会死亡，因为当他不再走、不再动时，他的体温就会迅速地降低，接着很快就会被冻死。可不是吗？在人生的战场上，如果失去了跌倒以后再爬起来的勇气，我们就只能得到彻底的失败。

成功是指最终实现了目标，但并不意味着没有受到过挫折。成功是赢得了一场战争，而不是赢得每一场战斗。

失败经验与成功之道等价

在我们的个人成长过程中，自上小学开始，教科书和老师们就列出了许多伟人和成功者的事迹，以鞭策和鼓舞后来之人。因此我们从小就学会了把成功者的成就作为自己的奋斗目标，有些人还遵循成功者的模式，以此构筑自己的未来。

当然，发挥成功者的楷模和示范作用，这种做法并没什么不好，因为人们总是需要看到成功的“希望”，并以此作为学习的榜样，鼓舞自己。但如果一切向“成功者”看齐，就可能使有些人堕入一种幻觉当中，他们认为自己也可以成功，而一旦自己难以获得成功时，就感到命运对自己不公，并责问：“为什么他们可以成功，而我就不能成功呢？”其实，一个人的成功是多种因素的组合，不可能一蹴而就。另外，某一位成功者的成功模式并不一定适合每个人，因为每个人的个性、主客观条件不同。所以，以成功者为师，应该有其选择性，你不可能学习每一位成功者，也并非所有成功者的经验都值得你去学。你可以学习某人成功的一些方面，但不必全部照搬。而且向成功者学习有时反而可能是失败的起因，它会让人失去清醒！

所以，有时我们可以换一个角度，与其时时“以成功者为师”，不如有时看看那些失败者，研究一些失败的案例，仔细探究失败的原因，并以此作为自己的警示，让自己将来不致犯下同样的错误！

有一位企业家，从创业开始，他就仔细观察同行以及其他行业的失败案例，并分析其原因，不断地从别人的失败中吸取教训，因此他不但创业顺利，而且发展得迅速稳定。他认为，一个企业的“存在”比“壮大”更重要，首先要“存在”，其次才可能“壮大”，如果仅仅为了“壮大”而推动“存在”，那就失去了创办企业的目的。更何况失败都是一种痛苦的事情，如果多次失败，更有可能永不再起。所以，“避免失败”比“追求成功”更重要！

细想一下，这位企业家的想法不无道理，这也是人们经常听说的一种逆向思维。任何失败都有其原因，不管是主观因素还是客观因素，不过要了解失败者的失败原因不太容易，因为失败者往往不愿意谈论自己失败的过去，这样会暴露自己的无能。如果你找到失败者本人谈，他大概也不会告诉你真相，他只会告诉你，他的失败是因为经济不景气、朋友拖累、银行紧缩，或是被出卖、被骗、被倒账……属于他个人的能力、判断、个性上的问题，他是不会告诉你的。何况有些失败者根本不知道他失败的原因！因此要了解失败的原因，你得多方收集资料，参考专家的分析、同行的看法，至于这位失败者的个人条件，可从他的朋友那里多加了解。

当资料收集够了以后，再把它们一条条列出来，仔细分析，并归纳成几个重点。不过并不是了解就算了，必须把你所观察、分析到的拿来检验自己，和失败者的一切做个对照比较，如果你的个性、能力和其他主客观因素和那失败者具有相似之处，那就要提高警觉，弱的地方要加强，不好的地方要加以改善，这样你就可以避免犯那些失败者同样的错误，成功的几率自然大大提高！

除了办企业以外，一般做人、做事也应以失败者为师。

在做人方面，看看谁和谁处不好，谁得罪了谁，谁不受欢迎，参考他们的个性，观察他们平日的来往和作为，你就可以知道他们做人失败的原因在哪里。

在做事方面，“失败者”的例子更多，这里所谓的“失败”包括做得不尽完善的事，这些事一般都会由主管开会进行检讨，这种检讨有时只是应付应付，但因为近在身边，所以不管检讨是不是在“应付”，你都会有不错的收获！

做事也是一样，犯的错误少，成功的几率就提高，而要减少错误，就是“以失败者为师”，这种教训可不是用钱买得到的。

挫折中的情绪管理

人的行为总是从一定的动机出发，经过努力达到一定的目标。如果在实现目标的过程中，碰到了困难，遇到了障碍，就产生了挫折，挫折会产生各种各样的行为，就会在心理上、生理上出现各种反应。遭受严重挫折后，个人会在情绪上表现出抑郁、消极、愤懑。在生理上，会表现为血压升高、心跳加快，易诱发心血管疾病；胃酸分泌减少，会导致溃疡、胃穿孔等。

人在实现目标过程中，遇上了挫折，可以出现以下几种情况：

（1）改变方法，绕过障碍物、另择一条路径，实现目标。

（2）如果困难难以逾越，修改目标，改变行为的方向。

（3）在障碍面前，无路可走，不能实现目标。人们会产生严重挫折感。

但是，挫折对于人，同样具有两重性：

第一，遇到挫折无疑是一个重大打击。在打击下不想办法去战胜困难，搬走障碍，而是成为障碍或困难的俘虏，向挫折缴械投降，这种挫折心理不论是对组织还是对个人来说，没有任何积极的意义，应该摒弃。

第二，遇到挫折，首先要镇定、冷静分析产生挫折的原因。不怨天尤人，而是积极寻找克服困难、战胜障碍、摆脱挫折的途径。对组织和个人来说，这都是具有重要意义的。

而当前，社会上有成千上万的职工下岗，面对这样的挫折，该怎么办？如果把下岗这一挫折，作为实现人生目标中的一个转折点，来磨炼自己的意志，自己想方设法绕过障碍，战胜困难，另辟蹊径，找一条新的就业谋生之路，就能正确面对现实，调整好心理状态，寻找机遇，百折不挠，愈挫愈勇。许多下岗工人所做出的成就已充分证明了这一点。

关键是我们如何来正视挫折，调整心理状态把坏事变为好事、把障碍变为坦途。

在挫折来临的时候，不必慌乱，要全力以赴，从能做的做起。同时，以强烈的求新求变意识，摸索创造对策，在最短的时间内，扭转败局，反败为胜。

美国的波音公司和欧洲的空中客车公司曾为争夺日本全日空航空公司的一笔大生意而打得不可开交，双方都想尽各种办法，力求争取到这笔生意。由于两家公司的飞机在技术指标上不相上下，报价也差不多，全日空航空公司一时拿不定主意。

可就在这关键时刻，短短两个月内，世界上就发生了3起波音客机的空难事件。一时间，来自四面八方的各种指责都向波音公司汇集而来。这使得波音公司蒙受了奇耻大辱，产品质量的可靠性也受到了人们的普遍怀疑。这对正与空中客车争夺的那笔买卖来说，无疑是一个丧钟般的讯号。许多人都认为，这次波音公司是输定了。但波音公司的董事长威尔逊却并没有为这一系列的事件所击倒。他马上向公司全体员工发出了动员令，号召公司全体上下一齐行动起来，采取紧急的应变措施，力闯难关。

他先是扩大了自己的优惠条件，答应为全日空航空公司提供财务和配件供应方面的便利，同时低价提供飞机的保养和机组人员培训；接着，又针对空中客车飞机的问题采取对策，在原先准备与日本人合作制造A-3型飞机的基础上，提出了愿和他们合作制造较A-3型飞机更先进的767型机的新建议。空难前，波音公司原定与日本三菱、川崎和富士三家著名公司合作制造767客机的机身。空难后，波音不但加大了给对方的优惠，而且还主动提供了价值5亿美元的订单。通过打外围战，波音公司博取到了日本企业界的普遍好感。在这一系列努力的基础上，波音公司终于战胜了对手，与全日空航空公司签订了高达10亿美元的成交合同。这样，波音公司不仅渡过了难关，还为自己开拓了日本市场，打了一场反败为胜的漂亮仗。

及时应变，就能在被完全击垮之前扭转局面，掌握主动权。在应变时，应注意以下几点：

（1）立足于自我优势，如人员优势、地形优势、技术优势等，充分利用，充分发挥，以此展开对策。

（2）充分了解对方的需要，做好有针对性的准备。

（3）多付出一点点，以小利博大利。

（4）诚信待人，博得他人的信任，赢得他人的合作。

（5）学会应变，遇到挫折时，不要消极躲避，更不要以硬碰硬。全力以赴，靠敏捷的思维化险为夷。

英国航空公司曾遇到这样一个事：一次，一架由伦敦经纽约、华盛顿飞往迈阿密的英国航班，因机械故障被迫降落后在纽约禁飞。乘客对此极为不满，对英国航空公司怨声载道。该公司立即调度班机，将63名旅客送往目的地。当旅客下机时，英国航空公司职员向他们呈递了言辞诚恳的致歉信，并为他们办理退款手续。63名乘客免费搭乘了此班飞机。尽管英国航空公司损失了一大笔钱，但起了力挽狂澜之功效，大大弱化了乘客的不满情绪。英国航空公司的这一举措被人们广为流传，不仅未使英航声誉受损，反而大大提高，乘客源源不断。

面对挫折，不要麻木、不知所措，要学会应变，根据不同的情况做出相应的变通。这样你才有可能克服困难，通向成功。

平静中度过险境

在生活中，我们总是说有什么样的环境就有什么样的人生。这实在是再荒谬不过了。影响我们人生的绝不是环境，而是我们对这一切持什么样的态度。积极的人，像太阳，照到哪里哪里亮；消极的人，像月亮，初一十五不一样。面对人生逆境或困境时所持的态度，远比任何事都来得重要。态度决定我们的生活。想要有好的生活，就请先拥有好的生活态度。

一位心理学家想知道人的心态对行为到底会产生什么样的影响，于是他做了一个实验。

首先，他让10个人穿过一间黑暗的房子，在他的引导下，这10个人都成功地穿了过去。

然后，心理学家打开房内的一盏灯。在昏暗的灯光下，这些人看清了房子内的一切，都惊出一身冷汗。这间房子的地面是一个大水池，水池里有十几条大鳄鱼，水池上方搭着一座窄窄的小木桥，刚才，他们就是从这座小木桥上走过去的。

心理学家问："现在，你们当中还有谁愿意再次穿过这间房子呢？"没有人回答。过了很久，有3个胆大的人站了出来。

其中一个小心翼翼地走了过去，速度比第一次慢了许多；另一个颤颤巍巍地踏上小木桥，走到一半时，竟只能趴在小桥上爬了过去；第三个刚走几步就一下子趴下了，再也不敢向前移动半步。

心理学家又打开房内的另外9盏灯，灯光把房里照得如同白昼。这时，人们看见小木桥下方装有一张安全网，只由于网线颜色极浅，他们刚才根本没有看见。

"现在，谁愿意通过这座小木桥呢？"心理学家问道。这次又有5个人站了出来。

"你们为什么不愿意呢？"心理学家问剩下的2个人。

"这张安全网牢固吗？"2个人异口同声地反问。

很多时候，人生就像通过这座小木桥一样，暂时的失败恐怕不是因为力量薄弱、智力低下，而是周围环境的威慑——面对险境，很多人早就失去了平静的心态，慌了手脚，乱了方寸。

有个商人因为经营不善而欠下一大笔债务，由于无力偿还，在债权人频频催讨下，精神几乎崩溃了，他因此萌生了结束生命的念头。

苦闷至极的他，有一天独自来到亲戚的农庄拜访，心里打算在仅有的时间里，享受最后的恬静生活。

当时，正值8月瓜熟时节，田里飘出的阵阵瓜香吸引了他。守着瓜田的老人看见他到来，便热情地摘了几个瓜果，请他品尝。不过，心情仍然低落的他，一点享用的心情也没有，但是又无法拒绝老人家的好意，便礼貌地吃了半个，并随口赞美了几句。

然而，老人家听到赞扬，却非常喜悦，他开始滔滔不绝地诉说着自己种植瓜果所付出的心血："4月播种，5月锄草，6月除虫，7月守护……"

原来，他大半生都与瓜秧相伴，流了不少汗水，也流过许多泪水。在瓜苗出土时，遭遇旱灾，但是为了让瓜苗得以成长，老人家即使每天来回挑水也不觉得辛苦。

又有一年，就在收获前，一场冰雹来袭，打碎了他的丰收梦；还有一年，金黄花朵开得相当茂盛时，一场洪水让这一切都泡汤了……

老人说："人和老天爷打交道，少不了要吃些苦头或受些气，但是，只要你能低下头，咬紧牙，挺一挺也就过去了。因为，最后瓜果收获时，仍然全部都是我们的。"

老人指着缠绕树身的藤蔓，对着心事重重的商人说："你看，这藤蔓虽然活得轻松，但是它却是一辈子都无法抬头！只要风一吹，它就弯了，因为它不愿靠自己的力量活下去。"

这番话让商人醒悟了过来，他吃完手中剩下的半个瓜果，在瓜棚下的椅子上放了100元，以示感激，翌日便踏着坚毅的步履离开了农庄。

5年后，他在城市里重新崛起，并且成为一个现代化企业的老板。

当挫折站在我们的面前时，我们开始了选择。正如世上没有完全相同的树叶一样，人与人的选择也是不尽相同的。我们可以选择放弃挫折，绕道而行，不必为了遇到挫折而难过，也不用去付出什么努力；我们也可以选择正面地迎接挫折，毫无畏惧，虽然我们为此付出了辛勤的劳动，可是我们却可以收获战胜困难的喜悦与兴奋，也有了今后战胜困难的勇气。

当挫折来临时，我们先要培养自己的一颗平和心。所谓平和心，并非自甘平庸缺乏进取，而是以一种平静的心态耕耘在自己人生的土地上，不浮于世，不随波逐流，踏踏实实履行自己的职责。

我们不仅要以一颗平和心去面对挫折，面对困难，面对失意，也要以平和心面对成功，面对顺境，面对得意。不管自己的人生处于怎样的状态，都要始终以一颗平和心走好自己的人生路。成功不值得骄傲，那不过是人生的一个小站；失败不值得悔恨，那不过是一不小心走错的一段路，纠正方向从头再来；失意不要沮丧，一年四季里，肯定有风雨交加的时候，要明白，只有狂风大雨才能一洗空气中的尘埃，当空气中的尘埃被洗涤殆尽时，是空气最清新、阳光最明媚的时候。这便是平和心，这便是人生路。当你以一颗平和心走过人生的风风雨雨，你才能看到那金色的果实。

做事就怕“不耐烦”

做事难，做人更难。难就难在：无论多么简单的事，也会被人弄得复杂起来。

单纯一件事，只要肯下工夫，要把它做好并不难，但一扯上人为因素，简单的事也会变复杂。而依人的智慧、经验、价值观念和利益的不同，这事的复杂度也会有所不同，就好比一条绳子打上了千百个结，世上的事多半是如此。

比如公司调整人事，好的位子人人想要，施压的施压，钻营的钻营，这就是打了千百个结的绳子；商人要争取大生意，几年前就开始打通人脉、收集情报、训练人员，每个步骤都是问题，也都需要解决，这也有如打了千百个结的绳子。而要解开这些绳子上的结，要的便是“耐烦”。

事实上，要做好一件事，解决一个问题，最需要的是智慧、经验，那么为何在此特别提出“耐烦”二字呢?

这里有几个原因。首先，有智慧、有经验的人固然能做好事，也能解决问题，但若无“耐烦”的本事，则无法做好磨人磨得发狂的事，也无法解决复杂多变、不知从何下手的问题。所以，不能“耐烦”，徒有智慧和经验还不能成就大事。

其次，“耐烦”是和客观环境比耐力，也在和竞争对手比耐力，你能“耐烦”，就不会输。若因不耐烦而半途放弃，那么就先输了，很多在人生竞赛中落后的人都是因为不耐烦，而不是因为智慧不如人！

在工作中往往有一些琐碎而无价值的事，通常是一些不重要的任务或工作，而且报偿低。它消磨你的精力和时间，因此让你不能处理更为重要且当务之急的工作。琐碎无价值的工作可能是将文件归档、清理办公桌抽屉、日常文书工作或者没有紧迫任务时任何人都可以做的那种工作。

如果你刚刚踏上工作岗位，面对每天这些琐碎而无价值的事，是不是会感到厌烦？尤其是在社会中的人，很有干一番事业的雄心，对这些鸡毛蒜皮的小事往往会不屑一顾。人生一世，谁都不甘平庸，都想成就一番大业，不虚此生。可是这世界上能干事的人不少，成大业的确实不多，究其原因，方方面面，主客观因素都有。比如，要有良好的社会背景，有千载难逢的机遇，也要有智商、有文化、有修养等。但“耐不得烦”却是一个常常被人忽略的重要因素。

再次，“要能耐得住烦”就是要站得高，看得远，不为眼前的得失而影响大目标、大事业。“耐烦”就是不要急功近利，不因小失大。能耐一次烦，便能耐两次烦，这种本事一变成习惯，将是成就大事业的基础。这种“耐烦”的本事，年轻人尤其要能学到，不要说你年轻气盛而“做不到”，那是托词，这里能告诉你的只是：越早学到，越早获益！

至于如何培养“耐烦”的本事，这并无捷径，也没有速成班，更没有补习班可以教，这是个人意志的问题。换句话说，你只要在碰到“很烦”的事时，便告诉自己——要耐烦！然后仔细地、耐心地、不动气地分析该如何做这些事，解决这些问题，那么慢慢的，你便有了“耐烦”的本事。

奇迹出现的那一天不远

在困境中，人们往往看不清楚方向，正所谓“云深不知处”，这时保持积极向上的心态更为重要。

就像这样的情况：烈日、沙漠，两个人艰难地走着，一个人沮丧地说："完了，我们只有半瓶水了。"另一个却很高兴，叫道："太好了，我们还有半瓶水啊！"

换个角度看问题会使你得到满足，会使你拥有快乐，会使你……世界只有一个，换个角度看，你就会发现美好的、与众不同的第二个世界。

Jerry是美国一家餐厅的经理，他总是有好心情，当别人问他最近过得如何，他总是有好消息可以说。

当他换工作的时候，许多服务生都跟着他从这家餐厅换到另一家，为什么呢？因为Jerry是个天生的激励者，如果有某位员工今天运气不好，Jerry总是适时地告诉那位员工往好的方面想。

这样的情境让人很好奇，所以有一天有人问Jerry："很少有人能够老是那样积极乐观，你是怎么办到的？"

Jerry回答："每天早上我起来后告诉自己，我今天有两种选择，我可以选择好心情，也可以选择坏心情，我总是选择有好心情。即使有不好的事发生，我可以选择做个受害者，或是选择从中学习，我总是选择从中学习。每当有人跑来跟我抱怨，我可以选择接受抱怨或者指出生命的光明面，我总是选择生命的光明面。"

"但并不是每件事都那么容易啊！"那人抗议道。

"的确如此"，Jerry说，"生命就是一连串的选择，每个状况都是一个选择，你选择如何响应，你选择人们如何影响你的心情，你选择处于好心情或是坏心情，你选择如何过你的生活。"

数年后，Jerry意外地做了一件人们想不到的事：

有一天他忘记关上餐厅的后门，结果早上三个武装歹徒闯入抢劫，他们要挟Jerry打开保险箱，由于过度紧张，Jerry弄错了一个号码，造成抢匪的惊慌，开枪射击Jerry。幸运的是，Jerry很快地被邻居发现，紧急送到医院抢救，经过18个小时的外科手术，以及精心照顾，Jerry终于出院了，还有块子弹留在他身上。

事件发生6个月之后，Jerry的朋友问他最近怎么样，他回答："我很幸运了。要看看我的伤痕吗？"

朋友婉拒了，但又问Jerry当抢匪闯入的时候，他的心路历程。

Jerry答道："我第一件想到的事情是我应该锁后门的，当他们击中我之后，我躺在地板上，还记得我有两个选择：'我可以选择生，或选择死。我选择活下去。'"

"你不害怕吗？"朋友问他。

Jerry继续说："医护人员真了不起，他们一直告诉我没事，放心。但是在他们将我推入紧急手术间的路上，我看到医生和护士脸上忧虑的神情，我真的被吓着了，他们的脸好像写着'他已经是个死人了'，我知道我需要采取行动。"

"当时你做了什么？"朋友问。

Jerry说："嗯！当时有个高大的护士吼叫着问我一个问题，问我是否会对什么东西过敏。我回答'有'。"

"这时医生和护士都停下来等待我的回答。"

"我深深地吸了一口气喊着：'子弹！'"

"这时医生和护士都在笑，脸上的忧虑神情都渐渐消失了，听他们笑完之后，我告诉他们：'我现在选择活下去，请把我当做一个活生生的人来开刀，不是一个活死人。'"

Jerry能活下去当然要归功于医生的精湛医术，但同时也出于他令人惊异的态度。我们从他身上能够学到：每天你都能选择享受你的生命，或是憎恨它。真正属于你的权利——没有人能够控制或夺去的东西——就是你的态度。如果你能时时注意这个事实，你生命中的其他事情都会变得容易许多。

换个角度看世界，世界真的会不同。积极的心态很重要，它促使我们在面对矛盾和困难的时候，可以平和地对待。事情都是有正反面的，我们只有摆正心态，才能透过现象看本质，才能险中求胜！

第十章

充实自我，让生命不空虚

无事可做的日子不好过

为什么无聊会招来厄运?

我们必须马上说明，无聊并非总是给人带来不幸。在某些条件下，无聊是满足生活中更高需求的准备工作。为了学会弹钢琴，人的手指千百次地重复着单调的练习。《圣经》、柏拉图和但丁作品中的部分章节枯燥乏味，我们通读这些作品是为了领会整体意义。老夫老妻都能容忍对方的闲言碎语，因为婚姻的价值远远高于闲言碎语的价值。为了更高的目标忍受无聊是有回报的。

但多数无聊不属此类。在一般情况下，我们感到无聊不是因为工作或环境，而是因为毫无热情的心态。在这种条件下我们做什么都觉得枯燥乏味，总想做些新颖的工作。无聊的人如饥似渴地寻新求异，为的是让生活更加充实。因此，只要有令人兴奋的机遇，无聊的人都会感兴趣。于是，他很容易受到厄运的伤害，因为他很可能忽视机遇的内在风险。

许多人因为无聊而陷入悲惨境地，可是，他们连麻烦的起因都没搞清楚。下面这个例子很典型。

有一个姑娘与人私奔，男人已经结婚，而且年龄比她大一倍。姑娘既没有如花似月的容貌，也没有高人一等的德行，根本无法驾驭情夫的心。她深感懊悔，倍感凄凉，终于回到家中。她对父母说：“我不知道为什么要这么做，我根本不爱他。我一定疯了。”她没有疯，只是感到无聊。

实际上，许多年轻人因为对生活感到无聊才随波逐流，他们无聊到深感痛苦的地步，只要碰到令人心动的机会，就会不顾一切，甚至做出疯狂的蠢事来。

百无聊赖的成年人也容易遭逢厄运。许多孤独、无聊的男人刚认识某个人就上当受骗，陷入灾难中，因为只要有人对他稍加关心，他都会感激不尽。

有这样一个例子：据纽约警方报道，有一个到纽约观光的游客陷入别人设下的骗局中，连见多不怪的警察听了这件事都摇头叹息。“我知道他的话听起来有点离谱”，受害者承认，“但是，他看上去像个好人。我很高兴与他在一起，让他拿着钱。”

心理学家可以解释为什么骗子和心怀叵测的奸商在美国人口稀少的地区非常猖獗，而且为害甚久。百无聊赖的家庭生活非常乏味，任何态度和蔼的陌生人都能给他们带来愉快。他们对陌生人毫无警惕之心，对他们做出的难以置信的承诺失去了判断力。甚至我们这个时代所谓的老于世故者也会碰到同样的事情。

有一个人在赌博游戏中上当受骗，一下子输掉好几千美元，但他根本就输不起。他解释说：“这是因为我对家人和朋友感到厌倦。”他急于用寻欢作乐的方式调剂生活，根本没有想到会碰到什么风险，结果成为厄运的靶子。

许多商人失去大笔金钱，因为他们的工作太枯燥，太单调，于是就寻找刺激，参加毫无理性的投机活动。

无聊不仅仅使人损失金钱。

美国阿肯色斯州有一个农民，他参与私刑，迫人于死命。他在法庭上承认，他之所以这样做是因为“当时没有什么更有意思的事情做”。

社会学家指出，有的人之所以参加暴行，以巫术致人死命，参与屠杀和私刑，很可能是因为百无聊赖。暴徒不一定是虐待狂，可能是因为对生活感到厌倦，他们在正常生活中找不到一点儿乐趣。这样的人不怕别人报复，不顾社会公德，杀人成为一种摆脱无聊的手段，一种调剂乏味生活的方式。甚至在家中，无聊与厌倦常常导致令人发指的过火行为。有人常与邻居吵架，殴打妻子，酗酒，为的是使无聊得到排遣。

我们不能用寻求刺激和寻欢作乐的方式乞求好运，利用外部刺激摆脱无聊很快就会令人生厌。从长期角度看，生活中的空虚只能用感兴趣的事物来填补，只能用培育热情的方式来填补。只有这样，我们的判断力才能免受无聊的干扰。在这里，我们提出一种有效的告诫，甚至百无聊赖的人也可以用它评估不期而至的机遇。当机遇来临时自己是否心生倦意，是否感到无聊？如果他提醒自己：在百无聊赖时谁都不能对风险做出准确的评估，那么，他起码会定一定神，在接受机遇时三思而后行。这就像人们在筋疲力尽时会自言自语：“我太累了，现在不想考虑这个问题，等头脑清醒后再说。”所以，当我们感到厌倦和无聊时，必须承认这一点，必须控制自己然后才能对影响运气的重大机遇做出判断。

不要受“想法太多”的折磨

著名作家海明威小的时候很爱空想，于是父亲给他讲了这样一个故事：

有一个人向一位思想家请教：“你成为一位伟大的思想家，成功的关键是什么?”思想家告诉他：“多思多想!”

这人听了思想家的话，仿佛很有收获。回家后躺在床上，望着天花板，一动不动地开始“多思多想”。

1个月后，这人的妻子跑来找思想家：“求您去看看我丈夫吧，他从您这儿回去后，就像中了魔一样。”思想家跟着到那人家中一看，只见那人已变得形销骨立。他挣扎着爬起来问思想家：“我每天除了吃饭，一直在思考，你看我离伟大的思想家还有多远?”

思想家问：“你整天只想不做，那你思考了些什么呢?”

那人道：“想的东西太多，头脑都快装不下了。”“我看你除了脑袋上长满了头发，收获的全是垃圾。”

“垃圾?”

“只想不做的人只能生产思想垃圾。”思想家答道。

我们这个世界缺少实干家，而从来不缺少空想家。那些爱空想的人，总是有满腹经纶，他们是思想的巨人，却是行动的矮子；这样的人，只会为我们的世界平添混乱，自己一无所获，而不会创造任何的价值。

在父亲的教导下，海明威后来终其一生也总是喜欢实干而不是空谈，并且在其不朽的作品中，塑造了无数推崇实干而不尚空谈的“硬汉”形象。作为一个成功的作家，海明威有着自己的行动哲学。“没有行动，我有时感觉十分痛苦，简直痛不欲生。”海明威说。正因为如此，读他的作品，人们发现其中的主人公们从来不说“我痛苦”、“我失望”之类的话，而只是说“喝酒去”、“钓鱼吧”。

海明威之所以能写出流传后世的名著，就在于他一生行万里路，足迹踏遍了亚、非、欧、美各洲。他的文章的大部分背景都是他曾经去过的地方。在他实实在在的行动下，他取得了巨大的成功。

思想是好东西，但要紧的是付诸行动。任何事情本来就是要在行动中实现的。

实干家不认识“空虚”

在生活中，经常会听到一些人长吁短叹：虽然工作、学习都很紧张，但依然感到生活空虚无聊，内心十分寂寞。空虚即无实在内容、不充实的意思。当社会价值多元化导致人们无所适从时，就容易产生这种空虚感。怎么才能摆脱空虚呢？

1. 调整需求目标

空虚心态往往是在两种情况下出现的：一是胸无大志；二是目标不切实际，使自己因难以实现目标而失去动力。因此，摆脱空虚必须根据自己的实际情况，及时调整生活目标，从而调动自己的潜力，充实生活内容。

2. 求得社会支持

当一个人失意或徘徊时，特别需要有人给以力量和支持，予以同情和理解。只有获得社会支持，才不会感到空虚和寂寞。

3. 博览群书

读书是填补空虚的良方。读书能使人找到解决问题的钥匙，使人从寂寞与空虚中解脱出来。读书越多，知识越丰富，生活也就越充实。

4. 忘我地工作

劳动是摆脱空虚的极好措施。当一个人集中精力、全身心投入工作时，就会忘却空虚带来的痛苦与烦恼，并从工作中看到自身的社会价值，使人生充满希望。

5. 目标转移

当某一种目标受到阻碍难以实现时，不妨进行目标转移，比如从学习或工作以外培养自己的业余爱好（绘画、书法、打球等），使心情平静下来。

当一个人有了新的乐趣之后，就会产生新的追求；有了新的追求就会逐渐完成生活内容的调整，并从空虚状态中解脱出来，迎接丰富多彩的新生活。

抓牢梦想，放掉幻想

不想当将军的士兵，不是好士兵！没有捕捉不到的猎物，就看你有没有雄心去捕；没有完成不了的事情，就看你有没有雄心去做。即使你现在两手空空，但如果自始至终怀揣着雄心壮志，你就不是一无所有；怀揣着梦想，在人生旅途上精疲力竭时你就可以随时充饥！

多年前，一位父亲领着两个年幼的儿子在农场上玩耍。这时，一群大雁叫着从他们的头顶上飞过，并很快消失在远处。小儿子问他的父亲："大雁要往哪里飞？""它们要去一个温暖的地方，在那里安家，度过寒冷的冬天。"他的大儿子眨着眼睛羡慕地说："要是我们也能像大雁一样飞起来就好了，那我就要飞得比大雁还要高。"小儿子也对父亲说："做个会飞的大雁多好啊！可以飞到自己想去的地方。"

父亲沉默了一下，然后对两个儿子说："只要你们想，你们也能飞起来。"两个儿子试了试，并没有飞起来。他们用怀疑的眼神看着父亲。

父亲说，"让我飞给你们看，"于是他飞了两下，也没飞起来。父亲肯定地说，"我是因为年纪大了才飞不起来，你们还小，只要不断努力，就一定能飞起来，去想去的地方。"

儿子们牢牢记住了父亲的话，并一直不断地努力，等他们长大以后果然飞起来了，他们发明了飞机，他们就是美国的莱特兄弟。

如果人生没有目标，就好比陷在黑暗当中，不知道哪里才是方向。人生要有目标，一辈子的目标，一个时期的目标，一个阶段的目标，一个年度的目标，一个月份的目标，一个星期的目标，一天的目标……一个人追求的目标越高越直接，他进步得越快，对社会也就会越有益。有了崇高的目标，再加上矢志不渝地努力，没有什么不能成为现实。

如果将心理学家的结论用哲人的语言来表达，那就是，伟大的目标构成伟大的心灵，伟大的目标产生伟大的动力，伟大的目标形成伟大的人物。

20世纪初，有个年轻的美国人，他确立的人生目标是当美国总统。1910年，他就当选为纽约的参议员；1913年，他任海军部助理部长；1920年，他出任了民主党副总统候选人；1921年，在他39岁时突染重病，他成了一个双腿不能活动的残废人。但是这个人并没有因此放弃当总统的梦想。

他制订了一个旁人看来十分笨拙的身体复原计划——从练习爬行开始。为了激励自己的意志，每次练爬的时候他都把家人、佣人叫到大厅来看。他说："我不需要掩盖自己的丑态。"他虽然用尽全力爬得汗如雨下，却还赶不上刚会走的小儿子。他的妻子后来回忆说："见他这样就像有千把尖刀刺在我的心上，可是他从来不听劝阻，坚持到底。"将近7年的坚持苦练终于使他从爬到能够站立起来，虽然仅仅能够站立1小时。1928年，他竞选纽约州州长成功；1933年3月4日，他就任了美国第32任总统，终于实现了他的梦想；并于1936年、1940年、1944年破例的三次连任，成为了一届美国历史上长达12年的伟大的美国总统。是他实行新政，先将美国从经济的大萧条中解脱出来；之后又带领美国向法西斯宣战，同全世界一起取得了第二次世界大战的胜利。

1945年4月12日，63岁的他因突发大面积脑出血而去世于美国总统的现任上。这位美国总统是谁呢？他就是富兰克林·罗斯福。目标使他的生命力出现了超乎寻常的奇迹，他的成功就是追求目标的胜利！

其实，怀有远大的理想，你希望成为什么样的人，你就是什么样的人。我们应该相信，只要有远大的目标，有积极的心态，就有可能创造奇迹，也就有可能改变世界。

人生就是要立大志：如果你还因为人生犹豫不决的选择而苦恼，那么，基于使命的选择就是你最正确的选择。

成功是每个人朝思暮想的美梦。这个梦与生命同在，至死方休。

按照弗洛伊德的理论，人生来就有"做伟人"的欲望。"做伟人"其实就是"成功"的集中表现。弗洛伊德之后的一些心理学家经过研究，也得出一个相似的结论：不论民族、文化、历史、家庭、性别和年龄，人天生就有爱受赞美、喜爱被尊重的强烈愿望和倾向。这是“人”的共性。因此，可以这么说，成功的渴求与生俱来——因为，成功是获得赞美与尊重最有效的途径。

正如美国的约翰·杜威所认为，人类本质里最深远的驱策力是“希望有重要性”。所以，追求成功是人类的一种精神需求上的本能。绝大多数人能坚韧不拔地走完人生历程，就是因为成功的渴望始终存在。把它称作信念也好，使命也好，责任也好，任务也好，总有期盼和牵挂，总有要完成的欲求，否则心有不甘，难以瞑目。成功意味着富足、健康、幸福、快乐、力量……在人类社会里，这些东西总能获得最多的尊重和赞美。人人追求成功。普天之下，贫富贵贱，有谁会站出来说，我不想成功，我不愿成功?

洛克菲勒曾对儿子说：“西恩，我记得我曾对你说过你在现在这种年龄，务必做好的事情就是想好10年之后从事什么工作，你对将来必须具有想象力。”

无论你现在处于什么环境，你要在心里问自己一个重要的问题：“我将来想成为什么人？”无论是否有人对你说过“这是不可能的”，这对你来说并不重要；在你的生活中是否还有这样的人存在也不重要，重要的只有一点，如果有一个人不同意这个说法，那这个人就应该是你自己。

你绝不能认定你的生命已经“过去了”。因为，如果你不抓住自己的梦想，那就没有人会这样做了。扼杀你的梦想的还有另一个陷阱，这就是那种认为眼下还不能追求自己梦想的想法，也就是说现在还没到适当的时候。你要相信，根本不存在开始一件新事情的最佳时刻。每当你推迟开始做一件事情时，你离它也就又远了一步。

做自己感兴趣的事是一种享受

励志大师卡耐基曾经说：“对自己的工作感兴趣，可以将你的思想从忧虑中移开，最后，还可能带来晋升和加薪。即使不能这样，也可以把疲乏减至最低，并帮助你享受自己的闲暇时光。”兴趣是最好的老师，快乐的秘诀就是要做自己喜欢做的事。做自己喜欢做的事，能够让自己充满热情，使自己更加充实，增进整体生命的品质。只有饱含热情、心情愉快地工作，才不会有疲惫感，才会乐此不疲。愉快、欢笑可以解除紧张与疲劳。

有人说工作实在是很辛苦，但当你全神贯注于自己喜欢的工作时，你会感到那是在享受，而不是在受苦。如果能够对工作保持热忱的态度，能够微笑面对自己从事的一切，那工作和休闲还有什么区别呢？爱迪生整天没日没夜地在实验室工作，有人问他天天这样工作累不累，谁知他颇为惊讶地说："我这辈子一天都没有工作过！""压力之父"塞叶博士曾经说，尽管他每天从早晨5点工作到深夜，但他认为自己这辈子从未做过一件工作，自己整天都在"游玩"。因为对他而言，从事自己喜欢的研究就是游戏。布洛斯说："做自己真正喜爱的工作就会快乐。一个人如果有一份投合兴趣的工作，有可以让他全心投入的职业，他生命中的力量便可找到充分的出口发挥作用。这样的人是幸福的。"

兴趣不仅可以让人感到工作的快乐，减轻疲惫感，兴趣也是事业成功的助推剂。人生快乐莫过于在工作上取得成就，而最大的快乐莫过于在自己喜欢的工作上取得成就。当一个人为自己感兴趣的事情付出而不顾一切时，他获得成功的机会更大。没有听说过一个人在自己不喜欢的领域做出什么惊天动地的成绩的。正如华特·迪斯尼所说："一个人除非做自己喜欢的事，否则就很难有所成就，要想快乐也就更难。"

小爱好成就大作为

一位拉丁作家这样描述过"机会女神"的样子：机会女神的前额上长着头发，但她的后脑没有头发。如果你能够抓住她前额上的头发，你就能够抓住她。然而，如果被她挣脱逃走的话，即使万神之王宙斯也无法将她捉住。所以，要想抓住"机会女神"，必须注意生活中的每一个细节，要从身边的小事做起，特别是自己喜欢的事情，这可能就是"机会女神"的藏身所在。

列宁曾经说过：“要成就一件大事业，必须从小事做起。”小事情往往具有大价值，往往能让人成就一番事业，如果对小事情不屑一顾，没有一点自己的小爱好，那碰到大事情又怎能应付得了呢？正所谓：“一屋不扫，何以扫天下？”

美国前总统富兰克林·罗斯福即使在战争最艰苦的年代里，仍然坚持每天抽出一点时间来从事自己的小爱好——集邮。做自己喜欢做的事，可以让他忘记周围的一切烦心事，让心情彻底放松，让大脑重新清醒起来。

小爱好不但可以愉悦身心，放松心情，而且还有延年益寿之功。有人做过这样的研究，他们试图找到长寿老人的共同特点。他们研究了食物、运动、观念等多方面因素对健康的影响，结果令人惊讶，长寿老人们在饮食和运动方面几乎没有共同的特点，但有一点却是共同的，即他们都有自己的小爱好，并且把这作为自己的人生目标而为之奋斗，这是他们的精神寄托。

所以，无论你对生活多么不满，一定要有人生目标，要有点爱好，有点精神食粮，因为它能使你看清人生的使命，能让你找到心灵家园。

在美国长岛，有一位名叫莱伯曼的百岁老人，他头发花白，但精神矍铄，老人看上去最多不超过80岁。据老人讲，他根本没想到自己能活这么大年纪，因为在他80岁的时候，曾对生命失去了兴趣，以为自己到了寿终正寝的时候，那时他健康状况很差，看上去像是真的要不行了，可一次偶然的机会，他与绘画结缘，从此，他迎来了自己人生的第二次青春。

莱伯曼是在一家老年人俱乐部里和绘画结下缘分的。那时，老人歇业已多年，他常到城里的俱乐部去下棋，以此消磨时间。一天，女办事员告诉他，往常那位棋友因身体不适，不能前来作陪。看到老人的失望神情，这位热情的办事员就建议他到画室去转一转，还可以试画几下。

“您说什么，让我作画？”老人好奇地问道，“我从来没摸过画笔。”

“那不要紧，试试看嘛！说不定你会觉得很有意思呢！”

在女办事员的坚持下，莱伯曼到了画室，平生第一次摆弄起画笔和颜料，但他很快就入迷了，周围的人也都认为他简直就是一个天生的画家。

81岁那年，老人开始去听绘画课，开始学习绘画知识。从此，老人感到重新找到了生活的乐趣，精神一天天好了起来。

1997年，洛杉矶一家颇有名望的艺术陈列馆专门为莱伯曼举办了一次画展。此时，已年过百岁的莱伯曼笔直地站在入口处，笑容满面，迎接参加开幕式仪式的来宾，许多有名的收藏家、评论家和新闻记者全都慕名而来。作品中表现出来的活力，赢得了许多观众的赞赏。

老人在展后接受采访时意兴盎然地说："我不说我有101岁的年纪，而是说有101年的成熟。我要借此机会向那些自认为上了年纪的人表明，这不是生活暮年，不要总去想还能活到哪年，而要想还能做什么，着手做点自己喜欢的事，这才是生活。"

有点时间就"充电"

一个人死后，在去阎罗殿的路上，遇见一座金碧辉煌的宫殿。宫殿的主人请他留下来居住。

这个人说："我在人世间辛辛苦苦地忙碌了一辈子，现在只想吃和睡，我最讨厌的就是学习和工作。"

宫殿主人答道："若是这样，那么世界上再也没有比这里更适合你居住的了。我这里有山珍海味，你想吃什么就吃什么，不会有人来阻止你。我这里有舒服的床铺，你想睡多久就睡多久，不会有人来打扰你。而且，我保证没有任何事情需要你做。"

于是，这个人就住了下来。

开始的一段日子，这个人吃了睡，睡了吃，感到非常快乐。渐渐地，他觉得有点寂寞和空虚，于是就去见宫殿主人，抱怨道："这种每天吃吃睡睡的日子过久了也没有意思。我对这种生活已经提不起一点兴趣了。你能否为我找一些书，并安排一个工作？"

宫殿的主人答道："对不起，我们这里根本就没有书，而且从来也不曾有过工作。"

又过了几个月，这个人实在忍不住了，又去见宫殿的主人："这种日子我实在受不了。如果你不给我书和工作，我宁愿去下地狱，也不要再住在这里了。”

宫殿的主人轻蔑地笑了：“你认为这里是天堂吗？这里本来就是地狱啊！”

不想学习和工作的人无法找到天堂。没有谁比那些整天无所事事的人更累、更无聊了，因为他们找不到休息的办法。学习与工作虽然累，但它却充满了情趣，让人富有生机和活力。

晋平公是春秋末期晋国的君主。他晚年的时候想学一些知识，可是总觉得自己已经老了。

有一天，他向乐师师旷求教说：“我现在已经70多岁了，很想学些知识，恐怕太晚了吧？”

师旷回答：“晚了，为什么不点蜡烛呢？”

晋平公没有听懂他的话，生气地说：“哪有为臣的这样戏弄君王的！”

师旷说：“我怎么敢跟您开玩笑！我记得古人说过：少年时爱好学习，就像日出的光芒；壮年时爱好学习，就像太阳升到天空时那样明亮；到老年还能爱好学习，就像点燃蜡烛发出的亮点。蜡烛的亮光虽然微弱，但同没有烛光在昏暗中愚昧地行动相比较，哪一个更好一些呢？”

晋平公点了点头说：“你说得真好！我已经明白了。”

如果你真的喜欢一件事情，那就凭借自身力量，跟随你的愿望去实现你的理想。你应该有不可阻挡的热情。什么也不能阻止你前进的步伐，只要想做，什么时间也算不得晚。

其实，只有认真学习，才能激发我们的创意。关于学习，古希腊大哲学家苏格拉底有他的看法。

开学第一天，苏格拉底对学生们说：“今天咱们只学一件最简单也是最容易做的事。每人把胳膊尽量往前甩，然后再尽量往后甩。”

说着，苏格拉底示范一遍，然后，要求大家从今天开始，每天做300下。他问：“大家能做到吗？”

学生们都笑了，大家心想，这么简单的事，有什么做不到的？于是，一个个和老师做了约定。

过了1个月，苏格拉底再问学生：“每天甩手300下，这么简单容易的事，哪些同学坚持了？”

每一个同学都骄傲地举起了手。

又过了1个月，苏格拉底又问有哪些同学坚持了，但这回，坚持下来的学生只剩下八成。

1年过后，苏格拉底再一次问大家：“请告诉我，最简单的甩手运动，还有哪几位同学坚持了？”

这时，整个教室里，只有一人举起了手。这个学生就是后来成为古希腊另一位大哲学家的柏拉图。

的确，乍看之下没有意义与远景的事物，往往很难让人坚持不懈，但是，我们永远不会知道哪些知识是我们需要的，哪些又是我们不需要的。如齐克果所说，“必须回首才会了解”，我们总是事到临头了才懊悔，“书到用时方恨少”，但是为时已晚了。

在学校里，所谓的通识课程，往往会被学生视为营养学分，既不需要花脑力学习，老师也不会过多要求，仿佛大家只要把自己所打算专攻的科目学好就成了。

这些通识课程或许与我们未来的专业没有直接关系，但是这些课程却会影响到我们如何成为社会人。例如，一个学数理的学生，如果对于史地文学完全没概念，那么终究是会成为一个无趣的人。同样的，一个热爱艺术的学生，只有满脑子虚幻梦想，却完全不肯了解生活现实，最后也很难在社会中生存。

换个角度来想，不同的科目领域也代表着不同的思维方式，多方涉猎，将有助于我们不至于走入某一个想法的死胡同中，同时还可以激发出无穷的创意。

用读书丰富你的精神世界

人是需要读一些书的，尤其是在现在富了物质穷了精神的时代，许多人在生活中迷失了方向，通过读书可以把自己从物欲名利中超拔出来，塑造美好的生活观念。

古今中外名人对读书都有极精彩的话语，唐朝皮日休赞美读书的好处：“惟文有色，艳于西子；惟文有华，秀于百卉。”英国莎士比亚谈道：“书籍是全世界的营养品。生活里没有书籍，就好像没有阳光；智慧里没有书籍，就好像鸟儿没有翅膀。”当代作家贾平凹说得更为精彩：“能识天地之大，能晓人生之难，有自知之明，有预料之先，不为苦而悲，不受宠而欢，寂寞时不寂寞，孤单时不孤单，所以绝权欲，弃浮华，潇洒达观，于嚣烦尘世而自尊自强自立不畏不俗不谄。”

当然，读书最快乐的境界莫过于进入美感境地，我们没有功利目的，只读自己喜欢的书。读书使我们足不出户便可以心游万仞，目极八荒，愿人们在书海中遨游，捡拾美丽的贝壳，构筑自己的精神大厦。

读书而且读对人有积极影响的好书是一生中的幸事，有可能从此你的世界观会有很大的不同。书是作者智慧的结晶，是对人生经过沉思后精心筛滤过的自我陈述，所以经常读书是一种完成思想成熟的捷径。

当阅读时，你会抛开一切的烦恼，悄然地被作者带入到一个全新的文化境界里自由漫步。在无数个夜晚里，你与一位长者展开了平静深远的交谈，驰骋古今、横跨时空与地域。

长者充满智慧且言语坦诚，他的思想会慢慢融入到你的心灵深处，字字叩击着你幼稚的灵魂。潜移默化中你对世界万物的着眼角度开始发生变化，你会用心去体会人生的真正含义，能够快乐积极地对待生活，学会欣赏美并去创造美，你将踏着智者们的思想阶梯逐步达到一定的领悟境界，认知到宇宙自然的博大和自身的渺小。

有人把一生不爱读书的人比做囚徒，他们囚禁在自我和无知的牢笼里，他们会经常地抱怨：“生活淡而无味，工作周而复始。”他们一定无法感到快乐，因为他们把自己套在一成不变的生活程序里，更多地关注于利益和得失，不仅对于外界的精彩无知无觉，而且忽视了生活中的点滴快乐，这种损失是非常可怕的。

古人曾说：三日不读书，面目可憎，语言无味。想必这就是真实的写照吧。

生活中我们离不开阳光、空气，同样，离开书本的日子也会是最乏味的，与书相伴的人生才最有意义。

懂得生活的人就会懂得书中的美妙，愿我们都珍惜读书时间，随手拿起一本心爱的书阅读吧，开始彼此的阅读人生。

书，是人类文化遗产的结晶，是人类智慧的仓库。培根说过："读书足以怡情，足以博彩，足以长才。怡情也，最见独处幽居之时；其博彩也，最见于高谈阔论之中；其长才也，最见于处世判事之际。"于是，世人甚爱读书。

读书有如下妙用。

1. 增加知识

培根曾经说过："读史使人明智，读诗使人灵秀，数学使人严密，物理学使人深刻，伦理学使人庄重，逻辑学、修辞学使人善辩；凡有学者，皆成性格。"读书，便能读懂历史，明了世界，于是古人语："两耳不闻窗外事，一心只读圣贤书。""秀才不出门，却知天下事。"

2. 陶冶情操

古人曰："腹有诗书气自华。"知识真正成为心灵的一部分，可以显现出内在的涵养。

3. 调整心情

不同的书，看时是不同时间与心情。吃饭的时候，适合看杂志；白天能挤出时间的时候，适合看小说；晚上独自一个人的时候，适合看散文、诗和词。喜欢读书，就等于把生活中寂寞的时光换成巨大的享受时刻。

在忙碌而焦躁的生活里，在寂寞的风雨的夜里，书籍可以给我们的心灵以温暖和充实。

当你遇到烦恼、忧愁和不快的事时，应先学会自我解脱，去读一读或翻一翻你喜欢的书籍和杂志，分散心思，改变心态，冷静情绪，减少精神痛苦。

4. 寻找高尚的朋友和指引

书可以成为一个忠实的朋友、一个良好的导师、一个可爱的伴侣和一个幽婉的安慰者。

雨果曾经说过：“各种蠢事，在每天阅读好书的情况下，仿佛烤在火上一样，渐渐熔化。”心灵是智慧之根，要用知识去浇灌。只有这样，才能运筹帷幄之中，决胜千里之外，能有指挥若定的挥挥洒洒，如范仲淹“胸中自有十万甲兵”，如诸葛孔明悠然抚琴退强兵。

当人们的心理状态趋于不平衡时，常常会出现烦躁、紧张、苦闷、愤怒、猜疑、忧郁等情绪。用阅读童话来调节自身情绪是一种行之有效的方法。

在艺术中发现你的才情

致力于养成一种高贵的性情，虽然你贫穷，但总有一天你会得到报偿。

在各种美好的艺术中，生活的艺术占有一席之地。像文学一样，它也属于人文科学。它是一种能使生活方式变得最有价值的艺术——充分利用每一件东西。它是一种从生活中获取最高的快乐并由此达到人生最高境界的一门艺术。

要想生活幸福，不运用某种程度的艺术是不可能的。像诗歌和绘画一样，生活的艺术主要源于天赋；但所有的人都能培养和开发它。它可以由父母和老师来培育，通过自我修养而得到完善。没有才智，它就无法存在。

幸福并非是一颗美丽、难以寻觅的巨大的宝石，无论付出怎样的努力也无法找到它；相反，它是由一系列普通而又细小的宝石所组成的珠串，它们散发出快乐和优美的情趣。幸福就是散布在普通生活道路上的各种不太起眼的快乐，这些快乐通常在我们热切地追求某些宏大而动人心魄的快乐时容易被我们忽略。在我们诚实而正直地履行普通职责的过程中，幸福就会露出会心的微笑。

在现实生活中，体现生活艺术的例子比比皆是。我们不妨看下面的例子。

两个各方面条件相同的人，其中一个懂得生活的艺术，而另一个人则不懂。

懂得生活艺术的人具有好奇的眼光和充满才智的心灵。在他面前，大自然永远是崭新的，充满了美好的事物。他生活在现在，回忆着过去，幻想着美好的未来。

对他来说，生活具有一种深刻的意义，它要求诚实地履行自己的职责以告慰自己的心灵，这样，生活也就快乐了。

他不断地完善自己，按照自己的年龄角色而行动，帮助那些绝望的人摆脱困境，积极从事各种美好的工作。他的双手永不会疲劳，他的心灵永远不会倦怠。他愉快地度过自己的人生，帮助别人成了他生活的快乐。不断增长的才智使他对人、对物每天都有新的领悟。

他为自己的人生留下了无数的荣誉和祝福，他的最大纪念碑就是他曾经做出的美好行为以及他在自己的同胞面前树立的有益的榜样。

而另一位不懂生活艺术的人，他的生活是单调的。在他的生命走向结束以前，他也没有达到真正的人的状态。

金钱为他贡献了一切，然而他却觉得生活空虚无聊、枯燥乏味。旅游不会给他带来任何好处，因为对他而言，自己的经历是毫无意义的东西。他活着只是为了向小旅馆老板和服务员收取佣金；即使在大山深处旅游多日，他也会觉得索然乏味；在乡间行走，面对辛勤的农夫和大批的羊群，他不会去搭讪和欣赏，而是把自己龟缩在车中。

美术画廊在他看来是令人厌恶的东西，他之所以进去看它们，那是因为看到别人也在这样做。这些“乐趣”很快就使他厌倦了，他对生活彻底地感到乏味了。

当他年老的时候，他成了一群赶时髦的闲荡者中的一员，生活中已没有任何能让他提得起兴趣的地方，生活成了一场化装舞会，在舞会里他只认识流氓、恶棍、无赖、伪君子和吹牛拍马的阿谀奉承之徒。

尽管他已不再热爱生活，然而他还是害怕失去生活。然后，他的人生舞台终于落幕。尽管他财富丰厚，他的生活却是一场失败，因为他根本不懂得生活的艺术，没有它，生活就不会有乐趣。

财富并不能给生活带来真正的热情，只有思考、欣赏、品位、修养才能带来生活的热情。在所有这些东西当中，一双有洞察力的眼睛和一个有感悟力的心灵是必不可少、无法替代的。具备了这些品质，人们就能变得有福，劳动和辛苦也会与最高尚的思想和最纯洁的品位密切相连。许多劳动者也许会因此而变得高尚和高贵。蒙田认为："所有的道德哲学就像它能适用于最辉煌壮丽的人生那样，也能适用于普通百姓的生活当中。每个人身上都拥有人类生活的全部形式。"

即使在物质的舒适方面，良好的情趣既是真正的节俭者，也是快乐的促进者。每当你经过朋友家门前的台阶时，你会不由自主地要观察一下他的屋子里是否具有某种情趣。例如，家里是否有一种干净整洁、井然有序、优美文雅的氛围，它会给人们带来愉快的感受，虽然这种感受只可意会不可言传。看看窗台上是否有鲜花、墙上是否挂有绘画，这是一个家是否有品位的标志。一只鸟在窗台上歌唱，家里摆满了书，而家具尽管是普通的，却很整洁宜人，甚至可说是精致，这就是有情趣的标志。

你可以在乡村小屋的家中看到这种情况，贫穷的生活因为充满了情趣而变得甘甜可口。他们选择心地善良、心胸开阔的邻居作为自己的朋友，在那里，空气是纯净的，街道是干净整洁的。乍一看，门前台阶是泥沙铺就，然而窗格玻璃却是一尘不染——也许正在盛开的玫瑰或天竺葵透过玻璃而在屋内散发着清香呢，屋里是佃农，但无论他有多贫穷，他都懂得如何充分利用自己的资源来制造生活的情趣。在别的地方你会看到与此不同的情景：臭味难闻的乡村小屋，脏兮兮的小孩在街沟里玩耍，邋遢的女人懒洋洋地靠在门框上，弥漫在整个房屋周围的是沉闷贫困的氛围！从每周的收入上讲，那个富有情调的乡村生活的主人也许没什么巨额收入，甚至比后者的收入要少。

所以，一个人也应当学会幸福生活的艺术。即使是最穷苦的人也可以通过这种艺术获取巨大的快乐和幸福。

无论在何种情形下，我们的心智都是我们自己所拥有的东西；我们应当愉快地珍惜那里生长出来的思想；我们可以在很大程度上调节和驾驭我们的性情和气质；我们可以教育自己并开发出我们天赋中最美好的东西，这些东西在大部分人身上都处于沉睡状态。

第十一章

工作再苦也要笑一笑，做个快乐的职场人

人到底为什么而忙

传说唐僧前往西天取经时所骑的白马，本是长安城中一家磨坊里的一匹普通白马。此马本无什么出众之处，只不过一生下来就在磨坊里干活，身强体健，耐苦耐劳，且老老实实，从不捣乱。玄奘大师想：西天路途遥远，去时要当坐骑，回来时要负重驮经书，况且自己的骑术又不是很好，还是挑选一匹老老实实的马吧。选来选去，就选上了这匹磨坊里的普通白马。

这一去就是17年。待唐僧返回东土大唐时，已是名满天下的传奇英雄。这匹白马也成了取经的功臣，被誉为“大唐第一名马”。白马衣锦还乡，来到昔日的磨坊看望老朋友。一大群驴子和马围着白马，听白马讲取经途中的见闻以及今日的荣耀，大家羡慕不已。

白马很平静地说：“各位，我也没什么了不起，只不过有幸被玄奘大师选中，一步一步西去东回而已。这17年间，大家也没闲着，只不过你们是在家门口来回打转。其实，我走一步，你也在走一步，咱们走过的路还是一般长，也一样的辛苦。”

众驴子和马都不言语了。是啊，自己也没闲着啊，怎么人家就成了“成功之士”，有荣誉有地位，自己还是老样子呢?

作为白马，它并没有因为跟随玄奘大师功成而返而表现出洋洋自得、高人一等，相反，它觉得自己只不过是和其他的马一样在奔走，并且走的路程一样长。

但是，其他的驴子和马的心态就没有可取之处了。每一个生灵的存在就一定有他的价值，玄奘大师取经只能带去一匹马，如果它们因为自己不能成为幸运儿而自怨自艾，反倒连自己的本职工作也会受到影响。不妨像白马一样，只要在自己的位置上能够发挥最大的价值就可以了。

盲目地忙碌，最后收获的是茫然。如果我们不能实现太高的生活目标，那我们就应该量体裁衣，制定最适合自己的目标，然后实现自身的价值。

有的人从头至尾都有一个明确的目标，为成就一番事业而奋斗，而有的人身不由己，随波逐流，每日所忙都只是为了伙食标准提高一些而已。大家一样的辛苦忙碌，谁也没闲着，甚至你比他还忙还累，可收获却大不相同。

当然，如何选定目标也很重要。一则要根据自己的兴趣特长，二则也要考虑到社会的发展趋势，争取能将自己的目标与社会的主流趋势结合起来。置身于哪种行业很关键，总不能人家在主旋律中高歌猛进，你在夕阳产业中垂死挣扎吧?否则同样是忙碌，结果却会不同。

中国有句成语叫做“碌碌无为”，碌碌，忙得不可开交，但却是“无为”，太可怕了。很多时候我们恐怕都没有把“忙”真正地定义清楚。忙是什么呢?忙应该是在特定的时间段中朝着特定的目标进行连续不断地努力的生存状态。忙碌可以使我们的生活充实，让我们将来回忆时觉得自己对得起时间、对得起自己。但是如果你只是为了不闲着而去忙，只是为了向人表明自己“重要”而去忙，那么无非是自己欺骗自己罢了。

没有压力不正常

有个人觉得生活很沉重，便去见哲人，寻求解脱之法。

哲人给他一个篓子背在肩上，指着一条沙砾路说：“你每走一步就捡一块石头扔进去，看看有什么感觉。”

过了一会儿，那人走到了头，哲人问有什么感觉。那人明白了生活越来越沉重的道理。当我们来到世界上时，我们每个人都背着一个空篓子，然而我们每走一步都要从这世界上捡一样东西放进去，所以才有了越走越累的感觉。

于是那人问：“有什么办法可以减轻这沉重吗？”

哲人问他：“那么你愿意把工作、爱情、家庭、友谊哪一样拿出来呢？”

那人不语。

哲人说："当你感到沉重时，也许应该庆幸自己不是总统，因为他背的篓子比你的大多了，也沉重多了。"

人生路坎坷的时日居多，升学、工作、晋级、成家哪一个环节都不可能一帆风顺，大部分时间都在负重而行，领导同事的误会、工作上的摩擦、生活上的不如意都是令人难过的源泉，这时候就得有负重而行的心理承受力。如果不够宽容，不够豁达，不会变通，最终会把自己逼入死角。

负重而行当然是一种痛苦，但没有负重就不可能体会无重的轻松惬意，没有负重而行，也就无所谓责任，从而也就无所谓取得成就，当然也就体验不到上了坡后那种如释重负的快感了，没有负重的生命是不完整的生命，没有负过重的人生是不圆满的人生。

每个人都不知道未来怎样。但我们不应该想生活怎样，应该多想想怎样生活。维持那颗平常心，平淡的生活同样精彩。在平淡中品味出快乐才是真正的幸福。

人生这么短，何必要让自己在名利中折腾呢？攀比只会产生烦恼。开奔驰车的固然威风潇洒；并肩漫步又另有一番幸福甜蜜。怎样才是一个完整的家？不是豪华洋房，昂贵花苑；而是两个人共同建筑、共同守护的"城堡"！我们这座城堡，牵着手才能找到，幸福是因为互相依靠。"城堡"的大小不在于它的实际面积，而在于两人心里的感觉。感情这个地基打得越牢固，日久你就会越感到它的"宏伟"。

压力是不可避免的，因此我们应该学会缓解压力，以下建议仅供参考。

1. 设立合理的目标

只要目标明确了，在行动上就不要发生动摇。人是需要精神支柱的，这个支柱是自己给自己树立的。有了这个心理上的强大动力，任何压力带来的疲惫和痛苦都是微不足道的。

2. 衡量自己的能力

知道自己的斤两，知道自己需要什么，能做到什么。无望的追求是空谈，每个人的理想都应该是脚踏实地的，就像吃惯了素菜的人非要去享受牛排，那油汪汪的东西固然很诱人，但真吃到自己肚里，半生不熟的还消化不了。

3. 拥有合理的欲望

这个世界是有道德标准和行为准则的，随意突破规范是要承担后果的。假如你的欲望是不善良的，是会给自己带来痛苦或给别人带来伤害的，就应该果断摒弃，消灭于无形。

4. 给自己一个健康、美好的心态

世界美丽纷繁，充满了阳光和温情。要懂得去欣赏她、接纳她、追求她。一时的痛苦是过眼云烟，长久的快乐是成熟心态应得到的回报。不要迷失方向、不要为情所困、不要妄自菲薄、不要贪得无厌，好好把握自己手中的幸福，每一分钟都会成为你自己的宝藏。

刘墉先生对人生的解释是："面对人生的起起落落，人生的恩恩怨怨，却能冷冷静静一一化解，有一天终于顿悟，这就是人生。"

警惕"心理上的炒股"

曾经有这样一个故事：

从前有个人坐在井边哭，过往的人问他缘故，他说自己的5分钱掉在井里了。有好心人安慰他道："不要难过了，我给你1角钱吧。"谁知那人还是哭个不停。别人有点不解了，就问他为什么还要伤心。只听他回答道："要是先前那5分钱不丢，我现在不就有1角5分钱了吗？"

别以为这个故事近似笑话就听罢一乐，其实，在这个小小的故事里反映出一个重要的心理现象，即许多人总是倾向于把自己生活中或思想中所有认为的某种重要的东西肆意夸大，使之成为他们思想和生活中压倒一切的东西。当产生这种人为放大的心理偏差时，他们就会死死盯住某些东西，如同炒股票一样，把它越炒越热，炒得大大超过了这件东西本身的价值，而对其他许多即使有更大价值的东西也会视而不见，丧失了不少生活的乐趣与成功的机会。上述"井边人"为了丢失的5分钱而耗费着自己的生命，殊不知它完全可以利用这个时间获得不知多少个赚取5分钱、5元钱、500元钱乃至5万块钱的机会，抑或获得其他许多更有价值的东西。

富兰克林是美国早期的大政治家和发明家。7岁的时候，他偶然见到别人吹哨子，哨声使他着了迷。于是他掏出了所有的铜币，买了一个哨子，回家后便得意洋洋地满屋子乱吹，把全家人都给吵烦了。当知道他竟付了四倍的钱买了这个哨子时，他的哥哥姐姐都数落他愚蠢上当了，直至他羞愧地哭泣起来。

很多年过去了，这桩童稚小事还总在他心头萦绕。当他跨入社会以后，他又发现人世间原来还有各式各样无形的“哨子”。为了这些本无价值的目标，多少人付出了高昂的代价。他终于悟出一个道理——人类的诸多不幸大都来自于对追求目标的错误估价上。舍本逐末，得不偿失，却还无自知之明。

有一位女孩，因高考那几天生病而影响了考试成绩，最后只上了一个她本不愿意上的大专，学了个她不喜欢学的专业，毕业后被分配到一家工厂。自从高考成绩揭晓那天起，她就把以后的命运全归结于高考的那场病上。每当她遇到什么不顺心的事时，就老爱想：“要是不生那场病，我早已考上正规的大学了，也没有现在这么多倒霉的事了。”于是在她的心目中，便把“上正规大学”这个目标的价值越想越高。而想得越高，就觉得自己现时的处境与自己的理想反差太大，因而失落感也越强。特别是由于追悔心理太重，不去主动适应参与创造生活，导致她在行动上始终处于一种被动无为的状态。比如上大专时学习不努力，不积极参加各种社会实践；参加工作后不积极，对同事缺乏热情，这些都使她成了一个生活的旁观者，无法找到自己在生活中的位置。

“考上正规的大学”正是这个女孩的“哨子”！“考上正规的大学”其实只是人们达到人生成功与幸福的一种并不唯一的手段，可这个女孩却把它错误地估价为人生的终极目标。“上大学等于有了一切，没上大学就等于一切全完”，这个女孩的人生之所以渐呈灰色，不正是这种“超价心理”在作祟吗？

对于自卑以及有着各种心理病症的人来说，几乎无一例外地存在着上述“心理上的炒股”现象。自卑者常常把自身上的某一缺陷，如相貌不佳、身体矮小、学历低、工作差、出身贫寒等，看得重之又重；而心理病症者，则爱把身体的某种症状，看成是必须立即解决的头等大事；强迫症患者会把自己的强迫意念和强迫行为，看成是毁灭自己前程的杀手；社交恐惧症的患者会因自己见人后的紧张脸红，而认为自己是胆小无能，没有出息；口吃者则会认为自己的口吃是天底下最为苦恼的事，非要全力以赴地加以解决而后快。这样“心理上的炒股”的结果是，“无事”变成了“有事”，“小事”变成了“大事”。

有一位患社交恐惧症的人曾这样讲过：“我会把自己的问题越想越重，先是一个弱点，然后是一个不小的弱点，然后是一个遮掩我全部优点的弱点，最后上升为一个致命的弱点。”

是该清醒的时候了。

人的生活模式不能过于单一，不能只从某种唯一的生活价值（如财富）中获得乐趣，否则人的思维将狭小片面，必将把某种东西升到不恰当的位置而自寻烦恼。

过去的事无论是成功与失败，重要的是从中吸取有益的经验教训。若沉湎于过去的往事，期望着过去的历史能够重写，为过去的事情反复追悔，都必将错失今日创造体验美好生活的良机。

不要和老鼠比赛

一只鼬鼠向狮子挑战，要同他决一雌雄。狮子果断地拒绝了。“怎么”，鼬鼠说，“你害怕吗？”

“非常害怕”，狮子说，“如果答应你，你就可以得到曾与狮子比武的殊荣；而我呢，以后所有的动物都会耻笑我竟和鼬鼠打架。”

和老鼠比赛的麻烦在于即使赢了，你仍然等同于一只老鼠的能力和水平。对于同低层次人的交往和较量，大人物是不屑一顾的。

在斗争中尤其如此。如果你与一个不是同一重量级的人争执不休，就会浪费掉自己的很多资源，降低人们对你的期望，并无意中提升了对方的层面。

同样的，一个人对琐事的兴趣越大，对大事的兴趣就会越小；而非做不可的事越少，就会越少遭遇到真正问题，从而就越关心琐事，如此形成恶性循环，离成功越来越远。这就如同下棋一样，和水平不如自己的人下棋会很轻松，你也很容易获胜，但永远长不了棋艺，而且这样的棋下多了，棋艺反而会越来越差，所以好棋手宁可少下棋，也尽量不和不如自己的人较量。和低手较量越多自己水平越臭。

美国管理大师沃伦·本尼斯说过："纯管理人也许能把事情做对，但是真正的领导人重视的是做正确的事情。"现代人的一大问题是开始太随意，注意力分散，分不清轻重缓急，也不善于区分大小。如果碰巧能力又强，即使错误的事情也能做得很好，不利的局面也多能被扭转，但这样就会无谓地耗费很多的时间和感情。

"最聪明的人是那些对无足轻重的事情无动于衷的人。但他们对那些较重要的事务却总是做不到无动于衷。那些太专注于小事的人通常会变得对大事无能。"抓住大事，小事自会得到妥善解决。一流人物大都具备无视小人物、小是非的能力。在你往前奔跑时，你不可以对路边的蚂蚁、水边的青蛙太在意——当然有毒蛇拦路是不行的。如果要先搬掉所有的障碍才行动，那就什么事也做不成。

许多人整天忙着处理琐碎的事情，总是抱怨腾不出时间做正经事。其实他们的潜意识在逃避做正经事。因为做大事是需要想象力、判断力、勇气和自信的。

第一流的人做第一流的事。第一流的人可以像凡夫俗子一样浪费时间，他要以并不长的生命，完成许多一流的事。如果一个人过于努力想把所有的事情都做好，他就不会把最重要的事情做好。

美国心理学家威廉·詹姆斯说过："明智的艺术就是清醒地知道该忽略什么的艺术。"不要被不重要的人和事过多打扰，因为"成功的秘诀就是抓住目标不放"。

由此看来，注意力实在是一种资本。

武侠小说大师温瑞安说过：“真正高手会把精、气、神集中于一击。”而在生活中，集中精力更是一种明智之举。因为在一定时期内，一个人的资源和能量是有限的，你无法同时做好数件同等重要、难度又都很大的事情。而琐事也同样会占据你的空间，消磨你的意志。

世界的开放性和信息量的倍增，给集体选择和个人的发展提供了机会，但也带来了大量的精神涣散和疲劳。选择就像是一条河流，它变得越宽，就有越多的人淹死在里面。人们需要越来越强的游泳技巧，需要游向正确的方向，因为你不可能就这么游下去。

不值得做的事，会让你误以为自己完成了某些事情。你消耗了大量时间和精力，得到的可能仅仅是一丝自我安慰和虚幻的满足感。当梦醒后，你会发现该做的事一件都没有做，而自己却已疲惫不堪。

一项活动的单纯规律性会逐渐演变成为必然性。一段时间之后，人们会说：“我们不应该让它消失，我们已经做了这么久。”这就像有的人明明不喜欢自己的恋人，却还要在一起，因为在一起很久了，习惯让人不愿意再作别的选择。但最终，一个人要为自己做了不值得做的事付出代价，这件事情越大，代价就越大。

登山的启示

2002年，北大山鹰们在珠峰折翅，曾引起社会上的广泛争论。有很多人认为：不值得。好端端地放着书不念，跑去逞什么英雄！也有的人为他们叫好。到底该如何看这件事呢？

我国有一位颇为有名的民间登山家，他的话意味深长：“我本人是1990年中国民间第一次登山的组织者。当时登的是昆仑山。1994年，清华和台湾联合登山，我也是主要成员。作为一名登过山的人，我自己经历了三次面对死亡的时刻，以及队员两次失踪的事情。现在回头来看，我想说的是：当年不应该去！”

“我说这话不是后悔登山。对于登山，我现在回忆起来还是激动的。‘不该去’的出发点是当年太血气方刚，年轻气盛了。个人英雄主义超越了一切。我今天还活着，只能说是运气好。”

“媒体批评北大登山队的装备不好，什么卫星电话之类的。在我看来，出事不是装备的问题。北大的装备在民间登山队中可以算是一流的了。比他们不好的多的是。就说我们当年吧，装备差得都叫人不敢想象，别说卫星电话，连对讲机都没有。谁敢说装备好就可以征服，就不会出事？不可能的！”

“可是，我们今天来谈这件事，重要的不是纠缠细节，而是应该从一些根本的，重要的面来反思。我们人在对待自然的立场上，应该是一种亲近，或者说是敬畏的态度，而不是征服。人类永远也不能征服自然，大自然太聪明了，太有力了。人在其中，应该去学习，而不是和自然较劲。”

“登山忌讳两件事：一、英雄主义。觉得登山是件英雄的事情。二、扎堆。也就是说和别人攀比。你登这么高，我一定要比你强。这都是要避免的思想。这些因素容易把登山复杂化，而这本身是件很单纯的体育项目。健康，平和，在思维方面有所探索，这是登山的真谛。人最大的毅力和勇气，是控制自己的情绪，以平和的心态看待每一件事。”

“我把登山看得很本质，很一般。就像看电影，那么你就要问了，探险，探的是什么东西？”

“从我的经验和体会来说，登山过程中人的身体是很苦的。在身体的超越中，人的精神得到了提升。从这个角度来说，探的是精神上的险，登的也是精神的顶峰。”

说得真好！可谓一语中的。比山更难以征服的正是人自己。

不受欢迎的偏执狂

一位正值壮年的某国家机关工作人员，跳槽到某公司担任部门主管。到了新公司后，他深感压力之大和竞争之激烈，只要稍有不慎，就有遭到淘汰的危险，他不得不承受快速的工作和生活节奏。另外，由于工作环境的改变，他对自己的期望值也高了起来。但最近他的身体也越来越差，经常失眠，做噩梦，记忆力开始下降，心情变得烦躁不安，动辄发火，有时甚至什么事也不想做，似乎已经心力交瘁。这是应激反应综合征的典型表现。

应激反应综合征是伴随着现代社会发展而出现的，直到近些年才受到世界各国的注意。这种病不仅与现代社会的快节奏有关，更与长期反复出现的心理紧张有关，如因怕遭解聘、怕被淘汰、怕不受重视而不得不承受来自工作、生活的压力和心理负担等，再加上家庭纠葛和自我期望过高。至于失眠、疲劳、情绪激动、焦躁不安、爱发脾气、多疑、孤独、对外界事物兴趣减退、对工作产生烦躁感等，则是应激反应综合征的先兆。

罗丝是一家电脑公司的部门主管，她为人很热情，工作能力也强。可是，她特别爱与别人发生争执，而且脾气一上来，总是大喊大叫，还经常痛哭流涕，让旁人非常尴尬和不悦。结果她的人际关系非常紧张。

在办公室内，是否可以发脾气或与人发生争执？有时候，某些事情你实在很看不过去，觉得受到不公平待遇，实在很想发作，但是为了顾及颜面，你勉强忍了下来。而你知道问题还是没有解决，愤怒不满的情绪仍然憋在心里，随时都有可能引爆出来。不巧，当你转过身去，看到一个同样满肚子怨气的家伙正对着你咆哮，他不自觉地嗓门愈扯愈大，分贝愈升愈高，这时，你可能的反应是——受到惊吓而不知所措？视若无睹地掉头走开？还是怒不可遏地反击回去？

美国有两位心理专家曾经针对一些上班族做过调查，结果得知有70%以上的人都承认，他们在办公室中曾经有过愤怒、焦虑、哭泣、哽咽的情况。对这些上班族而言，这是个“秘密”的经验，他们不希望被别人知晓，以免使自己变得很窘迫。调查发现，工作压力大的公司职员，有半数都产生过“揍同事”的念头！这并非耸人听闻，而是英国近日公布的一项调查结果。据称，高负荷的工作、爱出毛病的电脑还有惹人烦的同事都是这种“愤怒”的根源。而且，女性比男性更容易发火。在调查中，51%的女性称自己曾动过“暴揍同事”的念头。相比之下，男性还绅士一些，只有39%的人想过要打别人出气。

如果你观察，很容易就可以感受到工作上所遭受的压力、挫折、误会、争论、沟通不良等负面情绪随时存在，并且潜藏在工作场所的每一个角落。

一般人大都把在办公室内争吵视为禁忌，凡是愤怒、喧闹、轻佻、悲痛、焦虑、哭泣等这些情绪化的反应，都不应该出现在工作场所。因为，发脾气或许很有效，但是也很危险，它可能为你树立更多的敌人。

是的，我们一直相信一件事：办公室应该是冷静、理智的地方，那些情绪容易激动的人，不应该出现在办公室。

最近有点郁闷

如果你持续2个星期以上表现出以下5个以上的症状，你就需要就医或拜访其他心理健康专家：

（1）持续的悲伤、焦虑，或头脑空白。

（2）睡眠过多或过少。

（3）体重减轻，食欲减退。

（4）失去活动的快乐和兴趣。

（5）心神不宁或急躁不安。

（6）躯体症状持续对治疗没有反应。

（7）注意力难以集中，记忆力下降，决策困难。

（8）疲劳或精神不振。

（9）感到内疚、无望或者自身毫无价值。

（10）出现自杀或死亡的想法。

当然，大多数的人只是轻微地感到忧郁，还达不到抑郁症的严重程度。但这时也需要引起重视，调整心态和生活方式，防止抑郁变得更加严重。

抑郁症在西方社会被称为“精神上的流行性感冒”，其传播范围之广，受其影响之容易，可以从“流感”二字看得出来。在东方社会，抑郁症也并不少见，尤其是中国人，性格内向，往往真实思想不愿暴露，宁愿被抑郁情绪折磨，也不愿向精神病专家进行心理咨询。如此发展下去，可由抑郁情绪跨入抑郁症患者的行列，有的人便以自杀了结。

一般而言，导致抑郁的主要是性格原因。所以先要做的事就是改变看问题的方式，调整心态。

这种情绪上的不良状态，主要与以下8种心态有关：

（1）走极端。这种现象表现为运用非此即彼的方式思考问题，不是白就是黑。这种人一遇挫折便有彻底失败的感觉，进而觉得自身已不具任何价值，失去自信。

（2）以偏概全。认为事情只要发生一次，就会不断重现。生活中遇到困难与不幸，即认为困难、不幸会重复出现。一次恋爱失败，就认为以后也不会找到真心的爱人。

（3）消极思维。有的人遇事总想消极的一面，就像戴了一副变色镜看问题，整个世界看起来暗淡无光。他们常常用一个忧郁的假设支配着自己的思想，对事物只抓住它的消极部分，并牢牢记住。

（4）敏感多疑。有些人无事生非，终日担心自己将大病临头，遇事往往自我断论，主观猜疑，杞人忧天。

（5）自卑心理。有些人总习惯用悲观、消极、绝望的观点看问题，不自觉地具有自卑心理，在自卑的指引下，认为自己处处不如别人。例如，当看见别人取得某种成功，就会想“人家有本事，我不能跟人家比”。如果自己遇到挫折，不去从根本上找原因，而是想“我的运气本来就不好”，毫无根据地自怨自艾或愤世嫉俗，就会导致本来松弛的情绪变得紧张。

（6）自我评价过低。有的人把一般性过失、欠缺、挫折和困难看得过于严重，似乎做了不可逆转的错事。总是过分夸大自己的不足和过低估计自身的长处。

（7）扩大推理。有的人把自己的不良感觉当成事实的证据，如“我有负罪感，那么我一定是干了什么坏事”，“我觉得力不从心，那么我一定是‘低能儿’”。对失败只认为“早知道结果会是这样，又一次证明了我的无能”。尤其在情绪低沉时，这种感觉推理特别活跃。

（8）自责自罪。有的人总是主动承担别人的责任，并且妄下结论，认为一切坏的结果都是自己的过失和无能所致。即使外出，正巧天气不好，也会自认倒霉。如果自己无意中有了过失，别人并没有计较，或者早已忘掉了，自己也还会忧心忡忡，担心别人对自己有看法、有成见。他们过分注意别人脸色，以致更加束手无策，不敢行事，或者自暴自弃，不能有所进取。此种变形的自卑、内疚心理，来源于人格的变形和过分的责任感及义务感。

以上的错误认知，导致了许多人陷入抑郁困境而不能自拔。

再有就是生活中的一些事件、挫折也会导致抑郁，比如患了重病、顽疾，家庭出现了大的纠纷，工作、事业遭到了重大失败等。

好的心情是每个人的渴望。人们都愿意自己经常并永久处于欢乐和幸福之中。

但是，由于人们的期望太多，对唾手可得的成功又常不经意，就会出现“人生不如意十有八九”的感觉。再加上各种错综复杂的关系，千变万化的形势，甚至某些天灾人祸，人的情绪更是遭受各种各样的侵袭和打击。心情不快是不良情绪的一种表现。

那么，如何对待心情不快呢？及时转移与及时倾诉是我们给你的建议。

1. 分析、了解是什么造成了心情不快

正所谓知己知彼、百战百胜，漫无头绪是难以化解不良情绪的。知道了不快的根源，积极面对，主动自觉地消除这些因素，至少是降低自己的要求和期望，达到相对的均衡。

2. 转移法

转移的方法有很多。

首先是思路转移。当扫兴、生气、苦闷和悲哀的事情来临时，可暂时回避一下，努力把不快的思路转移到高兴的思路上去。例如，换一个房间、换一个聊天对象、有意去干一件事、去串门会一个朋友或有意上街去看热闹等。

其次是对象转移。亲近宠物，有意饲养猫、狗、鸟、鱼等小动物及有意栽植花、草、果、菜等，有时能起到排遣烦恼的作用。遇到不如意的事时，主动与小动物亲近，小动物凭借与主人感情的基础，会逗主人欢乐，与小动物交流几句更可使不平静的心很快平静。摘摘枯黄的花叶，浇浇生菜或坐在葡萄架下品尝水果都可有效调整不良情绪。

再次是目标转移。此地不留人，自有留人处。既然不可能爬上那座山，到旁边山谷看看风景也好。

3. 倾诉法

心情不快却闷着不说会闷出病来，有了苦闷应学会向人倾诉的方法。可以向朋友倾诉，学会广交朋友。如果经常防范着别人而不交朋友，也就无愉快可谈。没有朋友的话，不仅遇到难事无人相助，也无法找到可一吐为快的对象。把心中的苦处能和盘倒给知心人并能得到安慰甚至计谋的人，心胸自然会像打开了扇门。家人也是很好的倾诉对象。即使面对不很知心的普通朋友或陌生人，学会把心中的委屈不软不硬地倾诉给他，也常能得到心境立即阴转晴之效。当然，经济实力许可的情况下，经常找心理医生倾诉，往往能够更有效地调节情绪，有时还可能获得意想不到的指点。

4. 修养身心

这往往要从爱好、品德和思想境界着手。人无爱好，生活单调，而且与那些有着一两种令人羡慕的爱好的人相比，心中往往平添几分嫉妒与焦躁。除少数执著追求自己本职事业者外，许多人能培养自己的业余爱好。集邮、打球、钓鱼、玩牌、跳舞等都能使业余生活丰富多彩。每遇到心情不快时，完全可全身心一头扎到自己的爱好之中。

善良、和顺是最能够有效消除心情不快的美德，往往能够防患于未然。

5. “非我”疗法

慷慨大方，多舍少求，不必斤斤计较。这就是专家提出的“非我”疗法。知足者常乐，老是抱怨自己吃亏的人，的确很难愉快起来。多奉献少索取的人，总是心胸坦荡，笑口常开。整天与别人计较的人心理不可能平衡。太多关心别人应该怎么样的人，也不可能有效放松。对别人能广施仁慈之心，包括当素不相识的路人遭遇困难时也能慷慨解囊、毫不吝啬，这样的人往往很少出现烦心事。

装傻、视而不见、难得糊涂用在对待这类既烦心却又无关紧要的琐事时，也是改善心情再恰当不过的好办法。

面对生活应激，你怕吗

如果没有必须支付房租、消费而带来的应激，也许会有很多人宁愿选择睡大觉而不是去工作。适度的焦虑是考试前的复习和保证安全驾车所必要的。如果我们能够控制应激，任何应激性情况都可视为一种能产生有益结果的挑战。

有这样的说法："应激能致命。"在工作、家庭以及自身问题上，应激会使人精疲力竭，走投无路。应激可能造成恶性循环。人处于应激状态，不思饮食，会引起营养不良，从而抗感染力下降，不愿向他人诉说，进而不与他人交往从而引起抑郁状态；应激长期积累会导致怒火爆发，从而造成工作、家庭关系的紧张，这种感情上的紧张会给人带来精神上的痛苦，痛苦又会导致酒精和药物的滥用，最终导致灾难性的后果。

对于同样的应激源，相同的生活事件，不同的人可能会有不同的反应，这取决于：

（1）认知评价不同。对于同样生活事件的不同认识、理解、评价，从而引起不同的心理生理变化。

（2）社会支持不同。当人受到压力、处于困境之中时，如果家庭、朋友、同学、同事、组织会热心帮助他，给予精神与物质上的支持，那么，他便能很快摆脱困境。

（3）个性素质差异。人格发展不健全，对付应激的能力也差，受遗传因素的影响，较弱的生理器官更易发生应激反应性疾病。

那么如何对付生活应激呢？

1. 做现实性的选择

有些事虽可认识却无法改变，客观地面对现实，择机处理。

2. 了解自己的优势和不足

明确承认自己的力量有限，不必一个人去“包打天下”，懂得何时去求助他人。

3. 向亲友倾诉内心的忧伤

跟亲友诉说你的怒气，通过体力活动来消散你的怒气，或者干脆独自关在屋里大喊大叫，都是可选用的变通办法。

4. 学会调息

保持放松、减轻应激最简单的办法是：找一个安静的地方坐下来，闭上双眼，做个深呼吸，从头部到脚尖依次循序，全身肌肉放松伴有徐徐呼吸，全程为10～20分钟。

从积极的一面看，应激能提高人们的活力。没有它，人们会感到没有动力。

劳逸搭配，干活不累

比尔·盖茨说：“一个懂得劳逸结合的人，才是快乐的人。”

有句话说得好：有效的时间管理，就是一种追求改变和学习的过程。尤其一个善用休闲时间的人，工作起来会更有成效。

比尔·盖茨提醒我们说：世界上真不知有多少可以建功立业的人，只因为把难得的时间轻轻放过而默默无闻。

在我们的周围，经常有很多人说自己总是“很忙”“没有时间娱乐”或者是“已经好几年没有看电影”，这样抱怨的人犯了一个最大的毛病：太强调自己的重要性，认为自己是不可取代的。尤其是位置坐得愈高的人，这个毛病愈严重。在很多时候，不是他真的没时间，而是自己放不开。这种人总是口口声声说“等我有时间”“等我有空”……结果他一辈子都没等到时间，一辈子都没享受到生命。

比尔·盖茨认为：时间管理的第一个原则是：对每一件事都尊重，包括对休闲的尊重。心情是可以创造的，时间是可以掌握的，善于安排的人，永远不会喊“忙”，因为他知道自己要什么与不要什么。

国外有个叫尼勃逊的人，通过对百年来活跃于世界实业界的人士调查发现，这些人成功的关键在于，他们善于利用休闲时间去学习。

什么是休闲时间呢?休闲时间就是可以供人们自由支配的时间，也就是我们平常所说的业余时间，也有人称之为“8小时之外”。严格地说，真正的休闲时间应该排除用于家务、饮食等方面的时间，即完全可供个人自由支配的时间。自由，是休闲时间的一个特点。一般来说工作时间不能自由支配，工作时间的流向是基本确定的，具有一定的稳定性和限制性，例如，在工作时间里，务工的不能从医，从医的也不能务工。然而，休闲时间却截然不同，它没有强行规定人们的去向，自由度很大，基本上可以凭自己的兴趣加以选择。

在休闲时间中，人们为了满足自己的需要，可以去充分从事能够反映自我个性的有价值、有意义的活动。休闲时间的价值是很高的，它犹如编织知识网络的来回游动的梭子；对于发明创造来说，它是一种激发人的心理潜力的因素。

积极休息也是提高效率的关键。所谓“积极的休息”是因为这种休息有别于单纯的歇息，是为了保持工作效率而作的休息。即称为“积极的”，这种休息必须在短时间内达到最大的效果。

大家都知道，长期在办公室工作的人，时时都有一种疲劳感，那是因为他们长时间保持同一姿势，使得血液循环不良，导致肌肉疲惫。所以，如果你一直保持着前屈姿势，那么在休息的时候，可以做一些反方向的动作，使原本受压迫部位的血液得以畅通，使用过度的肌肉得以舒展。这些动作实在很有效。

疲倦的感觉是生理自然反映出来的警告。提醒我们身体某部位超过负荷。如果置之不理，将增加身体的负担。所以，一旦出现了警告信息，让负担过重的部位恢复正常，才是明智之举。

为了调节自己的疲劳感，可以来一次短暂的休息，但时间不宜过长，一般设定为3分钟。把休息时间定为3分钟。虽然没有什么学理上的依据，但3分钟正好是很多事情最小的段落。电话一通、拳赛一回合等，都是以3分钟为一单位。因此，只要3分钟，就足够使疲惫的身体恢复原本的活力。如果超过3分钟，可能会因为中断太久，无法立即继续先前的工作。这一来，休息反而降低了工作效率。至于这3分钟的使用方法，可就因人而异了。为了使疲惫的身心得到休息，你可以放下手边工作，听听音乐，或是欣赏自己喜爱的画家的作品。

当然，3分钟不过只是大略估计而已。只要能达到效果，2分半钟或是2分钟也是可以的。自然也并不是每小时都得休息3分钟。只要觉得身心能保持最佳状况，一点儿也不疲劳的话，继续工作也未尝不可。如果硬性规定每工作1小时就得休息，说不定会打断正在进行的工作，不但无法提高工作效率，反而降低了效率。

必要的午休是缓解身体劳乏所不可缺少的，但有时也不可忽视工作进行的情形，如果只因为时间到了就休息，往往会打断正进入状况的工作。所以，如果手边工作进行得很顺利，就不妨在告一段落后再休息。

可以说提高效率的方式举不胜举，各种妙招、高招很多。

例如大脑与动作器官并用式。某个工人干钉木箱的活儿，他每敲一下钉子就背诵一个外语单词。1年过去了，他不但完成了工作任务，而且毫不费劲地记住了5 000多个外语单词。加州大学一项研究表明，一个人在3年的开车时间里收听节目。就可以获得相当于2年大学教育的训练。

又如显意识与潜意识并用式。潜意识的活动往往觉察不到。在干某件事时，突然冒出其他的灵感，及时记录下来，是一举两得。在睡眠中同样可以学习，流行于欧美国家有名的“超级学习法”就是在睡觉时收听外语录音，效果很好。比尔·盖茨说：“对任何事情不要急着做决定，只要睡上一晚，就会涌出好的智慧。”很多名人都爱用这个办法。睡前自己给自己下达指令，睡醒后难题往往都能找到答案，这叫“一边睡觉一边成功”。

比尔·盖茨说：“我之所取得今天这样的成就，其实没有什么超人的本领，如果说有的话，只不过比别人更善于利用时间、管理时间。”

科学地安排休闲时间的方式是多种多样的，也是因人、因地、因时而异的，主要有以下几种方式：

（1）开发式。即把休闲时间作为开发自己潜能，实现自我价值的时间。

（2）结合式。休闲时间与工作时间是相互反馈、相互影响的，结合式实际上就是把闲暇活动作为本职工作的延伸与扩展，专业知识的储备和补充。

（3）陶冶式。即在休闲时间里从事多种有益活动，以陶冶性情，增长学识。

（4）调剂式。即闲暇活动与工作互相调剂，比如脑力劳动者在休闲时间最好是干些体力活儿，室内工作者在休闲时间最好到室外去，工作是逻辑思维的人休闲时间应以形象思维为主。

调剂的另一层意思是做到紧松、忙闲、劳逸、张弛相结合。既不是只张不驰、张而忘弛，搞得很紧张，也不要弛而不张，弛而忘张，并力戒一味求闲，闲上加闲，提倡张弛结合，劳逸适度。

忙里偷点闲也无妨

有一位猎人看到一件有趣的事情。有一天，他偶然发现村里一位十分严肃的老人与一只小鸡在玩说话游戏。猎人好生奇怪，为什么一个生活严谨、不苟言笑的人会在没人时像一个小孩那样快乐呢？

他带着疑问去问老人，老人说：“你为什么不把弓带在身边，并且时刻把弦扣上？”猎人说：“天天把弦扣上，那么弦就失去弹性了。”老人便说：“我和小鸡游戏，理由也是一样。”

生活也一样，每天总有干不完的事。但是，如果天天为工作疲于奔命，最终这些让我们焦头烂额的事情也会超过我们所能承受的极限。

当今社会，生活节奏不断加快，“时间”似乎对每个人都不再留情面。于是，超负荷的工作给人造成不可避免的疾患。

因为人们的生活起居没了规律，所以患职业病、情绪不稳、心理失衡甚至猝死等一系列情况时有发生，给人们生活、工作及心理上造成无形的压力。

这时，需要换一种心情，轻松一下，学会放下工作，试着做一些其他的运动，以偷得片刻休闲，消去心中烦闷。

有一位网球运动员，每次比赛前别人都去好好睡一觉，然后去练球，他却一个人去打篮球。有人问他，为什么你不练网球？他说，“打篮球我没有丝毫压力，觉得十分愉快。”对于他来说，换一种心态，换一种运动方式，就是最好的休闲。

你每天行色匆匆，为了生存、为了生活而奔波劳碌，你说根本没有时间。随着生活节奏的加快，争时间、抢速度已成为市场经济这个大环境中的普遍现象。

小义在一家知名外企工作，现在他怀疑自己得了健忘症。和客户约好了见面时间，可搁下电话就搞不清是10点还是10点半；说好一上班就给客户发传真，可一进办公室忙别的事就忘了，直到对方打电话来催……小义感觉自从半年前进入公司后，陀螺一样天旋地转地忙碌，让他越来越难以招架，快撑不住了。“那种繁忙和压力是原先无法想象的，每人都有各自的工作，没有谁可以帮你。我现在已经没什么下班、上班的概念了，常常加班到晚上10点，把自己搞得很累。有时想休假，可假期结束后还有那么多的活，而且因为休假，手头的工作会更多。”他无奈地向朋友诉苦。

在实际工作当中，类似于小义这种情况时常发生，尤其是在外企拿高薪的工作人员。

据有关统计，在美国有一半成年人的死因与压力有关；企业每年因压力遭受的损失达1 500亿美元——员工缺勤及工作心不在焉而导致效率低下。

在挪威，每年用于职业病治疗的费用达国民生产总值的10%。

在英国，每年由于压力造成1.8亿个劳动日的损失，企业中6%的缺勤是由与压力相关的不适引起的。

我们都有时间，并且可以试着改变自己。当你下班赶着回家做家务时，你不妨提前一站下车，花半小时，慢慢步行，到公园里走走。或者什么都不做，什么也不想，就是看看身边的景色，放松一下自己的心情，肯定会有意想不到的效果。

去海滨、名山休假不是每个人都能办到的，但学会忙里偷闲，作片刻休息，则人人都能做到。

告别“工作低潮”

身处于这个信息爆炸的时代，你会发现自己离社会越来越远，原本令你引以为傲的“知识”浑然不知道飞到哪里去了，在工作职场中碰到“笨人当道”或是“烦事不断”而陷入工作低潮，导致白天倦怠，晚上难眠。久而久之，脑子里一个似曾相识的想法悄悄地在脑袋中酝酿开来，不想上班了！

相信这些是上班族都会面临的问题。要如何让这种念头消散，是上班族们必修的课题，以下归纳出10种告别工作低潮的法则：

（1）重拾信心。“缺乏信心”往往是工作最大的敌人，所以你要做的第一件事是重新寻回自信。说一遍：“我是宇宙世界超级大美女，我的美丽、自信、聪明、才智无人能比，我是最好的……”就是要这样自我催眠。每天早晚面对镜子大声念10遍。

（2）坚持所选。既然这份工作是自己选的，就要相信自己的眼光，决不轻言放弃。牢记不要怀疑自己的选择，要忠于自己的选择。

（3）休息减压。如果长期的工作压力令你举步维艰，不妨请假做一次旅行，正所谓休息是为了走更长远的路嘛！

（4）补习充电。如果你的压力来源是自身的信息不足，那充电补习是你的最佳选择。

（5）运动减压。许多上班族都与运动无缘，而长期缺少运动不仅会带来肥胖和精神倦怠，这时“运动疗法”就派上用场了，适当的运动，可以为你减低压力。

（6）学会相处。一种米养百种人，当然不可能每个人的个性都相吻合，舌头、牙齿都会打架，更何况是人跟人之间。所以要学会真诚待人，当然真诚并不等于无所保留。相处的最高境界是永远把别人当做好人，但却永远记得不可能每个人都是好人。重点是，“老板永远是对的”，别给自己找麻烦。

（7）适时释放。在上班前、午休时和下班后，给自己安静和谐的十分钟。做你想做的事情，如喝喝咖啡、逛逛书店。在忙碌的人群中，悠然自得的释放一下。

（8）改变形象。改变心情不妨从改变形象开始。换个发型等于换个心情，偶尔轻松、偶尔严谨，换个态度，相信也是不错的。

（9）制造环境。工作效率的高低往往与工作环境有着不小的关联。告别生硬的报表、文件，换上朝气蓬勃的小盆栽，相信好心情会从此开始。

（10）另辟蹊径。如果以上方法均无效，最后一招就是另辟蹊径。天涯何处无芳草，想开点！

以上这十种告别工作低潮的法则，希望可以让你纾解压力。总有一项工作是合适你的，英雄不怕无用武之地。

一旦遇到合适的职业，端正态度，告别心理低潮，以全新形象投入，能让你成为一个上班高手。

简·莫尼克是美国康涅狄克州一家公司的市场部顾问。她对待压力的观点是：由生活、工作所产生的心理压力是不可避免的现代病之一。对待的方法不应是回避而是正确处理。她常说：“主动、正确地去处理各种问题、困难，你得到的回报是快乐和自信；相反，被动应付的做法则使你疲惫不堪。”

她的有力武器有两件：第一件是周密的工作计划，无论你选用计算机或铅笔和纸来做都无关紧要，重要的是用制订计划的方法来保持清醒的头脑，明确先做什么后做什么、哪些是最重要的和哪些是次重要的……

“那么，每天面对一份如此详尽的工作计划，你不觉得累吗？”当有人这样问她时。“噢，不！一点也不！”伴随着轻松的笑声，简亮出了她的第二件“武器”：那就是灵活性。“我的计划本身就具有相当的灵活性，我不仅计划‘要做什么’，也计划‘可以不做什么’。”简不无幽默地说：“比如陪孩子看场足球赛，每月与丈夫出外共进一顿浪漫的晚餐，这些都没写进我的计划里，却是非做不可的，别的事则可以量力而行。记住，‘非做不可的事情’不能太多。”

当我们面对繁重的工作压力时，想一想，这真的是非做不可的吗？其实，我们何不像善待他人一样关爱自己呢？

别把别人的压力揽上身

在印度，流传着这样一个故事。

有个穷理发师，他非常快乐，就像有时候只有神仙才能这么快乐一样，他没有什么可以担心的。他是国王的理发师，经常给国王按摩，修剪他的头发，整天服侍他。

甚至国王都觉得嫉妒，总是问他：“你快乐的秘密是什么？你总是兴致勃勃的，好像不是在地上走，而是在用翅膀飞。这到底有什么秘密？”

穷理发师说：“我不知道。实际上，我以前从来没听说过‘秘密’这个词。您说的是什么意思呢？我只是快乐，我赚我的面包，如此而已……然后我就休息。”

后来国王问他的首相——一个学识非常渊博的人。

国王问：“你肯定知道这个理发师的秘密。我是一个国王，我还没有这么快乐呢，可是这个穷人，一无所有，却这么快乐。”

首相说：“那是因为他并未置身于那种恶性循环之中。”

国王问：“什么恶性循环？”

首相笑了，说：“您在这个循环里面，但是您不了解它。让我们做一件事情来证明这种恶性循环的存在吧。”

晚上，他们把一个装有99块金币的袋子扔进理发师的家。

第二天，理发师好像掉进地狱里了。他忧心忡忡，事实上，他整个晚上都没有睡，一遍又一遍地数着袋子里的金币——99块。他太兴奋了——

当兴奋的时候，怎么能睡得着呢？心在跳，血在流；他的血压肯定很高，他肯定很兴奋，翻来覆去睡不着。他一再地起床，摸摸那些金币，再数一次……他从来没有数金币的经验，而99块又是一个麻烦——因为当你有99块的时候，1块金币是一个很难弄到的东西。他一天所挣的钱应付生活是足够了。但1块金币却也相当于他近一个月的收入。怎么弄到1块金币呢？他想了很多办法——一个穷人，对钱没有多少了解，他现在陷入困境了。他只能想到一件事情：他要断食一天，然后吃一天。这样，渐渐地，他就可以攒够1块金币。有100块金币……

他头脑中有一种愚蠢的想法：它必须变成100。

他很忧郁。第二天他来了——他没有在天上飞，而是深深地站在地上……不仅深深地站在地上，还有一副沉重的担子，一个石头一样的东西挂在他的脖子上。

国王问："你怎么了？你看起来很焦虑。"

他什么也不说，因为他不想谈论那个钱袋。他的情形每况愈下，他不能好好地按摩——他没有力气，他在断食。

于是国王说："你在干什么？你现在好像一点力气也没有。你看起来这么忧郁、这么苦闷。到底发生什么事了？"

终于有一天，他不得不告诉了国王。因为国王坚持说："你告诉我，我可以帮助你。你只要告诉我发生什么事了。"

他说："我陷入了一种恶性循环中，我现在是这种恶性循环的受害者。"

然而，在我们生活中的很多人，又何尝不是这样呢？有很多的压力是我们强加给自己的。人生本已经背负着太多的东西，何必再为难自己呢？

原本快乐的理发师，在金钱面前，因为缺少了一颗平常心，既拿不起，又放不下；既输不得，又赢不起。心境失去平静，生活失去平和，整个人生长河就像老式座钟上的钟摆，永远不得安宁地在两极情绪间起落挣扎，品尝着绵绵无尽的焦虑与惶恐、无奈与苦涩、疲惫与怨怒、失落与惆怅，最终陷入了恶性循环当中。

释放压力5绝招

1. 让悠闲来缓解你的压力

在一个美丽的海滩上，有一位不知从哪里来的老翁，每天坐在固定的礁石上垂钓。无论运气怎么样，钓多钓少，2小时的时间一到，便收起钓具，扬长而去。

老人的古怪行动引起了商人的好奇。

商人忍不住问："当你运气好的时候，为什么不一鼓作气钓上1天？这样一来，就可以满载而归了！"

"钓更多的鱼用来干什么？"老者平淡地反问。

"可以卖钱呀！"商人觉得老者傻得可爱。

"得了钱用来干什么？"老者仍平淡地问。

"你可以买一张网，捕更多的鱼，卖更多的钱。"商人迫不及待地说。

"卖更多的钱来干什么？"老者还是那副无所谓的神态。

"买一条渔船，出海去，捕更多的鱼，再赚更多的钱。"商人认为有必要给老者订一个规划。

"赚了钱再干什么？"老者仍显出那副无所谓的样子。

"组织一支船队，赚更多的钱。"商人心里直笑老者的愚钝不化。

"赚了更多的钱再干什么？"老者已准备收竿了。

"开一家远洋公司，不光捕鱼，而且运货，浩浩荡荡地出入世界各大港口，赚更多的钱。"商人眉飞色舞地描述道。

"赚了更多的钱还干什么？"老者的口吻已经明显地带着嘲弄的意味。

商人被这位老者激怒了，没想到自己反倒成了被问者。"你不赚钱又干什么？"

老人笑了："我每天钓上2小时的鱼，其余的时间嘛，我可以看看朝霞，欣赏落日，种种花草蔬菜，会会亲戚朋友，优哉游哉，更多的钱于我何用？”说话间，已打点行装走了。

老者以一种悠闲的心态在海滩上垂钓，观朝霞，赏日落，这是多么令人神往的人生境界啊！喧嚣的都市，繁忙的工作，给我们造成了太多太多的心理压力，那么，我们何不让自己像那位老者一样，给自己的身心一个释放压力的机会呢？

其实，悠闲是生命本身的一种自然状态。悠闲无法刻意去创造，而要靠心去感受。工作之余，偕三五知己一起去公园散步，有的人可以优哉游哉，不知身躯和灵魂之所在，不知不觉地坠入了悠闲的境界；而有些人虽然一心想悠闲起来，但几点几分还有什么事情要处理的念头会不时冒出来，挥之不去，他是无论如何也悠闲不起来的。所以，悠闲是一种心灵境界。

悠闲也是一种品位。醉中舞剑，隔窗读雨，无不是情趣欣然。但悠闲更是一种生态品位。茶余饭后，老农躺在院坪的竹椅上，“吧吧”地吸着烟，什么也不想，什么也不做，任微笑照亮满脸铜釉般的慈祥；信步由足，樵夫和着扁担的节奏，自由散漫地唱着古老的情歌，你能说这不是悠闲？人文品位通向生态品位，悠闲的状态进入更高的境界。悠闲是全人类的财富，但不是人人能够拥有的财富。

因此，悠闲无法做作。游手好闲与悠闲无关，无所事事也不是悠闲。如果把无所事事比喻为空旷萧瑟的原野，悠闲则是风光旖旎的自然旅行区。容易学到游手好闲，可以装作无所事事，但却装不了悠闲。

人，不能一生悠闲，也不能一生没有悠闲。悠闲是对生命状态，自身过重压力的一种调整，我们每个人都需要这种调整。

2. 在大自然中“放逐”自己

耶稣说：“人不能只靠面包过活，你的心灵需要比面包更有营养的东西。”你有多久没有唱歌，没有到大自然中走一走，没有读诗？是啊，对有着极大工作压力，繁重的生活负担，我们有多久没有关照过我们日益憔悴的心灵了？

每天忙忙碌碌工作的人，并不见得就不能洒脱。关键是要在忙中求闲，苦中见乐，紧张中求轻松。只要你学会享受生活，学会体验生活的快乐，世间一切皆美好。

或许，在某一个夏日的午后，你一觉醒来突然发现，由钢筋水泥簇拥而起的高楼将狭长的影子倾覆在熙熙攘攘的街道上，空中纵横的电线密如蛛网，偶尔栖落的几只可爱的小麻雀，远远望去，如活蹦乱跳的音符，透过喧嚣，竟给人以一种恬淡澈明的美妙。

在这样一个美丽的午后，你何不走出去，带着自己的心灵一起散步，带着自己的心灵一起看看天呢？

你肯定会慨叹：生活中原来有这么美的天空，生活中原来有这么美的云彩！可是，为什么你的步履总是那么匆匆，你的鞋子总是蒙着一层细土，你的履底无缘阅读洁白美丽的云朵？你的心遗忘在何处了？你的眼睛在追逐着什么？你为什么从来没有发现头顶上这片可供心灵散步的青天？

长期生活在都市中，缺少与自然亲近的机会。不妨抽时间到外面走走，张开双臂，投入大自然的怀抱。大自然如同一位慈祥的母亲，她会静静地听你诉说生活的烦恼，安慰你受伤的心灵。置身大自然中，走在绿树成荫的山间小路上，望着大自然造就的奇石怪状，听着叮咚的泉水声，以及清脆的鸟鸣声，让人感到如同置身世外桃源，心中的种种不快，也随着缭绕的云雾慢慢散去。漫步海滨，一望无垠的大海，波涛汹涌的海面，让人顿生几分豪气。通过旅游，既可以领略祖国的秀美山川，又可以遍访历史的足迹，缅怀古人，既放松了心情，又让自己的心灵受到洗礼。

大自然的魅力在于它巨大的生命力。越是原始的地方，我们越是感觉到生命力的强大。大自然的神奇，可以让人真切体会到生命的渺小和珍贵；大自然的美丽，可以让人体会到人生的美好。所以，生活中当你感到烦闷时，不妨背起行囊，一个人独自去游山玩水，到大自然中“放逐”自己。

置身大自然，漫步山水间，任我心自由自在地驰骋，在物我两忘的意境中，将天地万物置于空灵之中。这是何等地快意、何等无拘无束的心境啊！罗素曾经说过：“我们的生命是大地生命的一部分，就像所有动植物一样，我们也从大地上吸取营养。”当你走进大自然，投入它那宽广的胸怀时，大自然的一草一木似乎都有灵性，都会抚慰你受伤的心灵。望着山中那历经沧桑的松柏，以及那经历了千百年风吹雨打的岩石，你会重新豪情万丈，平添许多与困难作斗争的勇气。

3. 用音乐舒缓自己

音乐疗法是治疗心理疾病的一种有效方法。古今中外都有音乐能疗疾之说。音乐可以陶冶情操，人可以从音乐中获得力量。听音乐不仅是一种美的享受，它还能调节人的情绪。当心情沮丧、闷闷不乐时，打开音响，听听音乐，不仅可享受到一种美的艺术，而且可激发热情，兴奋大脑，使你从中获得生活的力量和勇气。

4. 放松训练

放松训练又称松弛疗法、放松训练，它是一种通过训练有意识地控制自身的心理生理活动、降低唤醒水平、改变机体紊乱功能的心理治疗方法。心理生理的放松，均有利于身心健康。

人们很久以前就在使用放松的方式来养生颐寿。像我国的气功、印度的瑜伽术、日本的坐禅，都是以放松达到心平气和、通体舒畅的目的。

放松训练认为一个人的心情反应包含“情绪”与“躯体”两部分。假如能改变“躯体”的反应，“情绪”也会随着改变。至于躯体的反应，除了受自主神经系统控制的“内脏内分泌”系统的反应不宜随意操纵和控制外，受随意神经系统控制的“随意肌肉”反应，则可由人们的意念来操纵。也就是说，经由人的意识可以把“随意肌肉”控制下来，再间接地把“情绪”松弛下来，建立轻松的心情状态。在日常生活中，当人们心情紧张时，不仅“情绪”上“张皇失措”，连身体各部分的肌肉也变得紧张僵硬，如心惊肉跳、呆若木鸡；而当紧张的情绪松弛后，僵硬肌肉还不能松弛下来，可通过按摩、沐浴、睡眠等方式让其松弛。

基于这一原理，“放松疗法”就是训练一个人，使其能随意地把自己的全身肌肉放松，以便随时保持心情轻松的状态。

下面介绍一些具体的方法：

（1）深呼吸。呼吸并不只有维持生命的作用，吐纳之法还可以清新头脑，熨平纷乱的思绪。所以当你因压力太大而心跳加快时，不妨试着放松身心，做几个深呼吸。进行深呼吸，能增加血液中的氧，有助于很快放松心情。简单用胸部快速浅呼吸只能导致心跳加快，肌肉紧张，会增加压力感。正确的呼吸方法是放松腰带，双手扶下腹，均匀平缓深呼吸。想想，为什么篮球运动员在投罚球前都会做一个深呼吸。

（2）想象。听起来很新鲜，研究证明想象能有效减轻压力，如想象自己在洗热水澡。自己在草地漫步，虽然没有看见，闻到近处有兰花，踩着鹅卵石在没膝深的溪水中探行，躺在海滩上让潮水一遍一遍地冲刷。要注意想象一些声音、景象、气味等的细节。

你若是能够认识——你并不是你思想的受害者，而是你心意的主人，那你将会觉得很快乐。请你一面体会我们所说的话，一面做一个深呼吸练习松弛。首先，深深地吸入一口气，然后呼气，在呼气的时候，你要尽量放松、放慢，不留丝毫紧张，好像非常悠闲。让你的头顶、额头、面部肌肉等，都完全放松。就是在平时，你的头也并不需要紧张，尤其是在你阅读的时候。相反地，如果你的头部松弛，你会觉得阅读很舒适，很容易。

其次，把你的舌、喉和肩都放松，你的手臂、手也要放松。即使你手握书本，也并不需要着意用力。接着把你的背部、胃部、腹部……一处一处地进行放松。让你的深呼吸带给自己十分轻松的感觉。

最后，是放松你的双腿、双足。这样做后，你的身体全部都放松了，和先前还未放松以前，有了很大的分别。

你现在会明白，原来自己的身体一向都那么紧张。是你把自己的身体绷得那么紧张，这表示你把你的心意也同样地绷得非常紧张。当你完全放松了以后，你可以告诉自己：“我现在已经不再紧张了。我已经让紧张离去，让所有的恐惧心也离去；我可以不再怨恨、不再惴惴不安、不再伤感，所有那些令我不快乐的感觉，我都在放松中让它们远远地离开了我。我现在很轻松，我对自己的生命和周围的环境，都觉得很好、很安全。”

请把这种练习，每天都重复做上两三次。多多去享受那种松弛后轻松愉快的感觉。假如你有困扰的思想出现，随时可以再做这种练习，把困扰赶走，使你永远沐浴于轻松愉悦的感觉之中。

每一次放松，时间大约以15分钟左右最为适宜。

当你做这种练习的时候，可以靠在一张椅子上，舒适地坐着进行。当全部肌肉由上至下都放松了以后，你可以想象自己是在一个海滩上，阳光和煦，清风徐来，海浪由远至近来到你的身前，穿过你的身体继续前去，你不必回避它，它远远地来，又远远地去。那海浪和你缓慢地深呼吸，节奏协调，令你尘念全消。

不论什么人，做这种松弛练习，都对身体有益，可以未病防范，有病治病。适当地发泄在平时能够得到放松，在情绪不好时，能够得到疏导，那就对生命非常有帮助。

5. 做个心理按摩，让自己放轻松

生活中，人们常被一些不愉快的事情所困扰，而心理按摩，是驱走不快，除却困扰的良好方法。通过心理按摩，可以增进身心健康。

心理按摩的方法很多。简单易行的有以下几种：

（1）幽默。幽默能驱走烦恼，使痛苦变成欢乐，使尴尬变为融洽。家庭中有了幽默，便有了欢乐和幸福；夫妻间有了幽默，便能相知相契。幽默是生活的味精，心理健康不可缺少幽默。

（2）逗笑。一笑解千愁。笑是心理健康的润滑剂，是生活的一种艺术，它有利于消除心理疲劳，有利于活跃生活气氛。生活中有了笑声，就有了美的呼吸。在亲友们心情不快之时，你不妨逗他一笑；自身产生苦恼时，你不妨想件亲历的趣事引发一笑。

（3）赏花。花草是美的象征，以眼赏花是用心灵的窗户进行心理按摩的好方法。置身花木之中，以花为伴，与花交友，顿使人心舒气爽，忘却心中不快，仿佛你的心中也会开出五彩鲜花来。为了赏花之便，你不妨在阳台或室内育几株花，视为伙伴。

（4）自娱。尽管现代娱乐生活五花八门。但它们无法代替自娱。家庭中，时不时开展一些娱乐活动，便能活跃家庭气氛，丰富家庭生活，密切老幼关系，增加友爱。这样，亲人之间就多了互敬互爱，少了口角纠纷。

每一天都神采奕奕

要经常注意自己是否精力充沛，因为一切情绪都来自于身体，如果你觉得有些情绪溢出常轨，那就赶紧检查一下身体吧。你的呼吸怎样？当我们觉得压力很重时，呼吸就会很不顺畅，这样就慢慢把活力耗竭了。如果你希望有个健康的身体，那就得好好学习正确的呼吸方法。

此外，保持活力还要维持足够的精力。怎样才能做到这一点呢？身体活动会消耗掉我们的精力，因而我们需要适度休息，以补充失去的精力。你一天睡几个小时呢？如果你一般都得睡上8～10个小时的话，很可能有些多了，根据研究调查，大部分的人一天睡6～7个小时就足够了。还有一个跟大家看法相反的发现，就是静坐并不能保存精力，这也就是为什么坐着也会觉得疲倦的原因。要想有精力，我们就必须“动”才行。研究发现，我们越是运动就越能产生精力，因为这样才能使大量的氧气进入身体，使所有的器官都活动起来。唯有身体健康才能产生活力，有活力才能让我们应付生活中各种各样的问题。

保持蓬勃朝气也并不是在公众场合装装样子，而透支心力体力，留下一身疲惫。而是以科学的方法调整身心，随时令人感到你的充沛精力与敏捷思维。

1. 在家中要情绪饱满

清晨旭日东升，在阳光下散步、慢跑或倒走一刻钟，此时的阳光射进视网膜，能阻止身体分泌一种令人昏昏欲睡的荷尔蒙，使你情绪饱满，精神焕发。

冲一个淋浴，而且水温不要太高，不要洗热水泡浴，那会使你睡意更浓。

淋浴时引吭高歌或者放些轻快的音乐，因为音乐能唤醒你的右半脑，使您情绪高涨。

上班前选择一套漂亮的外出装，对镜整装能唤起自信。适时化上较鲜亮的彩妆，以彩色心情迎接一天的工作。化了妆的颜面特别能给人不一样的感觉和心情，显出对生活的热爱。

当家务缠身感觉疲惫时，不妨丢开一切、做自己喜欢的事。如翻相册，写信给老友，出去买一件新衣服，等心情转好再列出计划完成家务。

2. 在办公室要充满活力

调校灯光，强弱适中的光和恰当的光源助你集中思想，从头顶射下的高强度灯光可能会引起偏头痛。别忘了在工作间隙做做深呼吸，以吸入更多氧气。

减少噪音干扰，电脑发出的高频率信号有损你的精力，因此当你不用电脑或暂时离开办公室时就把电脑关掉。佩戴耳塞也是一种有效的方法。

伏案工作过长，不妨打一两个呵欠。打呵欠能帮助新鲜血液加速流向大脑，从而起到提神醒脑的作用。或者伸伸懒腰，调整一下姿势，以避免肩炎之类的职业病。

如果你的工作过于刻板。可尝试作些改变，在工作程序上作些变动以加快效率。

可适当调整办公室的布置，给人面貌一新之感，也可在办公室放置相框、喜欢的盆栽、油画或励志格言，使环境温馨，并能从容应付具挑战性的工作。

3. 体操锻炼，朝气蓬勃

感到精神不振时散步片刻，10分钟轻快的散步会使后来的2小时内精力充沛。

如果你正在执行一套完整的锻炼计划，每周应有1天休息。以恢复体力。

以舒缓松弛的太极、瑜伽功代替快节奏的健身操。

大运动量的运动后不适合再干繁重的工作，而应是充分的休息调整。

4. 按时就寝，精力充沛

确定睡眠休息时间早晚的上限和下限，如11点半至早晨6点，避免养成睡懒觉的习惯。

睡眠不足是精神萎靡的重要原因，提前半小时入睡，2周下来等于多睡一晚。

白天小睡片刻有助于身体更好的调整和恢复。

避免吃得过饱后立刻睡觉，消化困难会影响睡眠，应尽量在饭后2小时才入睡。

现代化快节奏的生活，不仅需要你的刻苦耐劳、聪明机智，还要求具有旺盛的精力。萎靡不振的姿态不仅会使自己显得信心不足，也会使工作同事及上司难以看到你积极向上的一面。

第十二章

越放下越快乐，永远别跟自己过不去

凡事不必太计较

《盐铁论·毁学》中有这样一句话："君子怀德，小人怀土；贤士徇名，贪夫死利。"意思是说作为君子，不要像小人一样太贪恋那点蝇头小利，用通俗点的话来说，就是不要太斤斤计较。

在人与人交往中，谁都不喜欢那种将什么都分得清清楚楚，不让自己吃一点亏的人，因为这种人让别人觉得，与他交往非常累，自身什么亏也不吃，做事太过于认真。同样，在亲戚交往中，有些人对亲戚要求十分苛刻，总是尽量想对自己有好处，一旦亲戚有了困难，却不去关心和帮助，甚至避而不见，这是典型的世俗习气，是不足取的。

亲戚交往，气量要大一些，切忌斤斤计较。你给我半斤，我给你八两。而你敬我一尺，我敬你一丈。这样才有利于关系的密切发展。

朱德还在年轻的时候，特别注重与亲戚的关系。平时他总是为亲戚解决些困难，做些不计较个人得失的事情，使他的亲戚对他的印象非常好，彼此间的关系相处得非常不错。

朱德当时年轻强壮，很有几分气力，在每年的农忙季节，他总是很快地就把自家的庄稼给收完了。而这时，朱德并没有因此而停下来休息，他总是跑到其他亲戚的田地里去帮忙，这样，一天下来，总累得他腰酸腿疼。可第二天，他又拿起工具，继续去亲戚的田地里帮收庄稼，却从没有喊过累，也没有抱怨。

有一次，朱德跑到一个表叔家去收庄稼，可这个表叔却是一个疑心病特别重、很小心眼的人，看到朱德来帮忙，就怀疑他要趁机偷自己的庄稼，所以在朱德干活时，就不时地监视他的行动，特别是朱德要走的时候，还要偷偷地打开朱德带来放工具的筐子，检查是否有拿走什么东西，这一切朱德看在眼里，微微笑了一笑，然后说道："表叔，活干完了，我走了，我妈等我回家吃饭呢！"

说完，背起筐子，挥挥手走了，表叔看到这一切，惭愧地摇了摇头，心里不由暗暗钦佩。

不斤斤计较，这就是朱德与亲戚处好关系的最根本原因，不计报酬帮助别人，帮助别人也不声张，好心相助，即使被疑心也不抱怨。他如此大度，深受亲戚们的赞许，和亲戚们相处得很好。

有许多伟人待人处世都是如此。

毕加索对冒充他作品的假画，毫不在乎，从不追究，看到有伪造他的画时，最多只把伪造的签名涂掉。“我为什么要小题大做呢？”毕加索说，“作假画的人不是穷画家就是老朋友。我是西班牙人，不能和老朋友为难。而且那些鉴定真迹的专家也要吃饭，而我也没吃什么亏。”

雨果说：世界上最宽阔的东西是海洋，比海洋更宽阔的是天空，比天空更宽阔的是人的心灵。人心很大，可以包容一切。一颗宽容的心，能使浪子回头，能使坚冰融化，能带来宁静和坦然，能带走痛苦和仇恨。

醋劲儿别太大

你是一个爱吃醋的人吗？

在交杯换盏的餐桌上，只要谁提起吃醋，人们都会立刻发出含义丰富、暧昧莫名的笑。而那个一不小心要醋的人，马上就显出一种小孩子偷糖吃被发现般的尴尬与羞涩。

吃醋不是意味着情感妒忌、小情小调，就是指心理狭隘、小肚鸡肠。人们常对那些不相干却说话、动作酸溜溜的人说：“你吃的哪门子醋呀？”但人家就是爱吃醋，谁让你比人家幸福、美满、快乐来着？哪怕你这个月奖金仅仅比他多一二十块钱呢；哪怕俊男、美女（情人眼里的潘安、西施）或领导对你笑了一次呢。

职位、金钱、住房、婚姻、孩子、衣服、小饰物、好印象……哪样不会激起人们的醋劲儿？

在这个酸溜溜的时代，几乎谁都离不开“醋”，可也没有几个人乐意承认自己是一个爱吃醋的人。要真是把自己变成一瓶醋，让社会变得更温和，那也不错。可也有少数酸人，他们首先烧坏了自己的食道和胃口，然后也坏了别人的胃口。

所以说，吃醋不能免，可醋劲儿别太大。其实，吃醋挺好的，不是有助于消化吗？就算是吃人家的醋拈人家的酸也没关系，只要不因此恶意中伤别人就行。

醋，能让世界变得温柔、细腻，让人常怀感性与激情；没有醋，世界就算不变成一片沙漠，也会成为一个粗糙的钢铁村庄。但如今，醋在人体中的比例也未免太高了，人几乎成了“醋熘人片”。

我们希望醋是这样的：让人食指大动、津津有味，让人回味无穷，千万不要酸得无可理喻、伤胃破脸。

醋，该是一壶淡淡忧郁的浪漫，一壶微微嫉妒的憧憬。那种酸，该反衬出生活的成长，未来的甜蜜。即使是郁郁的人生，那种酸，也该是对花样年华的一份追忆，对春水东流的一声叹息。

一对甜蜜的幸福傻瓜

无论是在社会还是在家庭中，“糊涂”可以化解矛盾，可以化干戈为玉帛，可以冰消雪化，可以云开雾散，可以使家庭气氛轻松。“糊涂”一点可以使人保持心胸坦然、精神愉快，可以消除生理和心理上的痛苦和疲惫。这大概就是“难得糊涂”永不过时的原因。

在家庭生活中如何做到糊涂呢？

首先，要胸怀宽广，也就是要宽容大度。胸襟开阔、宽容大度表明一个人的自我修养，表明这个人明白事理、宽以待人。居家过日子往往会遇到许多不顺心的事。比如，丈夫的一位朋友急用钱，丈夫把钱借给了朋友，如果妻子是个小心眼，知道后就会琢磨，“他背着我借钱给别人，有一次就会有第二次，这次告诉了我，可能有时还瞒着我”。如果妻子光琢磨借钱这一件事还好，如果琢磨琢磨就往其他方面瞎琢磨了，如，“他不信任我了，他是不是不是把钱借给人而是送给了人，管他借钱的是男还是女，平常让他拿出点钱还挺难的，他怎么借给别人钱却挺大方”，等等。这就是我们平常所说的小心眼，钻牛角尖。遇到这样的人就不要和他计较。

在家庭中宽宏大量的丈夫，能够使家庭化险为夷。比如，妻子的特点是说归说，干是干，妻子每天做家务，心里觉得不平衡，难免嘴里要唠叨几句，发发牢骚，对此，丈夫不要计较，拿出“宰相肚子能撑船”的气量或开开玩笑。与宽宏大量的丈夫一起生活，妻子会安全、放心，没有后顾之忧。

其次，要对小事不要斤斤计较，不要过于注重生活琐事，不要求全责备。居家过日子每天都要遇到一些大事或小事，因此生活中的种种矛盾很难避免。如果遇到事夫妻之间总是斤斤计较，非要弄个谁是谁非，硬要讨个“说法”，这种较真的结果会带来烦恼和忧愁，久而久之，不利于身心健康与夫妻感情。特别是作为丈夫，作为男人就更不应该在小事上斤斤计较。有的丈夫，在妻子买回东西后，问得特别仔细，菜多少钱一斤，河西买是五毛钱，河东买是四毛五；单位出差和谁一起去，去几天，都去哪儿，怎么去等等。同样，有的妻子也对丈夫买回的东西品头论足，这东西你买贵了，或者是质量上有问题你就没好好挑挑，等等。你说他是关心吧，又觉得他挺烦。

对生活中无原则性的事，不必认真计较。从心理学角度看，对无原则性、不中听的话或看不惯的事，装作没听见、没看见或随听、随看、随忘，这种糊涂处世的做法，不仅是处世的一种态度，亦是家庭和睦的秘诀。

还有，在生活中我们常常觉得有的人活得特别累，除了把什么事都要弄个明白、较个真以外还刻意把事情做得完美，做到了觉得还能做得更好。比如，丈夫把地扫了一遍，妻子会觉得不干净再扫一遍，包括洗碗、擦桌子。实际上，在生活中会因为各种各样的原因限制把事情做得完美。另外，在家庭生活中，妻子或丈夫不可能是个完人，没有一点缺点，面对配偶的缺点、毛病要能够包容，一个人几十年养成的毛病，你让他立马改正是不可能的，比如，有的人吃饭吧唧嘴，有的人刷牙弄得响动特别大，还有的人不拘小节（跷腿、随手擤鼻子、乱弹烟灰），可能一辈子也改不了。所以，想把对方改造成一个新人是不可能的。只能耐心地帮助，时间长了，再加之周围同事、亲友的态度，他自己就不好意思了，也许会自己改正。

再次，要学会装傻。在家庭中有些事要学会装聋作哑。一般来说，妻子爱唠叨，有时一点小事就会翻来覆去地从早到晚唠叨个没完没了。有时，在外面遇到了高兴事会回家让丈夫与自己共同分享，遇到不高兴的事也会向丈夫诉说，希望得到亲人的安慰。这些事有可能在她看来是大事，但对别人来说可能就是小事。如果丈夫觉得挺烦，千万不要在嘴上说出来，脸上带出来，只装作没听见，任妻子去说，说得她自己都感觉到烦了，就不说了。

一位哲学家说过，一个宽宏大量的人，他的爱心往往多于怨恨，他乐观、愉快、豁达、忍让，而不悲伤、消沉、焦躁、恼怒。他对自己伴侣和亲友的不足处，以爱心劝慰，晓之以理，动之以情，使听者动心、感佩、遵从，这样，他们之间就不会存在感情上的隔阂、行动上的对立、心理上的怨恨。

总之，“小事糊涂”有益健康，有益家庭和睦。在夫妻之间糊涂一点、大度一点就会使夫妻关系更和谐。糊涂的女人是幸福的女人，同样，糊涂的男人也是幸福的男人。

一对恋人正爱得热火朝天，愈是爱到深处可言婚嫁时，愈是易于挑剔和苛刻。男嫌女缺乏自立的信心，惯于唠叨；女嫌男举止不雅，仪表粗糙。于是两人难免磕磕碰碰，爱情也因此蒙上一层阴影。有一次，男女两人结伴旅游，游船倾翻，男女双双落水，经过拼命挣扎，两人上得岸来又拼命救人。末了仍有数名游客丧生。被他们救上来的落难者感恩戴德，涕泪不止。

回到城市，两人就手拉手去办结婚证，不久就举行了婚礼。

无论是在婚姻中还是在恋爱中，过于计较小事都是不明智的。而身处平安和富裕之中的夫妻或恋人，往往易于对爱人的小事挑剔，求全责备。事实上，只有经历了生离死别，才显得两人世界的情谊珍贵。正如一位老人讲道：人到暮年时，当你的爱人先行一步去了另一个世界，许多的小事，许多的小缺点，也是回味无穷的。

能够不计较，是建立在充分的了解之上的。在现实生活中，每个人都与周围的人们结成各种各样的人际关系。在家庭中有夫妻关系、父母子女关系及其他亲属关系；在学校里有同学、师生之间的关系；在单位则有同事关系、上下级关系等。对与自己经常相处的人，要充分了解，包括他们的兴趣、性格、生活习惯、工作方式等，从而避免因互不了解而产生不协调，尤其值得注意的是，一定要善于发现别人的优点和长处。既要尊重别人，又要谅解别人，绝不苛求于人，而且乐于助人，这样相处，关系自然融洽。

著名语言学家王力说得对：不斤斤计较小事，不苛求于人。这样，对自己交往的上下左右的人乃至家庭，都会有一个比较和谐、亲密的气氛，而客观上反过来又促进了自己的心情舒畅，身心健康。人生活在社会群体之中，由于多种因素，矛盾、竞争是客观存在的，善于处理，则心情舒畅，乐观自如；不善于处理就会激化矛盾，影响健康。要搞好人际关系，必须了解各种性格的人，并体谅他人的困难，要心胸开阔，乐于助人，待人诚恳、虚心、不用自己的优点与别人的缺点比较，不搬弄是非，传播闲话，做到“流言止于智者”，更要避免同行相轻心理。能与周围的人和睦相处，在家庭或集体生活中有安全感和幸福感，愿为他人或集体多做有益之事，从而有利于他人，也有利于个人的身心健康。

别在乎小事，只要有情谊，就选择睁一只眼闭一只眼。

卡耐基认为，许多人都有为小事斤斤计较的毛病。人活在世上只有短短几十年，却浪费了很多时间，去愁一些1年内就会被忘掉的小事。

为改掉人们忧虑的习惯，卡耐基曾提出一些有哲理的法则：

（1）生命太短暂了，不要再为小事烦恼。

（2）当我们害怕被闪电击倒，怕所坐的火车翻车时，想一想发生的概率，会把我们笑死。

（3）要懂得闲暇时抓紧，繁忙时偷闲。

（4）对必然的事轻快地承受，就像杨柳承受风雨，水接受一切容器一样。

（5）如果我们以生活来支付忧虑的代价，支付得太多的话，我们就是傻瓜。

原谅那些无心的人

古时候有个宰相，一天，请来一位理发师给他理发。理发师给他理好发后，就给他修面。面修了一半，理发师忽然停下手中的剃刀，两只眼睛看着宰相的肚皮。宰相心想：肚皮有什么好看呢？就问道："你不修面，却在看我的肚皮，这是为什么？"理发师听了宰相的问话，说："人家说'宰相肚里好撑船'。我看大人的肚皮并不大，如何可以撑船呢？"宰相听了哈哈大笑，说："所谓'宰相肚里好撑船'，是说宰相气量大，对各种小事，都能容忍，从来不计较。"理发师听了，慌忙跪在地上，口中连连说："小人该死，小人该死。"宰相忙问："什么事？"理发师说："小人该死。在修面的时候，小人不小心，将大人左面的眉毛剃掉了，千万请大人恕罪。"宰相一听，十分气愤。他想，剃去了一道眉毛，如何去见皇上，又如何会客呢？正想发怒，但又一想，自己刚才讲过，宰相的气量最大，对那些小事，从来不计较，现在为了一道眉毛，又怎么能治他的罪呢？想到这里，宰相只好说道："去拿一支笔来，将剃去的眉毛给我画上。"理发师就按宰相的吩咐，给宰相画上了一道眉毛。

心胸狭小的人多烦恼，别人不能公正地对待他，会使其烦恼；自己的机遇不如人，也会使其烦恼。在生活中遇到些许不顺的事情，便会叫苦连天，仿若安徒生童话中那个豌豆上的公主。

在人的一生中，面对一个小小的过失，常常是一个淡淡的微笑，一句轻轻的歉语，就可以使内疚、紧张和不愉快化为无形；我们也常常因一件小事、一句不注意的话，使人不理解或不被信任，但不要苛求任何人，以律人之心律己，以恕己之心恕人。所谓"己所不欲，勿施于人"也寓理于此。

夏原吉，江西德兴人，是明宣宗时的宰相。他为人宽厚，有古君子之风。

有一次，夏原吉巡视苏州，婉谢了地方官的招待，只在客店里进食。

厨师做菜太咸，使他无法入口，他仅吃些白饭充饥，并不说出原因，以免厨师受责。随后巡视淮阴，在野外休息的时候，不料马突然跑了，随从追去了好久，都不见回来。夏原吉不免有点担心，适逢有人路过，便向前问道："请问你看见前面有人在追马吗？"话刚说完，没想到那人却怒目对他答道："谁管你追马追牛？走开！我还要赶路。我看你真像一条笨牛！"这时随从正好追马回来，一听这话，立刻抓住那人，厉声喝斥，要他跪着向宰相赔礼。可是夏原吉阻止道："算了吧！他也许是赶路辛苦了，所以才急不择言。"便笑着把他放走了。

有一天，一个老仆人弄脏了皇帝赐给他的金缕衣，吓得准备逃跑。夏原吉知道了，便对他说："衣服弄脏了，可以清洗，怕什么？"又有一次，奴婢不小心打破了他心爱的砚台，躲着不敢见他，他便派人安慰她说："任何东西都有损坏的时候，我并不在意这件事呀！"因此他家中不论上下，都很和睦地相处在一起。

当他告老还乡的时候，寄居途中旅馆，一只袜子湿了，命伙计去烘干。伙计不慎，袜子被火烧坏，伙计却不敢报告；过了好久，才托人情请罪。他笑着说："怎么不早告诉我呢？"就把剩下的一只袜子也丢进垃圾桶里。他回到家乡以后，每天和农人、樵夫一起谈天说笑，显得非常亲切，不知道的人，谁也看不出他是曾经做过朝廷宰相的人。

成大事业者有大胸怀。这样的人不会成日计较于鸡毛蒜皮，整天着眼于蝇头小利，枉费了许多时间和精力。一个人有了宽广的胸怀，他在生活中便多了理解，多了宽容，多了温和，多了宠辱不惊的气度。他也更能体会到宁静和幸福。

回忆那些真正美好的东西

有这样一则寓言——

上帝在天上坐着，天使在宝座旁站着，俯视下界，但见人群忙忙碌碌，熙熙攘攘。天使好奇地问："这些人在干什么?"

“他们在寻找一种叫做回忆的东西。”

过了一些时候，人群变得稀少而静止，这些人或坐或卧，白发苍苍，寂然无声。天使问怎么了?上帝说：“他们已经找到回忆了。”

现代人太忙，干什么都是来也匆匆，去也匆匆。大人们忙工作，孩子们忙升学，青年人忙充电，老年人忙爬山，男人忙，女人忙……如果当时间的列车突然急刹车，忙得不可开交的人们突然一下子闲了下来，许多人会有一种如同晕车般的感觉，那就是内心空虚。

有句话叫“失之东隅，收之桑榆”，我们的处境证明这句话反过来说也是正确的，在整日不得闲的时候，我们忽略了生命中最重要的东西——快乐。我们在整天忙着赚钱，物质财富得到极大丰富的今天，住在装饰得如同皇宫般金碧辉煌的钢筋水泥结构中，各种娱乐设备应有尽有，却总感到丢失了点什么，总感到心里特别空虚，总感到生活如同一潭死水一样没有生气，如同没放盐的饭菜一样没有滋味。我们只顾着经营身体赖以寄存的有形的家，却把心灵的家园荒芜了——我们把心丢了。而心是人的主宰，是人区别于动物的唯一身份证明。马牛是没有心的，它们奔波劳碌，方才换得一把粮草，终其一生，都是为了粮草而活。如果人的行为离开心的正确指导，如果人的心灵家园荒芜，仅为了衣食而奔波，与动物又有何差别呢?

于是乎有人到处寻找自己丢失多时的心，寻找昔日的感动与激情。有人去歌厅、迪厅寻找，有人到酒场上寻找，甚至有人动用高科技手段到网上找。可最终都一无所获。一味在物质世界里寻求无异于缘木求鱼，一味在名声、权力、财富、享乐中寻觅，只能使心灵更加荒芜。

有人百思不得其解，为什么自己整天吃山珍海味，却不如天天背着窝头爬山的老年人活得充实？为什么自己两口子穿戴都是名牌，却不如穿粗戴俗的老年夫妻恩爱，过得有滋味？其实，老年人生活充实而富有激情也没有什么秘方，正因为他们做到了“我亦无他，唯心细耳”。如果我们能和老年人一样闲暇时种竹浇花，下班后夫妻双双牵手把家还，饭后到公园中散散步，我们也能像以前一样感到充实，感到有激情，感到生活的乐趣，也能找回自己丢失的心。俗话说“踏破铁鞋无觅处，得来全不费工夫”，快乐其实就在我们身边，只不过我们没有用心体味罢了。

人储存回忆，一如驼峰储水，松鼠藏粟，植物埋下宿根。回忆是心灵方面的储蓄，评量人一生是否充实，可以根据他是否愿意回忆，是否有许多事值得回忆。

有人发誓不进公园，尽管那里的草早被剪过二十次，但他们怕从上面可以看见某一个人的脚印；有人讨厌插花，因为他曾经拿着花圃里买来的上等鲜花，左等右等，直到手中的花苞开放，还没有人来赴约；有人永远不愿再听某一支曲子；有人永远不愿再吃某一道菜；有人永远讨厌某一句口头禅。有些人，他平生有许多事情不堪回首，不忍或不敢回忆，因为他当时对那些事情的处理是错误的、失败的。那些事情一定是他一生中的大事。一个人，如果必须把生平大事从记忆中抹去，那心境也太悲凉了。

生活中那些琐碎的细节不会进入将来的回忆，你可以不必斤斤计较；如果一旦面临“大节”，就得心存警惕：“我将来要怎样回忆这件事?”必须使日后回忆起来能够觉得无憾、得到安慰才好。

没有人的心灵永远一尘不染

英国诗人威廉·费德说过：“舒畅的心情是自己给予的，不要天真地去奢望别人的赏赐。舒畅的心情是自己创造的，不要可怜地乞求别人的施舍。”

古代僧人也曾作一偈：“身是菩提树，心如明镜台。时时勤拂拭，勿使惹尘埃。”心如明镜，纤毫毕见，洞若观火，那身无疑就是“菩提”了。但前提是“时时勤拂拭”，否则，尘埃厚厚，似茧封裹，心定不会澄碧，眼定不会明亮了。

一个人在尘世间走得太久了，心灵无可避免地会沾染上尘埃，使原来洁净的心灵受到污染和蒙蔽。心理学家曾说过：“人是最会制造垃圾污染自己的动物之一。”的确，清洁工每天早上都要清理人们制造的成堆的垃圾，这些有形的垃圾容易清理，而人们内心中诸如烦恼、欲望、忧愁、痛苦等无形的垃圾却不那么容易处理了。因为，这些真正的垃圾常被人们忽视，或者出于种种的担心与阻碍不愿去扫。譬如，太忙、太累，或者担心扫完之后必须面对一个未知的开始，而你又无法确定哪些是你想要的。万一现在丢掉，将来想要时却又捡不回来，怎么办?

的确，清扫心灵不像日常生活中扫地那样简单，它充满着心灵的挣扎与奋斗。不过，你可以告诉自己：每天扫一点，每一次的清扫并不表示这就是最后一次。而且，没有人规定你一次必须扫完。但你至少要经常清扫，及时丢弃或扫掉拖累你心灵的东西。

每个人都有扫心地的任务，对于这一点，古代的圣者先贤看得很清楚。圣者认为，“无欲之谓圣，寡欲之谓贤，多欲之谓凡，纵欲之谓狂。”圣人之所以为圣人，就在于他心灵的纯净和一尘不染，凡人之所以是凡人，就在于他心中的杂念太多，而他自己还蒙昧不知。所以，圣人了悟生死，看透名利，继而清除心中的杂质，让自己纯净的心灵重新显现。

我们都有清理打扫房间的体会，每当整理完自己最爱的书籍、资料、照片、唱片、影碟、画册、衣物后，你会发现：房间原来这么大，这么清亮明朗！自己的家更可爱了！

其实，心灵的房间也是如此，如果不把污染心灵的废物一块一块清除，势必会造成心灵垃圾成堆，而原来纯净无污染的内心世界，亦将变成满池污水，让你变得更贪婪、更腐朽、更不可救药。

别想负面的心事

有个长发公主叫雷凡莎，她头上披着很长很长的金发，长得很俊很美。雷凡莎自幼被囚禁在古堡的塔里，和她住在一起的老巫婆天天念叨雷凡莎长得很丑。

一天，一位年轻英俊的王子从塔下经过，被雷凡莎的美貌惊呆了。从这以后，他天天都要到这里来一饱眼福。雷凡莎从王子的眼睛里认清了自己的美丽，同时也从王子的眼睛里发现了自己的自由和未来。有一天，她终于放下头上长长的金发，让王子攀着长发爬上塔顶，把她从塔里解救出来。

囚禁雷凡莎的不是别人，正是她自己，那个老巫婆是使她迷失自我的魔鬼，她听信了魔鬼的话，以为自己长得很丑，不愿见人，就把自己囚禁在塔里。

人在很多时候不就像这个长发公主吗？人心很容易被种种烦恼和物欲所捆绑。那都是自己把自己关进去的，就像长发公主，对老巫婆的话信以为真，把自己囚禁起来。

就是因为自己心中的枷锁，我们凡事都要考虑别人怎么想，别人的想法深深套在心头，从而束缚了手脚，使自己停滞不前。正是因为自己心中的枷锁，我们独特的创意被自己抹杀，认为自己无法成功；告诉自己，难以成为配偶心目中理想的另一半，无法成为孩子心目中理想的父母、父母心目中理想的孩子。然后，开始向环境低头，甚至于认命、怨天尤人。

仔细想想，很多时候，在人生的海洋中，我们犹如一只游动的鱼，本来可以自由自在地游动，寻找食物，欣赏海底世界的景色，享受生命的丰富情趣。但突然有一天，我们遇到了珊瑚礁，然后就不愿再动弹了，并且呐喊着说自己陷入了绝境。想想不可笑吗？自己给自己营造了心灵的监狱，然后钻进去，坐以待毙。

人生的确充满许多坎坷，许多愧疚，许多迷惘，许多无奈，稍不留神，我们就会被自己营造的心灵监狱所监禁。而心狱，是残害我们心灵的杀手，它在使心灵凋零的同时又严重地威胁着我们的健康。

巴特先生面临了工作上的瓶颈，他很想突破，但却觉得似乎总是有心无力。于是，他决定找生涯辅导专家咨询。

他来到了生涯发展中心，辅导老师为他分析了现状及瓶颈产生的原因，也和他共同拟订未来的行动方案。

然而，经过了几次的协谈，巴特先生仍然在原地踏步，不论是分析现况或规划未来，在谘商的过程中，巴特先生最常说的一句话就是："我知道……但是……"例如："我知道我应该要努力走出一条属于自己的路，但是我担心自己的能力不够！”

“我知道自己最想做的是和艺术有关的工作，但是家人期望我当工程师。”

“我知道应该多运动，但是工作实在太忙了，没有时间。”

“我知道我要改一改自己的脾气，但是个性本来就不容易改变。”

虽然是一句看起来稀松平常，也常被挂在嘴边的话，然而，当我们也成为“巴特族”的一员，经常讲出这样的话时，就代表我们的思考模式已经习惯地朝向限制性的想法。

在日常生活中，我们经常不自觉地被一些习惯性的想法所限制，例如：

从来没有人这样做过，还是不要冒险吧！

以目前的状况，绝对不可能完成。

这样做别人会怎么想？

这怎么可能做得到呢？别傻了。

我看不出有什么可能性，不可能会成功的。

我的学历（财力、人力……）不足，还是别妄想了。

心灵的力量是很大的，尤其是限制性或负面思考，形成了我们的内心对话，阻碍了我们迈向成长与成功的可能性。

放下心灵的重负

安徒生有一则名为《老头子总是不会错》的童话故事：乡村有一对清贫的老夫妇，有一天他们想把家中唯一值点钱的一匹马拉到市场上去换点更有用的东西。老头子牵着马去赶集了，他先与人换得一头母牛，又用母牛去换了一只羊，再用羊换来一只肥鹅，又把鹅换了母鸡，最后用母鸡换了别人的一口袋烂苹果。在每次交换中，他都想给老伴一个惊喜。

当他扛着大袋子来到一家小酒店歇息时，遇上两个英国人。闲聊中他谈了自己赶集的经过，两个英国人听后哈哈大笑，说他回去准得挨老婆子一顿揍。老头子坚称绝对不会，英国人就用一袋金币打赌，三个人于是一起来到老头子家中。

老太婆见老头子回来了，非常高兴，她兴奋地听着老头子讲赶集的经过。每听老头子讲到用一种东西换了另一种东西时，她都充满了对老头子的钦佩。她嘴里不时地说着："哦，我们有牛奶了！""羊奶也同样好喝。""哦，鹅毛多漂亮！""哦，我们有鸡蛋吃了！"

最后听到老头子背回一袋已经开始腐烂的苹果时，她同样不愠不恼，大声说："我们今晚就可以吃到苹果馅饼了！"

结果，英国人输掉了一袋金币。

从这个故事中我们可以领悟到：不要为失去的一匹马而惋惜或埋怨生活，既然有一袋烂苹果，就做一些苹果馅饼好了，这样生活才能妙趣横生，这样，你才可能获得意外的收获。

我们的心灵有着太多的负重，有得到，就会有失去。然而，倘若你紧紧抓住失去不放，得到就永远也不会到来。放下失败，抓住成功，就可以让生命重放光彩。而这一切，需要你有一颗淡泊名利得失、笑看输赢成败之心。个性乐观的人对得失看得很淡，他们认为"得"是劳作的结果，无论劳心劳力，"得"都是心愿的实施，了得了心愿，却难免会失去追求。得到功名利禄的时候，满心喜悦，但同时也失落了沉思与警醒；得到婚姻的时候，爱情的光芒免不了黯淡；得到虚荣的时候，灵魂却在贬值；失去最爱的时候，便是得到永恒的寄托；失去依赖的时候，便得到人生必备的磨砺；失去憧憬的时候，便得到现实的选择。

人生就是一场游戏，有时你会赢，有时则会输。你应该训练自己掌握游戏的规则，这样你就会尽可能多地在游戏中获胜。

两个工程师合作承担了一个研究项目，在项目即将完成时，做了一次试验，结果出乎意料地失败了，他们从中发现了一些以前未曾预见的问题。面对困难与挫折，一位工程师陷入了深深的自责之中，甚至怀疑自己是否还有完成研究项目的能力，而另一位工程师却为此感到欣慰：幸好现在及时发现了问题，这样可以在这个项目投入实际运作时避免许多错误。

毫无疑问，只有抱着积极的心态，才能使你有勇气迎战突如其来的挫折，不被挫折所击垮。也只有这样，你才能从挫折中获取有益的经验和教训，继续走上成功的道路。

对得与失的认知，看似平淡，却折射出一种对人生使命的思考，对物质和精神关系的透彻理解。人的一生，就是得与失互相交织的一生。得中有失，失中有得，有所失才能有所得。一个人为了实现人生目标，体现人生价值，暂时放弃一些物质上的享受，去追求让更多的人过上舒适幸福的生活，这种精神不仅让人尊敬，而且那种目标达成后的精神愉悦是一般人所体验不到的，是超越物质的更高层次的精神满足和享受。

打开心窗，给心一个自由

生而为人，就需要面对自然界的无穷变化，诸如山崩地裂、狂风暴雨、酷寒炙热……而生活在这个时代里，更需接受为满足物欲需求而对生存环境的破坏所带来的恶果，如各种剧烈病痛、河水土壤的污染、动物植物的灭绝……这些现象在处处影响着我们的生命及财产的安全。

当灾难或困境来临时，我们是无法逃避的。事情既然发生了，谁都无法改变现状，使其恢复原来的面貌，再多的哀怨都于事无补。唯有放开郁闷的心胸，迈开脚步，一点一滴重整自己的生活环境。如此，生命必将丰盈，理想亦可实现，因为生命力的展现，乃是此时此刻的耕耘，而不是缅怀过去，或是寄望将来。

当面临困境或灾难时，我们如何消除内心诸多不安的情绪，并重新建立起自信心呢?

首先，我们应欣然地接受事实，并承受内心的害怕及肉体的痛苦，不要想刻意逃避它，那是做不到的。但我们却可用正向的思想作用，使这些忧虑的情绪消除于无形当中，因为恐惧的情绪，只是心理的作用。反面的思想作用，产生了不安全的感觉；正面的思想作用，产生希望和理想。这些作用都由我们自己选择，每个人都有能力完全控制自己的内心。

有一位英国著名的解剖学者，被一名学生问道：“什么是医治恐惧的良方？”他的答案是：“试着替别人服务。”这学生听了感到惊奇，要求他加以说明，他说：“人的内心，不能同时存有两种心思，一种心思会把另外一种赶走。如，你内心已充满无私助人的念头，你就不会同时产生害怕的心情。”

其次，我们要认清一件事实，那就是世间所有的一切时刻都在变动着，没有任何一件事物可保长久不变。所以，我们永远无法抓住想拥有的东西，包括我们自己的身体在内。能够以此心态看待万世万物的幻化，则心胸必将豁然开朗，不再执著抓取，不思拥有，就不会担心害怕失去，所以恐惧、忧愁不安的情绪亦将远离，随风而去。

再次，虽然我们面对困境，但绝对不可自我放弃，认为自己已没有能力或机会完成生活目标，这是对自己不负责任的想法，他人的协助是有限的，而自己的能力却是无穷的。所以要实时采取行动，把心力用在可使力的事情上，想自己可以做的事，去做该做而且能做的事，这能鼓舞精神，显现生机。活力是从工作中产生的，在工作中可完成任务，看到自己努力的成果，能感觉自己生存的价值，使内心充满喜悦。

随时随地，我们都可看到墙壁的缝隙中，长出了不知名的小树、小花、小草，亦有更多攀爬类的树种。依实际状况，它们的生存环境，应该算是很差的，没有土壤的培育，养分的供给，只靠雨水或露水维持生命。它们不仅存活得很好，而且枝叶茂盛，甚至爬满了整面的墙壁。污泥中的莲花，在污泥之下长出的莲藕，提供了我们既爽口又富有营养的食物，而池面上的荷叶，虽被风吹或雨打而显现得枯黄叶破，但亦丝毫无损于绿叶衬托的作用，并支撑着花梗，使莲花绽放得更为摇曳生姿。这是自然界给我们最好的启示，不管环境是如何的恶劣，只要我们有毅力，重新做起，就能创造生机，建设理想的家园，完成生活的目标。同时，也可以从这个现象中看出活着就有生存的意义。

因此，每天晨起就给自己一个期望，当睁开眼睛之后，就想着自己今天可以去做什么，并把它完成。活得有目标，做起事来就会更有劲，对自己许下的心愿，任谁都会很乐意，并且很勤快地完成它。在工作的过程中，可以发觉乐趣、激发脑力，甚至有更佳的创意产生，这都是我们能力的展现及潜能的发挥，也是自我理想的实现。生命的意义，并不一定要建立在丰功伟业上，任何一点小小的成果，也同样可以显示出生命的价值。

人生的戏剧，我们自己是编剧、是导演、是演员。这出戏，我们想如何演，一切都掌握在自己的内心中。外在世界的舞台是否完美宽大，布景是否华丽美观，都不会影响我们的演出。因为，只要我们能打开心窗，天、地、时、空就是我们最佳的舞台；同时也是我们最华美的布景，在这样的情境中，我们是否应该尽心尽力地舞出生命的活力，歌咏出生命雄伟的乐章。最佳主角的您，还在等待吗？

第二次世界大战期间，丘吉尔到北非蒙哥马利将军行辕去闲谈时，蒙哥马利将军说：“我不喝酒，不抽烟，到晚上10点钟准时睡觉，所以我现在还是百分之百的健康。”丘吉尔却说：“我刚巧跟你相反，即抽烟，又喝酒，而且从不准时睡觉，但我现在却是百分之二百的健康。”很多人都认为是怪事，丘吉尔这样一位身负第二次世界大战重任，工作繁忙紧张的政治家，生活这样没有规律，何以寿登耄耋，而且还百分之二百的健康呢？

只要稍加留意就可知道，他健康的关键，全在有恒的锻炼，轻松的心情。毫无疑问，丘吉尔既抽烟，又喝酒，且不准时睡觉，这些并不足为训。但是我们是否知道，丘吉尔即使在战事最紧张的周末还去游泳，在战争白热化的时候还去垂钓，而且他刚一下台就去画画，估计很多人也没见他那微皱起的嘴边斜插着一支雪茄的轻松心情吧！

我们不妨学着丘吉尔那样给自己的心情放个假吧！也许我们不可能做到丘吉尔的完美，但只要学到一半，就可以得到百分之百的健康。

在现实生活中，如何使自己心情轻松？

1. “知止”

“知止”于是心定，定而后能静，静而后能安，心情还有什么不轻松的呢？

2. “谋定而后动”

做任何事情，要先有周密的安排，安排既定，然后按部就班地去做，能应付自如，不会既忙且乱了。在瞬息万变的社会里，当然免不了也会出现偶发事件，此时更要沉住气，详细而镇定地安排。事事要谋定而后动，就能像中国史书中的谢安那样在淝水之战最紧张的时刻还能闲情逸致地下棋了。

3. 不做不胜任的事情

假如我们身兼数职，却顾此失彼，又有何快乐可言呢？或者用非所长，心有余而力不足，心情又怎么会轻松呢？

4. 拿得起，放得下

对任何事情都不可1天24小时地念念不忘，寝于斯，食于斯，否则，不仅于身有害，而且于事无补。

5. 在轻松的心情下工作

工作尽管紧张，但心情仍须轻松。在你肩负重担的时候，千万记住要哼几句轻松的歌曲；在你写文章写累了的时候，不妨高歌一曲。要知道心情越紧张，工作越做不好。

一个口吃的人，在悠闲自在地唱歌时也不会口吃；一个上台演讲就脸红的人，在与爱人谈心时会娓娓动听。要想身体好，工作好，就一定要在轻松的心情下工作。

6. 多留出一些富裕的时间

好多使我们心情紧张的事，都因为时间短促，怕耽误事。若每一样事都多留出些时间来，就会不慌不忙，从容不迫了。最好的办法就是永把自用表拨快一定的时间。时时刻刻用表面上的时间警惕自己，如此则既不误事，又可轻松。

一个心情经常轻松的人沾枕头就睡着。一个心情经常紧张的人容易失眠。一个永远从容不迫的人准能长寿。一个紧锁眉头经常紧张的人定会早亡。给心情放个假，你便会时时感到快乐，无忧无虑。

别把简单的事弄复杂

哈瑞·爱默生·富斯狄克讲过这样一个故事：

“在科罗拉多州山的山坡上，躺着一棵大树的残躯。自然学家告诉我们，它曾经有过400多年的历史。在它漫长的生命里，曾被闪电击中过14次、无数次狂风暴雨侵袭过它，它都能战胜它们。但在最后，小队甲虫的攻击使它永远倒在地上。那些甲虫从根部向里咬，渐渐伤了树的元气。虽然它们很小、却是持续不断的攻击。这样一个森林中的巨树，岁月不曾使它枯萎，闪电不曾将它击倒，狂风暴雨不曾将它动摇，却因一小队用大拇指和食指就能捏死的小甲虫，终于倒了下来。”

我们不也都像森林中那棵身经百战的大树吗？我们也经历过生命中无数狂风暴雨和闪电的袭击，也都撑过来了，可是却让忧虑的小甲虫咬噬——那些用大拇指和食指就可以按死的小甲虫。

小事其实没什么，是我们自己夸大了它。

实际上，要想克服一些小事引起的烦恼，只要把看法和重点转移一下就可以了。这会让你有一个新的、开心点的看法。作家荷马·克罗伊讲了一个他自己的故事。

过去他在写作的时候，常常被纽约公寓热水灯的响声吵得快要发疯了。“后来，有一次我和几个朋友出去露营，当我听到木柴烧得很旺时的响声，我突然想到：这些声音和热水灯的响声一样，为什么我会喜欢这个声音而讨厌那个声音呢？回来后我告诫自己：火堆里木头的爆裂声很好听，热水灯的声音也差不多。我完全可以蒙头大睡，不去理会这些噪音。结果，头几天我还注意它的声音，可不久我就完全忘记了它。

“很多小忧虑也是如此。我们不喜欢一些小事，结果弄得整个人很沮丧。其实，我们都夸张了那些小事的重要性……”

狄士累利说：“生命太短促了，不要再只顾小事了。”“这些话，”安德烈·摩瑞斯在《本周》杂志中说，“曾经帮助我经历了很多痛苦的事情。我们常常因一点小事，一些本该不屑一顾的小事，弄得心烦意乱……我们生活在这个世界上只有短短的几十年，而我们浪费了很多不可能再补回来的时间，去为那些1年之内就会忘掉的小事发愁。我们应该把我们的生活只用于值得做的行动和感觉上。去想伟大的思想，去体会真正的感情，去做必须做的事情。因为生命太短促了，不该再顾及那些小事。”

学会养心

有个叫阿巴格的人生活在内蒙古草原上。有一次，年少的阿巴格和他父亲在草原上迷了路。阿巴格又累又怕，到最后快走不动了。父亲就从兜里掏出5枚金币，把一枚金币埋在草地里，把其余4枚放在阿巴格的手上，说："人生有5枚金币，童年、少年、青年、中年、老年各有一枚，你现在才用了1枚，就是埋在草地里的那一枚，你不能把5枚都扔在草原里，你要一点点地用，每一次都用出不同来，这样才不枉人生一世。今天我们一定要走出草原，你将来也一定要走出草原。世界很大，人活着，就要多走些地方，多看看，不要让你的金币没有用就扔掉。"在父亲的鼓励下，阿巴格走出了草原。长大后，阿巴格离开了家乡，成了一名优秀的船长。

这个故事告诉我们，只要我们珍惜生命，就能走出挫折的沼泽地。

人的生命只有一次，是父母的给予和上苍的恩赐，生命本身就是一种幸福。在历史的长河中，人的生命是短暂的，总有一天会走到终点，千金散尽，一切都如过眼云烟，只有精神长存世间。

美国克莱斯勒汽车公司的首脑人物李·艾柯卡，当初在福特汽车公司时，曾因工作不被信任而遭辞退。但他没有气馁，终于事业有成。

我国著名历史学家蔡尚思在年轻的时候也曾多次失业，一次被解聘后，他无事可干，便一头钻进了南京图书馆，利用一年多时间翻阅完数万卷的历代文集，收集了大量的资料，为他日后的研究打下了扎实的基础。因此，他的朋友称他"这段生活与其说是失业，还不如说是得业"。

高考失利后，不少人心灰意懒，消极抑郁，甚至积郁成疾，精神异常；但也有不少人榜上无名，脚下有路，自学成才。

在纷纷扰扰的世界上，心灵当似高山不动，不能如流水不安。居住在闹市，在嘈杂的环境之中，不必关闭门窗，任它潮起潮落，风来浪涌，我自悠然坚守信念。面对世俗，如砥柱不随波逐流；面对权贵，如雪峰坚守自己的高洁。这是勇敢，也是骨气。身在红尘中，而心已出世，如佛之能容天下难容之事，笑世间可笑之人。这是洒脱，也是一种境界。

心灵是智慧之根，要用知识去浇灌。读万卷书，行万里路。哲学使你聪明，历史使你明智。让知识真正成为心灵的一部分，成为内在的涵养，成为包藏宇宙、吞吐万物的大气魄。

人生要有所追求，追求事业，追求爱情，追求美好的生活。只有追求，生活才会更精彩，世界才会更美好。人还要有一颗平常心，多数都是普通人，个人的力量永远是渺小的，客观条件是第一位的，主观愿望是第二位的。不刻意，顺自然，常知足，平平淡淡也是福。

人生不如意事十之八九。面对挫折、苦难，能否保持一份豁达的情怀，能否保持一种积极向上的人生态度，这需要博大的胸襟，非凡的气度。要在逆境中磨炼出你的意志，不必计较一时的成败得失。感受孤独，安享寂寞，在彷徨失意中修养自己的心灵，这就是最大的收获。

简单一点活得好

在这个纷繁复杂的社会中，我们感到实在活得太累了。一道道人生难题，摆在我们的面前，需要我们去破译，去求证，去解答，去挣扎。一个人的智慧和力量毕竟是有限的，面对一张张生活的大网和一团团乱麻的人生，我们往往显得力不从心，甚至有一种贫血的感觉。

其实，人生本来有很多种选择，也有很多种活法，但我们往往过于追求完美，把原本很简单的事情搞得复杂化，因而常常被弄得很苦很累很浮躁。譬如说，同是生命的个体，本是相互平等，却非要仰人鼻息，察人脸色，揣人心事，日子过得诚惶诚恐、没滋没味。本来是很容易处理的一件事，却总是谨慎有余，小心翼翼，生怕因此触动了那张敏感的关系网。一次又一次，面临人生途中的一些选择，我们本不需要动太多脑筋，却非得瞻前顾后，左顾右盼一番不可，结果丧失了最佳时机，到头来后悔不迭……

人的社会性，决定了每个个体生命都要经历一定的人和事，这就要求我们必须有正常的心态和驾驭生活的能力。其实，这个世界并不复杂，复杂的是人自己本身，只要我们心想得简单一些，生活的天空便一片明媚。

生活是丰富多彩的，如晴空，如白云，如彩虹，如霞光，只要我们以简单之心去面对复杂的世界，生活的琼浆便汩汩而出，酿造出最甜最美的生活之汁。

活得简单些，这就是人生的最深内涵。

简单不是粗陋，不是做作，而是一种真正的大彻大悟之后的升华。

现代人的生活太复杂了，到处都充斥着金钱、功名、利欲的角逐，到处都充斥着新奇和时髦的事物。被这样复杂的生活所牵扯，我们能不疲惫吗？

梭罗有一句名言感人至深："简单点儿，再简单点儿！奢侈与舒适的生活，实际上妨碍了人类的进步。"他发现，当他生活上的需要简化到最低限度时，生活反而更加充实。因为他已经无须为了满足那些不必要的欲望而使心神分散。

简单地做人，简单地生活，想想也没什么不好。金钱、功名、出人头地、飞黄腾达，当然是一种人生。但能在灯红酒绿、推杯换盏、斤斤计较、欲望和诱惑之外，不依附权势，不贪求金钱，心静如水，无怨无争，拥有一份简单的生活，不也是一种很惬意的人生吗？毕竟，你用不着挖空心思去追逐名利，用不着留意别人看你的眼神，没有锁链的心灵，快乐而自由，随心所欲，该哭就哭，想笑就笑，虽不能活得出人头地、风风光光，但这又有什么关系呢？

生活未必都要轰轰烈烈，"云霞青松作我伴，一壶浊酒清淡心"，这种意境不是也很清静自然，像清澈的溪流一样富有诗意吗？生活在简单中自有简单的美好，这是生活在喧嚣中的人所渴求不到的。晋代的陶渊明似乎早已明了其中的真意，所以有诗云："结庐在人境，而无车马喧。问君何能尔？心远地自偏。采菊东篱下，悠然见南山。山气日夕佳，飞鸟相与还。此中有真意，欲辩已忘言。"简单的生活其实是很迷人的：窗外云淡风轻，屋内香茶萦绕，一束插在牛奶瓶里的漂亮水仙，穿透洁净的耀眼阳光，美丽地开放着；在阳光灿烂的午后，你终于又来到了年轻时的山坡，放飞着童年时的风筝；落日的余晖之中，你静静地享受着夕阳下清心寡欲的快乐……

简单是美，是一种高品位的美。

1. 对待得失，我们不妨简单一些

生活对每个人都是公平的，有得就有失，有失就有得，塞翁失马，焉知非福，得与失是可以相互转化的。只要拥有一颗平常心，去善待生活中的不平事，与世无争，知足常乐，少一份嫉妒，多留一些时间和精力做自己喜欢的事，命运的光环自然会降落在你的头上。即使命不由人，也不必斤斤计较，你走你的阳光道，我过我的独木桥，你有你的活法，我有我的活法，眼睛里何必揉进一颗难受的沙子。抛去名利，放开权欲，用简单的心走过自己轻松而快乐的人生。若干年后，当我们回味起来，就不会感到寂寞，不会牢骚满腹，怨天尤人。

2. 在是非面前，我们不妨简单一些

社会是一盘杂菜，什么货色都有，人上一百，形形色色，个中是非众人自有公论，道德自有评价。对此，我们不必去理会谁在背后说人，谁在人前被人说。也不必理会谁投来的一抹轻蔑，谁射过来的一瞥白眼。对那些微妙的人际关系，不妨视而不见，充耳不闻，排除一切有形或者无形的干扰，不必计较自己是吃了亏还是占了便宜。只要拥有一颗正直的心，忧国之所忧，想己之所想，不损国家，不谋私利，把家与国统一起来，我们心中的阴霾就会一扫而空，心境也会因此变得日益明朗和愉快起来。

3. 在待人处世方面，我们不妨简单一些

我们总是生活在一定的社会环境中，每天都要和各种各样的人打交道。对家人，对同事，对邻居，对朋友，其交往的程度还是平淡一点好。君子之交淡如水，何必纠缠于那些不胜其烦的繁文缛节之上。只有脱去一切伪装，善于真诚待人，相互宽容，相互帮助，心灵不设防，不要两重人格，有快乐共同分享，有困难共同分担，人与人之间就会架起一座理解与信任的桥梁，人间的真情就会开出绚丽的花朵。

第十三章

塑造豁达心胸，宽容就是快乐之源

豁达是人生至高的境界

豁达是一种至高的人生境界，是一种高尚的道德修养，是一种优秀的传统美德。豁达是原谅可容之言、包涵可容之人，饶恕可容之事，时时宽容、事事忍让。只有这样才能让自己达到宠辱不惊的境界，创造安宁的心境。

豁达是一种情操，更是一种修养。只有豁达的人才真正懂得善待自己，善待他人，生活才充满快乐。

豁达也有程度的区别，有些人对容忍范围之内的事会很豁达，一旦超出某种限度，他就会突然改变，表现出完全相异的反应。最豁达的人，则具有一种游戏精神，将容忍限度扩大。

有这样一个故事：

一个身经百战、出生入死、从未有畏惧之心的老将军，解甲归田后，以收藏古董为乐。一天，他在把玩最心爱的一件古瓶时，不小心差点脱手，吓出一身冷汗，他突然若有所悟："当年我出生入死，从无畏惧，现在怎么会吓出一身冷汗？"片刻后，他悟通了——"因为我迷恋它，才会有忧患得失之心，破除这种迷恋，就没有东西能伤害我了，遂将古瓶掷碎于地。"

豁达者的游戏精神，即是如此。既然他把一切视为一种游戏，尽管他同样会满怀热情，尽心尽力地去投入，但他真正欣赏的，只是做这件事的过程，而不是目的——游戏的乐趣在于过程之中。那么，他也就解除了得失之心的困扰。

据说一位店主的年轻帮工总是迟到，并且每次都以手表出了毛病作为理由。于是那位店主对他说："恐怕你得换一个手表了，否则我将换一位帮工。"这话软中带硬，既保住了对方的面子，又严厉地指出了对方的过失，这样比较易于让对方接受。

豁达才会赢得拥戴，一个领导者必须有大度的心胸，才能容下形形色色的下属、各种人的脾性和工作中的各种压力，站在自己事业的高处。

一位德高望重的长者，在寺院的高墙边发现一把坐椅，他知道有人借此越墙到寺外。长老搬走了椅子，凭感觉在这儿等候，午夜，外出的小和尚爬上墙，再跳到“椅子”上，他觉得“椅子”不似先前硬，软软的甚至有点弹性。落地后小和尚定眼一看，才知道椅子已经变成了长老，原来他跳在长老的身上，后者是用脊梁来承接他的。小和尚仓皇离去，这以后一段日子他诚惶诚恐等候着长老的发落。但长老并没有这样做，压根儿没提及这“天知地知你知我知”的事。小和尚从长老的宽容中获得启示，他收住了心再没有去翻墙，而是通过刻苦的修炼成了寺院里的佼佼者。若干年后，他成为这座寺院的长老。

无独有偶，有位老师发现一位学生上课时时常低着头画些什么，有一天他走过去拿起学生的画，发现画中的人物正是龇牙咧嘴的自己。老师没有发火，只是憨憨地笑了笑，要学生课后再加工一下，画得更神似一些。自此那位学生上课时再没有画画，各门课都学得不错，后来他成为颇有造诣的漫画家。

通过上面的例子，我们可以归结出一点：主人公以后的有所作为，与当初长老、老师的宽容不无关系，宽容是一种无声的教育，可以说是宽容唤起的潜意识纠正了他们的人生之舵。

如果长老搬去椅子对小和尚施以惩罚，“杀一儆百”也是合情合理的，小和尚也许会从此收敛，但可能不会真正地反省。同样，如果老师对学生的恶作剧大发雷霆并且狠狠地批评，可能学生以后再也不敢在课堂上干别的事情，但是在学生的心中会留下伤痕，可能谈不上后来的成就了。

在日常生活中，当有人在背后传播你的谣言，或是说你的坏话时，你是想找机会报复他，还是不与他争执、宽容他呢？当你的亲戚或挚友有意无意地做了对不起你的事，你是与他从此绝交，还是默默承受，宽容他呢？如果你是一个处事冷静的人，那么你应该选择宽容，这样的选择对自己对他人都有好处。因为宽容不仅可以使自己从仇恨与烦恼中解放出来，天天都有好心情，还可以让自己的身体因放松而健康，更能让我们在和谐中交际，拥有一个好人缘儿。

拥有豁达是幸福的基础

或许在结婚之前，你会觉得自己心目中的那个他（她）很完美，简直无可挑剔。但是在漫长而平淡的婚姻生活中，你才发现他（她）也是缺点一大堆，根本就没有你想象的那么完美。此时，你是愤愤然地选择离开，还是用一颗宽容的心来呵护你们之间的真爱呢？

一位老妈妈在她50周年金婚纪念日那天，向来宾道出了她保持婚姻幸福的秘诀。她说："从我结婚那天起，我就准备列出丈夫的10条缺点，为了我们婚姻的幸福，我向自己承诺，每当他犯了这10条错误中的任何一项的时候，我都愿意原谅他。"有人问，那10条缺点到底是什么呢？她回答说："老实告诉你们吧，50年来，我始终没有把这10条缺点具体地列出来。每当我丈夫做错了事，让我气得直跳脚的时候，我马上提醒自己：算他运气好吧，他犯的是我可以原谅的那10条错误当中的一个。"

走在婚姻的漫漫道路上，总会有些风霜雪雨、坎坎坷坷，并不总是艳阳高照、顺顺利利。面对生活中的一些矛盾，如果我们可以像那位老妈妈一样，让宽容和忍让引导自己去寻找快乐，那么你就会发现，其实幸福就在你我身边。

所以，能互相宽容的夫妻一定会在幸福的道路上走得更远；能互相宽容的朋友一定会在友谊的道路上走得更长。

拥有宽容的态度、豁达的心胸，可以使你优秀而有素养，同时也能感染周围的人群。懂得宽容别人，自己就会心平气和地去处事，不会发脾气，不会与别人发生正面冲突。人有七情六欲，喜怒哀乐是与生俱来表达情感的方式。一个人在世上难免会遇到令人高兴或气愤的事。兴奋的事可以使人心情愉快、精神焕发，并使生活充满希望；而气愤的事往往会使人怒火中烧，可能使人丧失理智，产生令人遗憾的后果。所以，在生活中有些东西需要我们用宽容来对待才会有更多的快乐在等你。宽容，最重要的因素便是爱心。原谅那些曾伤害过我们的人，这不是一件容易的事。但是，如果我们这样做了，就会从中体验到宽容的快乐。尽管不顺心的事随时会产生，若能宽容待人、对事，那便拥有了快乐的人生，这难道不是人生的幸事么？

宽容与豁达是幸福保障，如果你只记得对别人的错误斤斤计较，那你必然被束缚在烦躁、忧郁的情绪中；但如果你能忘掉别人的过错、记住别人的恩惠，那你的心中就会充满阳光，你会感觉整个世界都充满了爱。

诚然，宽容与豁达对于人生幸福是如此之重要，那么我们怎样才能使自己的心达到这种境界呢？我们认为，有以下几点是该明确的。

1. 你的欲望应该有个度

有官能，必然存在欲望。合理地觅食求偶，无可非议，但欲望超出了一定的原则和范围，就成了罪恶。恣意纵欲，就会污染人群、腐蚀国家。克制欲望，使之合理适度，这是心归于祥和平静的一个重要法门。

2. 让自己学会无私

每个人都有各自的工作和生活。如果他在工作和生活中，追求的是贡献于社会，努力创造为的是民族和国家，而不仅仅是博取功名利禄，那就往往不会为时时都可能发生的报酬不公而抱怨、牢骚满腹、耿耿于怀。相反，却会因对同胞、社会、民族有所奉献，心生畅通光明，坦然无悔。一个为自己打算的人凡事斤斤计较，一遇报酬不相应，便会滋生被遗忘、被冷落、被否定的感觉，心的平衡与安宁必荡然无存。只索取不奉献，就会背弃自己作为社会成员应尽的责任。如此，固然省了精力，图了轻松，得了财富，却会为良心恒久的亏欠和懊悔所折磨；遭人白眼唾骂，更是损了人格，失了尊严。

3. 有自知之明

人们能否得到心灵豁达，能否正确评价自我和确立自我追求是很重要的。一个人评价自我，是通过认识自己的长处和短处来进行的。如果夸大长处，必会傲气盈胸，自命不凡；夸大短处，则自惭形秽，自暴自弃。而只要自我评价一旦失真，人们通常就不知道自己应该做什么和能做些什么，在追求目标的选择上就容易陷入盲目。一个人只有自我评价恰如其分时，才心宁情畅，不骄不躁，不亢不卑。因此生活目标可定得适度。一种既能充分激发自己的潜力，经过努力又能达到的目标，将使人们内心坚定踏实，永远充满乐观、自信、自尊与自豪。追求豁达的人，必然是一个积极、认真了解自己和切切实实了解了自己的人！

4. 懂得自省

人非先天就是圣人，心中难免会有这样那样的错误、暗淡、罪恶、虚伪等念头。存有了这些念头并不可怕，可怕的是放纵、任性和宽恕自己，从而造成恶性循环，永远生活在黑暗中，最后被毁灭。人应该经常反省自己，警惕自己，告诫自己，使这些念头不重复而逐渐把它克服。一个人只有不断地清洗自己的心，扫除思想上的桎梏和精神上的烟雾，才能扩大豁达的心。雨果说："世界上最辽阔的是大海，比大海更辽阔的是天空，比天空更辽阔的是人的胸怀。"雨果所说的，正是那些豁达的人。

只有豁达的人，才真正懂得善待自己，善待他人，生活才充满快乐，这才是豁达人生！

放下是一种觉悟

放弃是一种智慧。有选择就有放弃，学会放弃是一种生命的超脱。

非洲土人会用一种奇怪的狩猎方法捕捉狒狒：在一个固定的小木盒里面，装上狒狒爱吃的坚果，盒子上开一个小口，刚好够狒狒的前爪伸进去，狒狒一旦抓住坚果，爪子就抽不出来了，人们常常用这种方法捉到狒狒。因为狒狒有一种习性，不肯放下已经到手的东西。

人们总会嘲笑狒狒的愚蠢，为什么不松开爪子放下坚果逃命呢？但人们为什么没有审视一下自己呢？并不是只有狒狒才会犯这样的错误。

人的欲望也是如此。因为舍不得放弃到手的职务，有些人整天东奔西跑，荒废了正当的工作；因为舍不得放下诱人的钱财，有人费尽心思，不惜铤而走险；因为舍不得放弃对权力的占有欲，有些人热衷于溜须拍马、行贿受贿；因为舍不得放弃一段情感，有些人宁愿岁月蹉跎……人总是这样，总是希望拥有一切，似乎拥有的越多，人越快乐。可是，突然有一天，我们忽然惊觉：我们的忧郁、无聊、困惑、无奈，都是因为我们渴望拥有的东西太多了，或者太执著了。不知不觉中，我们已丧失了一切本源的快乐。

放弃那段令你困惑烦恼的情感吧，既然那段岁月已悠然逝去，既然那个背影已渐行渐远，又何必要在一个地点苦苦守望呢？挥一挥手，果断地放弃，勇敢地向前走，前方有更美的缘分之花在为你开放！

学会放弃吧！放弃失恋的痛楚，放弃受辱的仇恨，放弃满腹的幽怨，放弃心头难以言说的苦涩，放弃费神的争吵，放弃对权力的角逐，放弃名利的争夺……

生活中，外在的放弃让你接受教训，心理的放弃让你得到解脱，生活中的垃圾既然可以不皱一下眉头就轻易丢掉，情感上的垃圾也无须抱残守缺。

学会放弃吧，朋友，在物欲横流的今天，许多事情需要你做出选择，而有选择就有放弃。要想得到野花的清香，必须放弃城市的舒适；要想达到梦的彼岸，必须放弃清晨甜美的酣睡；要想重拾往日羊肠小道的温馨，必须放弃开阔平坦的公路……人生苦短，若想获得，必须放弃，放弃，让你可以轻装前进，忘记旅途的疲惫和辛苦；可以让你摆脱烦恼忧愁，整个身心沉浸在悠闲和宁静中。

放弃不仅能改善你的形象，使你显得豁达豪爽也会使你得到朋友的依赖，使你变得完美坚强会带给你万众瞩目，使你的生命绚丽辉煌，还会使你变得聪明、能干，更有力量。

学会放弃吧，凡是次要的、枝节的、多余的，该放弃的都放弃吧！

两个和尚一起到山下化斋，途经一条小河，和尚正要过河，忽然看见一个妇人站在河边发愣，原来妇人不知河的深浅，不敢轻易过河。一个年纪比较大的和尚立刻上前去，把那个妇人背过了河。两个和尚继续赶路，路上，那个年纪较大的和尚一直被另一个和尚抱怨，说作为一个出家人，怎可背个妇人过河。年纪较大和尚一直沉默着，最后他对另一个和尚说：“你之所以到现在还喋喋不休，是因为你一直都没有在心中放下这件事，而我在放下妇人之后，同时也把这件事放下了。”

放下是一种觉悟，更是一种心灵的自由。

只要你不把闲事常挂在心头，快乐自然愿意接近你！

其实，生活原本是有许多快乐的，只是我们常常自生烦恼，“空添许多愁。”许多事业有成的人常常有这样的感慨：事业小有成就，但心里却空空的。好像拥有很多，又好像什么都没有。总是想成功后坐豪华游轮去环游世界，尽情享受一番。但真正成功了，却没有时间没有心情去了却心愿。因为还有许多事情让人放不下……

对此，台湾作家吴淡如说得好：好像要到某种年纪，在拥有某些东西之后，你才能够悟到，你建构的人生像一栋华美的大厦，但只有硬体，里面水管失修，配备不足，墙壁剥落，又很难找出原因来整修，除非你把整栋房子拆掉。

你又舍不得拆掉。那是一生的心血，拆掉了，所有的人会不知道你是谁，你也很可能会不知道自己是谁。

仔细咀嚼这段话，不就是因为“舍不得”吗？

很多时候，我们舍不得放弃一个放弃了之后并不会失去什么的工作，舍不得放弃已经走出很远很远的种种往事，舍不得放弃对权力与金钱的角逐……于是，我们只能用生命作为代价，透支着健康与年华。不是吗？现代人都精于算计投资回报率，但谁能算得出，在得到一些自己认为珍贵的东西时，有多少和生命息息相关的美丽像沙子一样在指掌间溜走？而我们却很少去思考：掌中所握的生命沙子的数量是有限的，一旦失去，便再也捞不回来。

佛家说：“要眠即眠，要坐即坐。”这是多么自在的快乐之道啊，倘使你总是“吃饭时不肯吃饭，睡眠时不肯睡，千般计较”，这样放不下，你又怎能快乐呢？

庄子云：人生如白驹过隙。哲人的结论难道不能使人有些启迪吗？我们何不提得起，放得下，想得开，做个快乐的自由人呢？

智者的大度

人有一分器量，便有一分气质；人有一分气质，便多一分人缘；人有一分人缘，必多一分事业。虽说器量是天生的，但也可以在后天学习、培养。我们阅读历史，多少名人圣贤，有时不赞其功业，而赞其器量。所以器量对人生的功名事业，至关重要！有器量的人在为人处世上的表现就是豁达大度。

豁达的人，常常是乐观的人。而所谓乐观，按照某位哲人的说法，就是乐观的人与悲观的人相比，仅仅是因为后者选择了悲观。

豁达的人在遇到困境时，除了会本能地承认事实，摆脱自我纠缠之外，他还有一种趋乐避害的思维习惯。这种趋乐避害，不是为了功利，而是为了保持情绪与心境的明亮与稳定。这也恰似哲人所言："所谓幸福的人，是只记得自己一生中满足之处的人；而所谓不幸的人，是只记得与此相反的内容的人。"每个人的满足与不满足，并没有太多的区别差异，幸福与不幸福相差的程度，却会相当巨大。

有这样一个故事：

美国总统林肯在组织内阁时，所选任的阁员各有不同的个性：有勇于任事、屡建功勋的军人史坦顿，有严厉的西华德，有冷静善思的蔡斯，有坚定不移的卡梅隆，但林肯却能使各个性格绝对不同的阁员互相合作。正因为林肯有宽宏的度量，能舍己从人，乐于与人为善。尤其是史坦顿，那种倔强的态度，如在常人，几乎不能容忍，唯有林肯过人的心胸，使得他驾驭阁员指挥自如，使每个阁员都能为国效忠。

成功的上司总是豁达大度，决不会因下属的礼貌不周或偶有冒犯而滥用权威。所以作为上司，应该有宽恕下属的大度，这样才更能赢得下属的拥戴。

有一次，柏林空军军官俱乐部举行盛宴招待有名的空战英雄乌戴特将军，一名年轻士兵被派替将军斟酒。由于过于紧张，士兵竟将酒淋到将军那光秃秃的头上去了。周围的人顿时都怔住了，那闯祸的士兵则僵直地立正，准备接受将军的责罚。但是，将军没有拍案大怒，他用餐巾抹了抹头，不仅宽恕了士兵，还幽默地说："老弟，你以为这种疗法有效吗？"这样，全场人的紧张气氛都被一扫而光。

每个人身边可能会有各种各样性格的人，这些人的处世方式、待人方式都不相同，这就需要你有宽宏大量的心胸。

不需多加论证，作为一个理智健全的人，特别是一个希望逐渐完备自己人格的人，总是要有点雅量的。雅量，是衡量一个人成熟与否、修养程度的重要标尺之一。

当你手握足以致人哑口无言的权柄，身处令人赞不绝耳的高位，而面对尖锐的批评逆语，你是否能够做到不怒目横扫、暴跳如雷呢？

《尚书》说："一定要有容纳的雅量，道德才会广大；一定要能忍辱，事情才能办得好！"如果遇到一点点不如意，便立刻勃然大怒；遇到一件不称心的事情，立即气愤感慨，这表示没有涵养的力量，同时也是福气浅薄的人。所以说："发觉别人的奸诈，而不说出口，有无限的余味！"

应该承认，有些高贵品格是普通人毕生企望但不可能达到的；可人的雅量却是完全能够通过修炼而得到甚至可做到"随心所欲"的。

人难免与十分讨厌的人偶然狭路相逢，尽管有人可以装作很随便的样子，竭力扮潇洒样扬长而去。但很多有雅量的人不会那样去做，而是没有丝毫装模作样地缓缓笑迎着对方漠然的脸孔和布满疑惑的眼神，坦然地擦肩而过。这些人轻松地抹去了粗鲁的伤害与侮辱的阴影，用友好的阳光装满了雅量的酒杯，小抿一口，自是清香浓烈。当不期而遇的挫折、误解、嘲笑等迎面而来时，相信并依靠个人的雅量吧，那是驱逐并能够战胜这一切烦恼和痛苦的忠实朋友。

宽容者的收获

大地宽容了种子，于是收获了生机；大海宽容了江河，于是收获了浩瀚；天空宽容了云雾，于是收获了绚丽；人生宽容了过错，于是我们便可以收获未来。

宽容有时候只是极其微小的一个举动，或者是一种可以让仇恨在心底淡化的忍让。但是，往往是很简单而且是很随意的一次包容可以让你收获意想不到的回报。

曹操经过官渡之战，彻底打败了袁绍，在打扫战场的时候，有手下向他报告说，在袁绍的档案中发现了许多自己人写给袁绍的书信，有人建议说，查出来，然后将他们砍头。曹操说算了，将这些书信烧了吧。部下非常不解，按理说这些人都是国家的叛徒，最轻也是个里通外国，不杀头就很不错了，怎么还能一点不追究呢？曹操告诉他们说，“过去袁绍那么强大，统治着河北那么大的地方，不要说咱们的一些人，就连我心里都没数，那些人都想给自己留个后路，也情有可原嘛。”

曹操是非常厉害的，不仅是军事家、政治家、文学家、诗人，还是“唯才是举”的创始人。他的宽容是真的宽容，正是他的宽容，才使他统一北方，为以后三国归晋打下了基础。

由此，我们也可以总结出这样一点：宽广的胸怀是宽容的前提。曹操曾经写过这样的诗句：“日月之行，若出其中；星汉粲烂，若出其里。”试问能有几个心胸狭窄的人能描绘出如此雄奇壮丽的场景。当我们无法宽容别人的时候，何不想一想曹操的胸襟，想一想世界的广阔，宇宙的浩渺，可能你就会忘记自己那点芝麻小事了。

有一日，楚庄王兴致大发，要大宴群臣。自中午一直喝到日落西山。楚庄王又命点上蜡烛继续喝，群臣越喝兴致越浓。忽然间，起了一阵大风，将屋内蜡烛全部吹灭。此时，一位喝得半醉的武将乘灯灭之际，搂抱了楚庄王的妃子。妃子慌忙反抗之际，折断了那位武将的帽缨，然后大声喊道：“大王，有人借灭灯之机，调戏侮辱我，我已将那人的帽缨折断，快快将蜡烛点上，看谁的帽缨折断了，便知是谁。”

正当众人忙于准备点灯时，楚庄王高声喊到：“今日欢聚，不折断帽缨就不算尽兴。现在大家都把帽缨折断，谁不折断就是对我不忠，然后我们大家痛饮一番。”

等大家都把帽缨折断以后，才重新将蜡烛点上，大家尽兴痛饮，愉快而散。此后，那位失礼的武将对楚庄王感恩不尽，他暗下决心，自己的人头就是楚庄王的，为楚庄王而活着，对楚庄王忠心耿耿、万死不辞。这就是历史上有名的“绝缨宴”。

7年后，楚庄王伐郑，一名战将主动率领部下先行开路。这名战将拼命死战，所到之处敌军闻风丧胆，直杀到郑国国都。战后楚庄王论功行赏，这才知道这名战将叫唐狡。唐狡不想要任何赏赐，承认7年前宴会上的无礼之人就是自己，今日此举全为报答7年前楚庄王的不究之恩。楚庄王大为惊叹，并把这名妃子赏赐给了唐狡。

楚庄王可以在手下冒犯了自己的爱妃的时候，宽宏大量，原谅下级的过失，自然会有人死心塌地地追随他。人人都有犯错误的时候，如果能以一颗宽容的心去面对，那么很多矛盾和过节都会迎刃而解。若凡事都要计较，不肯吃一点小亏，表面上维护了自己的利益，实际上却失去了很多。

生活中，多一些宽容，多一些忍让，不管是朋友无意中的伤害，还是敌人的恶意欺辱，何不相视一笑泯恩仇、化干戈为玉帛呢?

宽容是爱的精髓

夫妻之间最重要的基础是宽容、尊重、信任和真诚，即使对方做错了什么，只要心是真诚的，就应重过程重动机而轻结果，夫妻的恩爱、宽容是善待婚姻的最好方式。爱是一门艺术，宽容是爱的精髓。

有这样一个故事：

一个女孩和男友闹别扭之后赌气要分手，于是她开始写分手信。第一封写道：“我不想再看见你了，我们分手吧！”没过2分钟，她觉得不妥，撕了重新又写：“我觉得我们还是暂时不见面的好。”过了一会儿，想想，又撕了，开始写第三次：“我们和好吧！我好想你，明天你能不能来？”

这就是女孩子吵架时的心理过程。相爱本来就是互相磨合体谅的过程，其实对自己的爱人，又有什么不能让的呢？真心的付出总会有回报！

可能大多数男人都希望找一个温柔、听话的女友。其实，任性一点的女人更有风情，更妩媚。女孩子最钟情的是被宠、被包围的感觉。尤其是在闹别扭的时候，她们的这种天性更是显露无遗。如果这个时候你还要负气地装"酷"，发狠似地和她比矜持，赛耐力。那么，等她真的被你酷"毙"了，你就会知道自己当初有多么不应该。

女人如花，是需要男孩用心浇灌的，闹情绪，正是体现你爱心的时候，你不让她谁让她？女人最需要的是男友爱的滋润。更何况，现在她还只是你的女友，你忍耐到娶得美人归的时候，有的是机会修理她。只怕到时候，她给你的万千柔情会彻底软化你的钢牙利爪。

两个人闹了矛盾后，作为男人就应该大度一点，不妨让着。这有两个好处：一是能缓解当时剑拔弩张的气氛；二是能给双方一个台阶下。如果双方都不让，两个人都僵着，小矛盾就可能演变为大矛盾。恋爱中的女人都希望被宠着哄着、护着，你让着她，她的虚荣心得到了满足就自然会破涕为笑。所以男人和女友闹矛盾时，不妨让着她，装作厚脸皮的样子，就让女友的花拳绣腿在你的背上来上几下，一场矛盾就这样化解了。

不过，如果是在一些原则性的问题上有分歧，那就要另当别论了。

扔掉"仇恨袋"才能化干戈为玉帛

第二次世界大战期间，一支部队在森林中与敌军相遇，激战后，两名战士与部队失去了联系。这两名战士来自同一个小镇。

两人在森林中艰难跋涉，他们互相鼓励、互相安慰。十多天过去了，仍未与部队联系上。这一天，他们打死了一只鹿，依靠鹿肉又艰难度过了几天。可也许是战争使动物四散奔逃或被杀光，这以后他们再也没看到过任何动物。他们仅剩下的一点鹿肉，背在年轻战士的身上。这一天，他们在森林中又一次与敌人相遇，经过再一次激战，他们巧妙地避开了敌人。

就在自以为已经安全时，只听一声枪响，走在前面的年轻战士中了一枪——幸亏伤在肩膀上！后面的士兵惶恐地跑了过来，害怕得语无伦次，抱着战友的身体泪流不止，并赶快把自己的衬衣撕下包扎战友的伤口。

晚上，未受伤的士兵一直念叨着母亲的名字，两眼直勾勾的。他们都以为他们熬不过这一关了，尽管饥饿难忍，可他们谁也没动身边的鹿肉。天知道他们是怎么过的那一夜。第二天，部队救出了他们。

事隔30年，那位受伤的战士安德森说：“我知道谁开的那一枪，他就是我的战友。当时在他抱住我时，我碰到他发热的枪管。我怎么也不明白，他为什么对我开枪？但当晚我就宽容了他。我知道他想独吞我身上的鹿肉，我也知道他想为了他的母亲而活下来。此后30年，我假装根本不知道此事，也从不提及。战争太残酷了，他母亲还是没有等到他回来，我和他一起祭奠了老人家。那一天，他跪下来，请求我原谅他，我没让他说下去。我们又做了几十年的朋友，我宽容了他。”

受伤的士兵明知道是战友伤害了他，但他能看在朋友的分上原谅战友，这是宽容的最高境界，能够在自己生命受到威胁的时候设身处地地去替别人设想，原谅别人对自己犯下的过错。这是一种以德报怨的伟大精神，如此大度的宽容必定会消融所有仇恨，赢得一个充满温馨的世界。释迦牟尼说：以恨对恨，恨永远存在；以爱对恨，恨自然消失。

佛陀在世时，有位阿阇世王，为了夺取王位，害死了自己的父王频毗娑罗王自立为王。不久，当他知道弑父的罪报后，开始心生悔恼，由此而全身发热生疮，臭秽不可闻，经治疗后，病情不但没有减轻，反而越发严重，虽有人劝请他往佛陀处求取忏悔解救，仍自惭形秽不愿去。

频毗娑罗王虽被儿子杀害，但他生前信佛虔诚，深知身心的虚幻无常，故不但没有任何的怨恨，而且在知道儿子的情况后，反而显灵劝告儿子，告诉他，自己是佛陀的弟子，愿以佛陀的慈悲来原谅他，而且佛陀就快入灭了，如果不赶快去，就再也见不到佛陀了，因为除了佛陀能救他，使他不堕入地狱外，再也没有任何人可以解救他了。受到父王的催促，阿阇世王前往求见佛陀，因而得以获救。

频毗娑罗王的宽容的确令人感动，他展现了宽容的真义，如此难能可贵的宽容，他不只原谅了儿子，更升华了自己！

宽容，意味着你已经不再用别人的错误来惩罚自己，也意味着你已经由一个平凡的人升华到一个不平凡的人。宽容地对待你的对手、仇人，你会感受到退一步海阔天空的喜悦，也能体会到人与人之间化干戈为玉帛，达到心灵沟通的幸福；更会收获对方因自己的宽容而回心转意的欣慰。学会宽容别人，就是学会宽容自己；给别人一个改过的机会，就是给自己一个更广阔的空间！

宽容，也是一个不断超越自己、超越执著的过程，我们愈能宽容，就愈能净化自己，使自己靠近光明。希望我们每个人都能这样想："我愿意宽容，在过去、现在和未来，所有诋毁、妒忌、蔑视、欺辱、欺骗，甚至伤害、戕害、杀害我的人！"

我们的心灵本是一方净土，怨恨使它成为地狱，而宽容可以把地狱变成天堂。如果我们选择了宽容，那就是选择了天堂。

淡然者心怀坦荡

悠悠岁月，世事纷扰。芸芸众生中，谁都会有过痛苦、困惑、烦忧抑或委屈的时候。如何怀着平淡的心态去看待或解决这些伤神、无奈而又弃之不得的事，这就跟一个人的品格、涵养、智慧和处理问题的能力有极大的关系了。

有这样一则故事：

有一位叫白隐的禅师，是位生活纯净的修行者，因此受到乡里居民的称颂，都认为他是个可敬的圣者。在白隐禅师的住处附近住着一对夫妇，他们有一个漂亮的女儿，有一天夫妇俩愕然发现女儿已有身孕。夫妇俩勃然大怒，逼问女儿那个可恶的男人是谁？女儿吞吞吐吐说出"白隐"两字。夫妇俩怒不可遏地去找白隐理论，但这位大师不置可否，只是若无其事地回答："就是这样吗？"孩子生下来后，就被送给白隐。此时，他的名誉虽然已扫地，但他并不以为然，只是非常细心地照顾孩子。平时免不了遭受别人的白眼或冷嘲热讽，但他总是泰然处之，仿佛他是受托抚养别人的孩子一般。后来孩子的母亲实在觉得羞愧，终于老实向父母吐露实情：孩子的父亲是在鱼市工作的一个年轻人。她的父母立即带她到白隐那里，向他道歉，并祈求得到他的宽恕。白隐仍然淡然如水，他没有趁机教训他们，仍说那句淡淡的话："就是这样吗？"仿佛不曾发生过什么事。白隐超乎"忍辱"的德行，赢得了更多、更久的称颂。

想想我们遇到一点挫折或委屈就容易产生的消沉和迷惘，我们应该感到汗颜，这比之白隐又算得了什么？白隐泰然自若，淡然处之的气度，不但体现了他的品德、修养，而且他的所为也蕴含了一种无限的智慧。假如一开始白隐就据理力争，他的形象也许就不那样完美了。使恒久的忍耐化为无形的坚毅，使无数的干戈化为玉帛，白隐的宽容实际也是一种高深的智慧。

在我们生命流逝的过程中，矛盾、争议和误解几乎无所不在，朋友之间，同事之间，甚至亲人之间都需要我们心平气和的宽容。如果没有宽容，如果不能宽容，而是带着误会、埋怨甚至愤恨投入到工作生活当中，这样不但使工作得不到应有的进展，生活也不会和谐与快乐。蔺相如接受廉颇的"负荆请罪"，唐太宗接纳魏征无视礼节的行谏，以及刘备"三顾茅庐"……他们的坦荡胸襟实际也是一种智慧。

做人是一门很深的艺术。而学会心怀坦荡地去为人处世，也许将使我们受益一生。

给个台阶，大家都好

美国有位总统，因为用人问题，遭到一些人的强烈反对。在一次国会会议上，有位议员当面粗野地讥骂他。他极力忍耐，没有发作。等对方骂完了，他才用温和的口吻道："你现在怒气应该平息了吧，照理你是没有权力这样责问我的，但现在我仍然愿详细解释给你听……"他的这种让人姿态，使那位议员红了脸，矛盾立即缓和下来。

试想，如果得理不让人，利用自己的职位和得理的优势，咄咄逼人进行反击的话，那对方决不会服气的。由此可见，当双方处于尖锐对抗状态时，得理者的忍让态度，能使对立情绪"降温"。

下面列出一些适时退让的方法，可以使双方都能在尴尬的气氛中缓和下来。

1. “你好我好大家好”

生活中常有一些人特别固执己见，十分容易为些小事情同别人争论，而且火药味浓烈。这时候，得理的一方应当有饶人的雅量，他可以一面解释一面折中调和，最好使用不带刺激性的“各打五十大板”或者“你好我好”的语言形式，以避免冲突的扩大。

有一位先生，一次上岳父家吃饭，进餐时翁婿两人聊起了一条高速公路的修建问题。那位先生强调：公路的进度一再推迟，是有关方面的一个严重错误；而岳父则不同意，认为公路本来就不该兴建。两人你一言我一语，争论渐趋激烈。后来那位泰山大人把问题扯到“年轻人自私心重，没有环保意识”上面，显然是在批评那先生。那先生怕再争论下去伤和气，便开始缓和下来，他婉转地说：“可能我们的看法永远也不会合辙，可是，那没有什么，也许我们都是对的，也许我们都是错的，这也是未可知的事。”

那位先生的一席话，不仅给自己搭了台阶，也给争论双方打了圆场。避免了双方争论不休，矛盾扩大，影响感情。试想，如果那位先生意气用事地与岳父争论下去，结果会如何呢？很可能惹火老岳父，被臭骂一顿。

2. “事情原来如此这般”

不少时候，人和人之间的相互发火，是因为互不了解、有失沟通造成的。这时候得理的一方切不可因对方的错怪而以怒制怒。最好的方式是多加解释，想法沟通或者道歉、劝慰，与对方达成谅解或共识。

一所医院里，病人挤满了候诊室。一个病人排在队伍中，将手上的报纸都看完了也没有挪动一步，于是他怒火万丈，敲着值班室的窗户对值班人员大喊：“你们这是什么医院？这么多人排队你们看不见吗？为什么不想办法解决？我下午还有急事呢！”值班员面对病人的怒火，耐心解释说：“很抱歉，让你等了这么久。是这样的，医生去开刀了，抢救一个危重病人，一时脱不了身。我再打电话问问，看看他还要多久才能出来。谢谢你的耐心等候。”患者排大队得不到及时诊治，责任并不在那个值班员身上，但是面对病人的错怪，他却沉住气一面解释，一面劝慰，这就比以怒制怒，火上添油的回答好多了。

3. “这一切权当都怪我”

面对蛮横无理者，得理者若只用以恶制恶的方式，常常会大上其当。这时候，平息风波的较好方式，莫过于得理者勇敢地站出来，主动承担责任，以自责的方式对抗恶人恶语，以柔克刚。

有一个商场营业员，遇一个中年男子来退一只电饭锅。那锅已经用得半新半旧了，他却粗声粗气地说：“我用了一个多月就坏了，这是什么鸟货？你再给我换一个！”营业员耐心解释，他却大吼大嚷，并满口脏话说什么：“我来了你就得给退，光卖不退算个鸟！”营业员虽然占理，但为了不使争吵继续下去，便温和地对他说：“这种电饭锅已经用一段时间了，又没有质量问题，按规定是不能退的。可是你执意要退，那就干脆卖给我好了。”就在她掏钱的时候，那个粗暴的男顾客脸红了，他终于停止了争吵，悄然离去。显然，营业员的宽容与自责方式起了良好作用。因为它反衬出对方的无理和低劣，从而从容地制止了事态的扩大。

4. “算了，我只是想提醒你”

一位丈夫彻夜未归，次日才幽灵般地回到家中，妻子埋怨了几句，两人便你一言我一语地干起仗来。忽然，妻子说：“算了，没什么了不起，男人晚上不回家都成时髦了——我唯一要提醒你的是：熟悉的地方还是有风景的！”那妻子虽然占理，却没有去“痛打落水狗”，只是调侃了几句，便使一场冲突体面地结束了。

总之，打破僵局的方法很多，矛盾宜解不宜结。其中根本的一点是：在任何情况下都不可以有给对方一点颜色看、惩罚对方一下，非让他（她）低头认罪不可的种种不良心态。有话说话，有理讲理，宁要争吵也不要冷战，这是许多人总结出的一条经验。而一旦处于冷战中无人主动来给你们调解，那就靠双方“系铃人”来努力解开沉默无言这个“铃”了。

总而言之，为人不可太固执，是你的错理所当然要致歉和解；如果占理，让人一步不为低，人们最终会承认你的正确，并称道你的宽宏大量。

幽默的人快乐更多

观察分析一个心胸豁达的人，你往往会发现，他的思维习惯中有一种自嘲的倾向。这种倾向，有时会显于外表，表现为以幽默的方式摆脱困境。

自嘲是一种重要的思维方式。每个人都有许多无法避免的缺陷，这是一种必然。

不够豁达的人，往往拒绝承认这种必然。为了满足这种心理，他们总是紧张地抵御着任何会使这些缺陷暴露出来的外来冲击。久之，心理便成为脆弱的了。一个拥有自嘲能力的人，却可以免于此患。他能主动察觉自己的弱点，他没有必要去尽力掩饰。

从根本上来说，一个尴尬的局面之所以形成，只是因为它使你感到尴尬。要摆脱尴尬，走出困境，正面的回避需要极大的努力，但自嘲却为豁达者提供了一条逃遁出去的轻而易举的途径——那些包围我的，本来就不是我的敌人。于是，尴尬或困境，就在概念上被取消了。

一则故事讲的是英国王室为了招待印度当地居民的首领，在伦敦举行晚宴，身为“皇太子”的温莎公爵主持这次宴会。宴会快要结束时，侍者为每一位客人端来了洗手盘，印度客人们看到那精巧的银制器皿以为是喝的水，就端起来一饮而尽。作陪的英国贵族目瞪口呆。温莎公爵神色自若，一边与众人谈笑风生，一边也端起自己面前的洗手水，像客人那样“自然而得体”地一饮而尽。接着，大家也纷纷效仿，本来要造成的难堪与尴尬顷刻释放，宴会取得了预期的成功。

纪伯伦说：“大智慧是一种大涵养，有涵养的人才善于学习，我们从多话的人学到了静默，从褊狭的人学到了宽容，从残忍的人学到了仁爱。”

幽默既然有如下的效果，我们一定学会不时幽他一默。有人认为幽默是很高深的东西，其实不然，只要细心挖掘，每个人都会有幽默感。幽默的方法很多，下面仅列举一二以示之。

1. 正话反说

把欲表达的意思反过来说，可增添不少幽默的成分。

有一次，萧伯纳在街上行走，被一个冒失鬼骑车撞倒在地，幸好没有受伤，只是虚惊一场。骑车人急忙扶起他，连连道歉，可是萧伯纳却作出惋惜的样子说："你的运气不好，先生，你如果把我撞死了，你就可以名扬四海了！"

2. 直言不讳

这种方法就是直接拿自己的某个缺点以幽默的话语主动示人。

邓小平个子矮，他曾经幽默地说："天塌下来，有高个子顶着。"既坦然承认了自己的缺点，又不致让自己太尴尬。

著名漫画家韩羽是秃顶，他曾经写过一首《自嘲》诗："眉眼一无可取，嘴巴稀松平常，唯有脑门胆大，敢与日月争光。"让人读后不仅不会笑话他的缺点，反而称赞其乐观大度的为人处世哲学。

3. 以柔克刚

这种方法是不直接回答对方，而是顺着对方的话语，以静制动，变被动为主动。

美国前总统林肯在一次演讲时，有人递他张纸条，上面只写了两个字：笨蛋。他举着这张纸条镇静地说："本总统收到过许多匿名信，全都是只有正文，不见署名，而刚才那位先生正好相反，他只署了自己的名字，而忘了写内容。"林肯以柔克刚，在笑声中不仅替自己解了围，也有力地回击了对方。

4. 偷梁换柱

把另一种事物的特征以移花接木之术转换到此事物上，听后肯定让人忍俊不禁。

我国古代有位皇帝，因处理朝政操劳过度，精神委靡，食不甘味，睡不安枕，噩梦连绵，头昏脑涨，胸闷气短，日渐消瘦。大臣们为其到处寻医，可试遍了各种良方，病情却毫无起色。后来请来了扁鹊，诊视完后扁鹊说："陛下得的是月经不调。"皇帝听罢哈哈大笑："荒唐，我乃男子，何来月经不调之理。"笑得他前俯后仰，眼泪都出来了。此后，每当与别人谈起此事还大笑不止，可说来也怪，过了不长时间，病情居然慢慢好转起来，不久就痊愈了。

第十四章

最暖亲情是你一生的依赖

难以割舍是亲情

亲情是一首永恒的歌，是那种柔和甜美、低声吟唱的曲调；亲情，是一条不息的溪，是那种潺潺流过、沁人心脾的水流。

亲情的流露不是用豪言壮语，而是在生活的点滴中。亲情如发，细微而又浓密。

多少年过去了，他还是害怕黑夜。

他忘不了是在一个黑夜，他的妻子离开了，他忘不了是在一个黑夜，他答应妻子要好好照顾他们的儿子。他最终没能拯救自己的妻子，最终成为了一个单亲爸爸。他决定独自抚养7岁的小男孩。每当孩子和小朋友玩耍受伤回来后，他就会对过世的妻子有一种说不出来的愧疚，心底不免传来阵阵悲凉的低鸣。

为了生存，他拼命工作。最近单位太忙了，他不得不出一趟差。因为要赶火车，没时间陪孩子吃早餐，他便匆匆离开了家。一路上他总担心着孩子有没有吃饭，一个人会不会害怕，会不会被别人欺负，他的一颗心没有一刻是放在肚子里的。即使抵达了出差地点，也不时打电话回家。没娘的孩子总是很懂事，孩子告诉爸爸不要担心。

因为心里牵挂不安，他草草处理完单位的事情，便匆匆地踏上了回家的列车。回到家时，已是半夜了。孩子早已经熟睡了，看见儿子一切都好，他这才松了一口气。旅途上的疲惫顿时向他袭来，让他全身无力，他恨不得裹住饥饿的肠胃，倒在床上赶紧睡着。正在准备就寝时，突然大吃一惊：棉被下面，竟然有一碗打翻了的泡面！碗里的汤汁浸透了被单，他实在忍无可忍了。

“小兔崽子！”他在盛怒之下，朝熟睡中的儿子的屁股，一阵狠打。“为什么这么不听话，惹爸爸生气？你这样调皮，把棉被弄成什么样了？我每天容易吗？忙完了单位的，忙家里的，回来后还不能睡个安神觉。”这是妻子过世之后，他第一次体罚孩子。

“爸爸，我没有……”孩子睁着惊吓的眼睛，呜呜咽咽地辩解着：“我没有不听话，这……这是我做给爸爸吃的晚餐。”

原来孩子为了配合爸爸回家的时间，特地泡了两碗泡面，一碗自己先吃了，另一碗则留给了爸爸。可是因为怕爸爸的那碗面凉掉，所以他灵机一动，把它放进了棉被底下保温。

爸爸听了，一句话也说不出来，只是紧紧地、紧紧地抱住了孩子。看着碗里剩下那一半已经泡涨的泡面，一个劲地嘟囔着：儿子，爸爸不好，爸爸吃，一定要好好地品尝这碗味道最好的面条……

在人的一生中有一种最初的，最原始的感情，人们惊奇造物者的神奇，惊奇得让几乎所有人都感动。友情、爱情都是需要培养的，甚至是有代价的付出之后才能得到的。只有亲情是溶入你血液里的最真挚的爱，只有亲情是你一生不变的依赖。

把欣赏的目光停留在你拥有的人身上

曾经一位著名的作家见到了托尔斯泰，对他说：“先生，您真幸福，您所喜爱的东西，您都拥有了。”

托尔斯泰平和地说：“并不是我所喜爱的东西我都拥有了，而是我拥有的东西我都喜爱。”

爱的感觉，总是在一开始觉得很甜蜜，总觉得多一个人陪、多一个人与你分担，你终于不再孤单了，至少有一个人想着你、恋着你，不论做什么事情，只要能在一起，就是好的……

有一句流行的顺口溜：握着老婆的手，好像右手握左手。

每当人们听到这句话时，有的便会意地点点头，也有的对之付以无奈的一笑。很多人都感叹它的感觉准确，描述到位。

一对已结婚十多年的夫妻，封存了当年的浪漫，实实在在地为了生活而生活着。一天，他们一起去城市的另一端看望原来的朋友，回家时天色已晚。好不容易等来了末班车，见到拥挤的人群，丈夫说，咱俩分别从前后两个门挤上去吧，人太多了。妻子点头表示同意。

从前门挤上车的丈夫，慢慢挪到了车厢中间，被一层层的人包裹着，呼吸都变得十分困难。车子开到了拐弯处，车身剧烈地晃动着，忽然一只柔嫩的手轻轻地抓住了他的手，凭感觉他知道那一定不是妻子的手，因为妻子的手，每天要干那么多的家务，肯定没有如此温热、柔软、细腻而且摄人心魄……

他希望时光停滞，他也希望这车能一直不停地开下去，哪怕一辈子都行。他在想象，“我握在手里的是一个什么样的女人呢？她多大年龄了？她叫什么名字呢？怎么样才能和她保持好日后的联系呢？”

忽然脑门一亮，将自己的名片悄悄取出一张，塞在那只可爱的小手里。终于到家了。丈夫恋恋不舍地放开了攥出香汗的小手，下了车。从后门下车的妻子依旧和往常一样，看来她没有觉察到什么。

马路的对面就是他们的家，在他们横穿马路的一瞬间，一货车疯也似的冲了过来，妻子丝毫没有犹豫，用身体把丈夫撞了回去……

丈夫抱起不住淌血的妻子跑进医院，3个小时后，医生出来告诉他，我们已经尽了力，抓紧时间，妻子还想见他最后一面。丈夫走进病房时，妻子的一只手攥成了拳头，然后缓缓张开，丈夫的名片沾满了红色，悄无声息地滑落下来。

有一天，在餐桌上有人讲到了那句顺口溜和这个故事。当时有一对青年夫妻，听完故事后，那个妻子就愤愤地冲自己丈夫说，“瞧你们男人这德性！”桌上的男士忙说闹着玩别当真。没想到这位妻子却认真地说：“最妙的就是这‘左手握右手’。第一，左手是最可以被右手信赖的；第二，左手和右手都是自己的；第三，别的第三只手任怎么叫你愉悦兴奋、魂飞魄散，事后都是可以甩手的，只有左手，甩开了你就变残缺了。”

桌上的男士都纷纷点头表示佩服，称赞这位妻子的理解深刻而独到，这位妻子淡淡地说：“你们不妨回去念给各自的妻子听听，看她们会说些什么。”

席散了，当中有胆子大的男士果然回去试探妻子，果然妻子们的理解均与餐桌上的女士相同。

不过还有一位妻子提出了更新的见解："初听这故事，都会为这男人生气，可后来一想，其实这故事的悲剧并不在于那男人，他妻子也有责任。你想想，结婚十几年的夫妻了，如果妻子没事时总和丈夫拉拉手握握手什么的，还至于让她丈夫把自己妻子的手当成别人的手吗？"

有史以来，关于婚姻的话题内容太广泛也太沉重，人们不能简单地肯定谁或批判谁。

我们容易沉浸在现有的快乐中，久久陶醉而不能自拔，当这快乐突然消失，我们茫然不知所措，为失去的快乐陷入苦闷的深渊，却没有发现在生命中的其他地方还有太多的快乐在等待我们。

有人说："别人的东西比我的好。"

有人说："失去后才会懂得珍惜。"

智者说："珍惜你的拥有就是幸福！"

懂得把欣赏的目光停留在你拥有的人或物品上，你会发现你拥有着世界上最美妙的宝物。

因此，请珍惜你现在拥有的最为珍贵的爱，享受最为可贵的温情！

幸福的颜色很朴素

关于幸福，不同的人有不同的理解。有人说，幸福是衣食无忧、安逸平静的生活；有人说，幸福是能实现自己的梦想，获得成功；也有人说，幸福就是拥有甜蜜爱情；还有的人说，幸福就是把自己的工作做好；幸福就是拥有一些熟悉、不需客套的朋友，能够相互分担、分享彼此的烦恼、快乐；幸福就是拥有一个舒适的工作间，书架上列满各式各样我自己喜欢、对自己有助益、启发的书，笔筒里都是自己珍爱的文具，四周有绿色植物芳香围绕，还有一把坐再久都能觉得舒适的座椅；幸福就是冬天泡个热水澡，夏天与家人品尝冰西瓜；幸福是拥有相互了解的人生伴侣，拥有身心的平和与宁静……是啊，有时，幸福的涵盖内容太多了，它包括物质、精神的方方面面，难以苛求；有时，幸福的概念又是多么单纯，只要有一杯清茶或片刻的心情愉悦，就已足够。

常听身边的人抱怨命运的不公，生活的平淡；幸福对我们来说，似乎是一种太奢侈的东西，如同海市蜃楼一般，可望不可即。直到有一天，读到享誉全球的大教育家苏霍姆林斯基的这样一个故事：曾在一个春天，他和他的学生们共同买了一条小木船，然后划到一个荒无人烟的小岛上去探险。教育家写道：“可能有人会想，作者想借这些事例来炫耀自己特别关心孩子。“不对，买船是出于我想给孩子们带来快乐，对于我就是最大的幸福。”

一个欲离婚的女子厌烦了现有的琐屑生活，但她一直对其外祖母的幸福和谐生活充满好奇。有一天，她终于忍不住打开了外祖母的日记，原来里面记录着外公为她洗了多少衣服，吻过她多少次，洗过多少次脚……原来生活中的琐屑小事便是幸福的源泉。

生活中原来时时刻刻充满了幸福，这幸福来自于生活的细枝末节，只有用心去品味，幸福同样有色香味，同样可观可闻可吃可品。

幸福不是金钱的多少，更多的是一种感觉，一种你认为幸福你就幸福的感觉。早晨睁眼看到美丽的朝阳，鼻子嗅到清新的空气，那么你是幸福的；在公司里出色完成任务，受到老板表扬，赢得同事们的尊重，那么你是幸福的；下班回家，看到桌子上香甜可口的饭菜和孩子优秀的成绩单，那么你是幸福的；晚饭后陪同爱人和可爱的孩子在公园中散步，享受天伦之乐，那么你是幸福的。生活中令你幸福的事很多，只要你细心观察，用心体味，就会发现有许多乐趣包含其中。

著名作家毕淑敏的《提醒幸福》中有这样一段话可以很好地诠释幸福，“幸福绝大多数是朴素的，它不会像信号弹似的，在很高的天空闪烁红色的光芒。它披着本色的外衣，亲切温暖地包裹起我们。”

如果你是一个悲观的人，那么幸福对你而言就太陌生了。早晨家人叫你起来享受美好舒心的空气，分享幸福。你会觉得“早晨”天天有，何必这样珍惜。可当你重病在身，想享受早晨的美好时，早已力不从心。你会发现你放走了一个幸福。工作时出色完成任务，受到大家的赞赏，而你却不以为然，认为自己还能完成更出色的任务。可你太高估自己、一味追求更高，导致以后无所作为。你才会想起自己以前愚蠢的想法，会发现你又放走了一个幸福。

也许你现在不会觉察到，那再过30年、40年、50年，再回头看看自己曾经走过的路：脚印是那样漂浮、曲折，并无情碾碎了一朵又一朵的幸福之花。

不同的人有着不同的幸福。对于那些容易满足的人来说得到幸福时刻便多些。对于那些有大的期盼的人来说，总觉得自己不够幸福或者幸福根本就没有降临到他（她）的身上。其实幸福是个很简单的东西，准确地把握瞬间来到你身边的暖流，这些就是幸福。

幸福如一杯温热的茶，置于你面前的桌上，或者平淡，或者浓烈，也或者居于两者之间。关键是品尝者的心境。一饮而尽者，肯定尝不出个中滋味。如果坐下来细品，其中的苦与甜便从我们的感觉中充分流露出来。

幸福是一种态度，它出现在某一时刻，不是在“有一天……”。我们如果爱上现在所有的日子，我们会幸福得多，而且会得到更多的幸福和快乐。

爱是人世间最伟大的情感，请一心一意地爱我们所爱的人，珍惜我们拥有的幸福，享受我们正在感受的爱与温情，你将是世界上最幸福的人。

有一个活泼漂亮的女孩，她非常喜欢唱歌，小小年纪便成了远近闻名的文艺活跃分子。那一年她终于嫁了一个心爱的小伙子。一次，两人去参加镇上的文艺会，一起上台演唱。回家后却遭到封建保守的公婆好一顿呵斥，他们禁止她抛头露面，禁止她上台唱歌，否则会赶她出家门。她害怕了，她不愿意离开刚刚搭建的安乐窝。从此，就是平时在家里也不敢再唱了，但是她那么喜欢唱歌，那些歌仿佛要冲破她的喉咙似的。

有一天，她实在按捺不住，临睡之前在房里轻哼。她一哼，自己反而被吓了一跳，赶紧捂住嘴，但还是被细心的丈夫听见了，他要她继续唱下去，她摇头，她不敢。他猛一下想出了一个好办法，把她拉到被窝里，用棉被蒙住她，他也钻进去了。她幸福地轻轻唱着，虽然不能尽情地放声歌唱，可是她也感到非常满足了。只有一个歌者，也只有一个听众，有时他也陪着她唱，有时合唱，有时对唱。

渐渐地，这成为了他们生活中最大的乐趣，他们每天都盼着这个时刻到来。一到傍晚，就把家里的活儿迅速做完，然后两个人把房门关紧，躲到被窝里唱歌。

冬天，棉被里很温暖，但一到夏天，他们经常唱得满头大汗，他们把汗一擦，又继续唱下去。这样的歌声一直陪伴着丈夫离去。

好长时间，她都不能适应一个人的生活。她也曾蒙住棉被试着唱歌，但已经没有人听了，也没有人对唱了。有时她幻觉他就在身边，他在仔细地听着，她就多唱几支；但有时，她又觉得他已经离开很久了；有时她唱得很认真，很欢快；但有时候，轻轻地哭泣代替了歌唱。

日子一天天过去了，他的影子也越来越模糊了，她唱歌的声音也越来越低，有一天，终于连她自己都听不到了。慢慢地，她把年轻时学的歌词忘了，把曲子也忘了。等安葬了公婆后，她也熬成婆婆了，环境变了，在已经没有人干涉女人唱歌的时候，她发现她已经没有会唱的歌了。

丈夫忌日到了，她谢绝了城里孩子们的热情挽留，执意要回老家。她说，“这里我总觉得他不在身边，我唱得再精彩，他都不会听得到。所以我要回去，我要躺在那旧式的木板床上，蒙着以前和他一起盖过的棉被，唱歌给他听……”

幸福的时刻，就是没有痛苦的时刻。幸福常常是朦胧的，很有节制地向我们喷洒甘露。它出现的频率并不像我们想象的那样少。大多数人们喜爱回味幸福的标本，却忽略幸福披着散发清香的时刻。人们常常只是在幸福的金马车已经驶过去很远，捡起地上的金鬃毛说，“原来我见过它”。世上有预报地震的，有预报台风的，有预报蝗虫的，有预报瘟疫的却没有人预报幸福。你不要总希冀轰轰烈烈的幸福，它多半只是悄悄地扑面而来。

幸福绝大多数是朴素的。它不会像流星一样，在很高的天际闪烁着耀眼的光芒。幸福不喜欢喧嚣浮华，常常在暗淡中降临。贫困中相濡以沫的一碗面条，患难中心心相印的一个眼神，父母一次粗糙不经意的抚摸，男友送来的一个温馨的微笑……

用责任去体味幸福

有位妇人走到屋外，看见前院坐着三位飘着长白胡须的老人。她并不认识他们。

于是说："我想我并不认识你们，不过你们应该饿了，请进来吃点东西吧。"

"家里的男主人在吗？"老人们问。

"不在"，妇人说，"他出去了。"

"那我们不能进去。"老人们回答说。

傍晚当她的丈夫回家后，妇人告诉丈夫事情的经过。

"去告诉他们我在家里了，并邀请他们进来！"

妇人走出去邀请三位老人进入屋内。

"我们不可以一起进去一个房屋内。"老人们回答说。

"为什么呢？"妇人想要了解原因。

其中一位老人指着他的一位朋友解释说："他的名字是财富。"

然后又指着另外一位说："他是成功，而我是幸福。"

接着又补充说："现在你进去跟丈夫讨论看看，要我们其中的哪一位到你们的家里。"

妇人进去告诉丈夫刚刚与老人谈话的内容。

她丈夫非常高兴地说："原来是这么一回事啊！让我们邀请财富进来！"

妇人并不同意，说道："亲爱的，我们何不邀请成功进来呢？"

他们的儿媳在屋内的另一个角落聆听公婆的谈话，并插进自己的建议："我们邀请幸福进来不是更好吗？"

丈夫对太太讲："就让我们照着儿媳的意见吧！快去请幸福来做客。"

妇人到屋外问那三位老者："请问哪位是幸福？"

幸福起身朝屋子走去。另外两者也跟着他一起。

妇人惊讶地问财富和成功："我只邀请幸福，怎么连你们也一道来了呢？"

老者齐声回答："如果你邀请的是财富或成功，另外两人中的任何一位都不会跟进，而你邀请幸福的话，那么无论幸福走到哪儿，我们都会跟随。哪儿有幸福，那儿就有财富和成功。"

人生在世，不免要承担各种责任，家庭、亲戚、朋友、国家、社会。责任心最基础的体现是对家庭。

责任就是对自己要去做的事情有一种爱。因为这种爱，所以责任本身就成了生命意义的一种体现，就能从中获得心灵的满足。相反，一个不爱家庭的人怎么会爱他人和事业？一个在人生中随波逐流的人怎么会坚定地负起生活中的责任？这样的人往往是把责任看做是强加给他的负担，看做是个人纯粹的付出而索求回报。

一个不知对自己人生负有什么责任的人，甚至无法弄清他在世界上的责任是什么。

有一位小姐向托尔斯泰请教，为了尽到对人类的责任，她应该做些什么。托尔斯泰听了非常反感。因此想到：人们为之受苦的巨大灾难就在于没有自己的信念，却偏要做出按照某种信念生活的样子。当然，这样的信念只能是空洞的。

更常见的情况是，许多人对责任的关系确实是完全被动的，他们之所以把一些做法视为自己的责任，不是出于自觉的选择，而是由于习惯、时尚、舆论等原因。譬如说，有的人把偶然却又长期从事的某一职业当做了自己的责任，从不尝试去拥有真正适合自己本性的事业；有的人看见别人发财和挥霍，便觉得自己也有责任拼命挣钱花钱；有的人十分看重别人尤其是上司对自己的评价，于是谨小慎微地为这种评价而活着。由于他们不曾认真地想过自己的人生究竟是什么，在责任问题上也就是盲目的了。

如果一个人能对自己的家庭负责，那么，在包括婚姻和家庭在内的一切社会关系上，他对自己的行为都会有一种负责的态度。如果一个社会是由这样对自己的人生负责的成员组成的，这个社会就必定是高质量的、有效率的。

用尊重和理解化解隔阂

托尔斯泰有句名言：“幸福的家庭都是相似的，不幸的家庭各有各的不幸。”

要创造良好的家庭氛围，必须先加强夫妻双方的共同心理修养，做到互敬、互爱、互信、互帮、互慰、互勉、互让、互谅。夫妻之间要经常进行情感沟通，彼此相敬如宾，恩恩爱爱，相依为伴，使家庭成为生活中平静的港湾，在家里能得到鼓励，得到关心，得到欢乐，让家庭生活充满生气，充满绚丽的色彩。

读过西方哲学的人，大多知道尼采的一句名言：“你到女人那里去吗？别忘了，带上你的鞭子！”这条给男人世界带来无限风光的鞭子，同时也给无数的妇女和儿童带来一片凄风苦雨。家庭是人们心灵的港湾，情感的驿站，一旦充满了暴力，港湾将不再宁静，驿站也不再祥和。中国古代在夫妻关系上一直强调婚姻是合两性之好，夫妻间举案齐眉、相敬如宾一直是受到人们称赞的。《诗经·小雅·常棣》上说：“妻子好合，如鼓瑟琴。”夫妻应如琴瑟一样相互和谐，共同演奏生活的乐章。

无礼，是侵蚀爱情的祸水。当我们对别人彬彬有礼的时候，我们很容易对自己亲近的人无礼。我们不会想到要阻止陌生人说：“哎哟，你又要讲那旧故事了吗？”我们不会未经许可而拆朋友的信，或窥探他们私人的秘密。而只有对家中的人，对最亲近的人，我们才敢因为他们的小错而侮辱他们。狄克斯曾说：“那是一件惊人的事，但唯一真实地对我们说出刻薄、侮辱、伤感情的话的人，都是我们自己的家人。”

家庭礼仪仿佛是婚姻中的营养剂，它能带来加分的效果。

丹姆罗希与他夫人一直过着幸福的生活。“除了慎重选择自己的伴侣外”，丹姆罗希夫人说，“我以为结婚后的礼貌是最重要的。年轻的妻子们对她们的丈夫应该像对刚见面的人一样有礼！无论哪一个男人都要逃避一个泼妇的口舌。”

结婚、组成家庭这个理由，虽然足以说明自己是如何爱对方，但却不能够让对方受用一辈子。人们往往有点痴狂，喜欢有人不时肯定他们的行为，尤其是女士。通常，男士们比较容易知道自己的定位。假如他们工作表现不好，上司很快就会提醒他们；假如他们做成了一笔大生意，也很快就会晋升、加薪或在同事之间得到表扬。但女士们便不同了。她们更看中生命中的另一半告诉她、肯定她。家人的感谢和赞美是自己唯一的奖励。当你拥有一个舒适的家庭，有情爱、有乐趣，食物也可口……这些都来自于你温暖的家庭。所以，我们更需要时时全心全意地感谢对方，赞美对方。

适时的赞赏是储蓄感情的良方。大凡有矛盾的家庭，都是表扬严重不足的。正因为表扬的欠缺，才会常常自我表扬。自我表扬在女士身上，又往往以絮叨这种表现形式为开始，在男士的沉默或暴躁中结束；男士的自我表扬多闷在心里，急了时会千言万语归为一句话："我还不是为了这个家！"

表扬，不是人事鉴定，更多是一种感受性的东西，是对对方价值和付出的肯定、认可和尊重，可以起到"良言一句三冬暖"的效果，化怨气为力气。仅在心里记着对方的好处是没用的，还得表现在口头上，落实在行动中。要记住，如果你想赞赏对方，任何小事都会有闪光之处。

人人都把家看成自由的港湾，爱说什么就说什么。在单位，领导是万万不能得罪的，同事也是一团和气地你好我好他也好，客户更是得罪不起的。憋了一天，回到家终于可以彻底放松了，脾气也就上来了。但很少有人想到，最影响你生活质量的恰恰是身边的那个人，最不能伤害的也是你的另一半。要知道，爱、恨多由小事生。寻常夫妻吵架就像小虫啃噬树根一样，吵多了，伤人的话难免会说出口，天长日久会影响夫妻感情。

学会倾听，对男人尤为重要。女人爱唠叨，那是天性。其实她在说今天谁如何如何了，工作不顺心了，菜价涨了，交通堵了，天要下雨了，都是一种表达惯性，只要你给个耳朵听，做出认真听讲并思考的样子就行了。多数时候，女人要的是一种"你关心我"的态度，而不是你提供的答案。这是一个感情体贴与否的问题。日本的一项调查发现，大凡爱听妻子唠叨的家庭，夫妻和睦，且妻子大都身体健康（调查没说丈夫是否健康）。聪明的丈夫会在认真听（起码是显得认真）之后，适时地发出“嗯”、“啊”、“唉”、“是吗”，然后巧妙地引出别的话题或吃饭看电视，于是天下太平。

最有效的交流，应该是让你的话走进对方的心。虽说是“良药苦口利于病”，但心理学早就证明，人在接受负面信息时会产生自我防卫心理。说话者认为是真理的东西，到了听话者耳中就变了味儿。聪明的做法是，把苦口的良药包上糖衣喂给对方。

夫妻之间可以讨论，但不能争论。争论是人际关系的一个陷阱，在争论中是没有赢家的，对夫妻来说更是如此。

在交流中应注意的方面还很多，如，说话要看场合及对方心态，在朋友面前要互留面子；增强反馈意识，及时了解对方的内心感受；注意男女有别，避免交流失误；说话的态度和情绪有时比说话的内容重要。

如果没有赞赏，只有批评，那婚姻就不会幸福。使许多罗曼之梦撞击离婚礁石的一个原因，就是因为批评——无用的，令人心碎的批评。

赞赏是婚姻的兴奋剂，批评则是一剂毒药。要想让婚姻幸福、家庭快乐，就要学会赞赏的技巧。

家是你永恒的港湾

有个年轻人离别了母亲，来到深山，想要拜活菩萨以修得正果，路上他向一个老和尚问路，寒暄之际，年轻人说明动机，并问老和尚哪里有得道的菩萨。

老和尚打量了一下年轻人，缓缓地说：“与其去找菩萨，还不如去找佛。”

年轻人顿时来了兴趣，忙问：“那么请问哪里有佛呢？”

老和尚说：“你现在回家去，在路上有个人会披着衣服，反穿着鞋子来接你，那个人就是佛。”

年轻人拜谢了老和尚，开始启程回家，路上不停地留意着老和尚说的那个人，可是快到家里时，也没见到。年轻人又气又悔，以为是老和尚欺骗了他，他回到家时已经是很深很深的夜里，他灰心丧气地抬手拍门。他的母亲知道自己的儿子回来了，急忙抓起衣服披在身上，连灯也来不及点着就去开门，慌乱中连鞋子都穿反了。年轻人看到母亲凌乱的样子，不禁热泪盈眶，心里也立即领悟了。

屋檐虽低，门槛依旧，不管你是衣锦还乡，还是失魂落魄蓬头垢面而归，家的门永远为你敞开着。岁岁年年，年年岁岁，无论春夏还是秋冬，家永远执著地为你抵挡外来的风风雨雨，为你撑起一柄爱的巨伞。

我们从出生到老去，谁能离得开家的怀抱？谁能挣得脱家那永远不变的炽热情怀？小时候，家是母亲，长大了，家是父亲，就是被父亲从鸟笼中放飞的却又被紧紧牵挂的那只雏鹰，脆弱又坚强，翅虽稚嫩但充满着崇高的理想。结婚后，家是妻子（丈夫）那温情脉脉的眼神，家是孩子那甜甜的醉人的吻。再往后，家是子孙绕膝的天伦之乐，是风雨同舟几十载的老伴的唠叨。

婚姻美满守则

有一段非常经典的话：“爱是恒久忍耐，又有恩赐；爱是不嫉妒；爱是不自夸，不张狂，不做害羞的事，不求自己的益处，不轻易发怒，不算计人的恶，不喜欢不义，只喜欢真理；凡事包容，凡事相信，凡事盼望，凡事忍耐……”

等一等，爱不是花前月下，温柔缠绵，风中雨中，激情澎湃吗？爱怎么会是“恒久忍耐，又有恩赐”呢？

年轻的你可能会这么问，然而在婚姻里多年的人大多数都能体会，“花前月下，温柔缠绵，风中雨中，激情澎湃”只是浪漫，而真爱，确乎是“恒久忍耐，又有恩赐”。

一些传世经典里有许多的教导可以让人有幸福美满的婚姻。通俗地归纳起来有以下几条：

（1）彼此接纳。因为各人背景不同，生活习惯和思维方法都会不同，需要互相适应，彼此接纳。

（2）彼此饶恕。因为每个人都会犯错，不必为自己或对方的错而耿耿于怀。

（3）彼此尊重。一方面尊重对方，另一方面也不轻视自己。

（4）恒久忍耐。因为自己或对方的很多错误都不是说改就能改的，要允许自己或对方重犯。

（5）享受快乐时光。因为婚姻生活琐琐碎碎，易生厌烦。应尽量找出时间约会，以谈恋爱时的热情来经营，并要有良好的性生活。

（6）彼此忠实。不但要在言行上，也要在思想上不对别的异性想入非非。

（7）凡事有节制。这包括生活有节制，工作有节制。避免因任何事影响到身心的健康。

（8）彼此欣赏赞美，让对方感觉被爱。

（9）及时沟通，彼此信任。避免让猜疑腐蚀自己的心灵。

（10）直接公开地商讨家庭财务。

（11）凭爱心说诚实话，避免用负面指责的方法，特别不能借机进行人身攻击。

（12）就事论事，并只讨论一件事情。避免翻旧账，把以前的事扯进来。

（13）夫妻站同一阵线。即使在家里有不同意见，在外人面前也应维护一体的形象。应避免在外人面前互相诋毁，彼此拆台。在管教孩子方面有分歧也要避免在孩子面前吵架。

如果夫妻都遵守了以上几点，他们应该已有了美满婚姻。当然，婚姻里夫妻有意见分歧在所难免，但如何解决却大有文章。你不如试试：

（1）找出合适的时间地点来解决问题，避免在别人很忙或很累的时候提出来。

（2）清楚明白地讲出你的看法。

（3）想出些可能解决的办法来，选择一个双方都能接受的方法来实施。

（4）不为面子、权利而吵架，尽量让对方说最后一句话。

（5）吵架时谨慎自己的言行，避免在冲动下说出或做出令自己后悔的言行来。

（6）吵完后不记仇。避免分床睡觉，生气过夜。